드론 제작과 운용

저자 강동혁

목 차

1 장 제작 드론의 목표 설정

1.1. 사전 검토 1

1.2. 제작 드론의 장단점 3

1.3. 드론의 조종 거리와 영상송수신 거리 4

1.4. 자체중량과 최대이륙중량 - 비행시간과의 상관 관계 5

2 장 재료/부품/공구/기계

2.1. 조종기와 FC 의 선정 6

2.2. 카메라와 영상전송, 짐벌 9

2.3. 초점거리와 시야각, 피사계심도, 크롭 팩터, 환산 초점거리 20

2.4. 카메라 필터(uv, 편광, nd) 24

2.5. 빛과 통신 32

2.6. 드론 열화상 카메라의 원리 및 활용 43

2.7. 안테나 종류 및 특징 46

2.8. 도색 49

2.9. 소리와 녹음 57

2.10. GNSS 와 GPS 81

2.11. 무선 통신 지원 개발 보드와 내장 풀업 저항의 사용 90

2.12. (심화) mpu9250 9 축 센서와 짐벌 만들기 95

2.13. 드론 낚시 98

2.14. 다양한 저장매체(ssd, hdd, nas, 클라우드, sd) 100

2.15. 모터와 변속기 106

2.16. DC 파워서플라이 114

2.17. 스텝모터 구동 117

2.18. 전기회로와 LED의 연결(직렬, 병렬) 130

2.19. 전선과 발열 137

2.20. 전선 커넥터(터미널)와 압착기 142

2.21. 배터리와 충전 145

2.22. 납땜 159

2.23. 측정 공구(버니어캘리퍼스, 피치게이지) 162

2.24. 볼트, 너트, 와셔 164

2.25. 탭과 다이스 167

2.26. 리벳 168

2.27. 기어 169

2.28. 베어링 177

2.29. 엑츄에이터 180

2.30. 센서 181

2.31. 스프링 181

2.32. 무선 통신 주파수 대역 184

3 장 소프트웨어

3.1. 3d 설계 189
3.2. 3d 프린터와 3d 출력 198
3.3. 코딩과 개발보드 205
3.4. 아두이노 IDE의 설치 212
3.5. 드론 사진 측량과 정사영상 217
3.6. 동영상 촬영과 편집 234
3.7. eASYEDA 242
3.8. 비행 시뮬레이션 244

4 장 드론의 조립

4.1. 조립 계획 245
4.2. 조립 247
4.3. 세팅 249

5 장 비행이론

5.1. 고정익 드론(Fixed wing drones) 261
5.2. 회전익 드론(MULTIROTOR DRONES) 261
5.3. 익형, 받음각, 베르누이의 원리 262
5.4. 전산유체역학(cfd)과 공기 역학 263
5.5. 프로펠러의 모양 264
5.6. 로터의 수 266

6 장 드론 관련법

6.1. 드론의 법적 정의와 관련 규정 267
6.2. 기체의 신고 의무 및 안전성 인증 268
6.3. 조종자격 증명 269
6.4. 비행승인 270
6.5. 조종자 준수사항 272

7 장 특허 출원

7.1. 특허의 필요성 275
7.2. 특허의 종류와 특징 275
7.3. 특허의 비용 279
7.4. 특허의 실제 사례 282

8 장 전장의 드론

8.1. 현대전에서 드론의 역할 284
8.2. 드론전과 위성통신의 중요성 289

하늘을 지배하는 기술의 마법

미지의 하늘을 지배해 보자! 초보자도 쉽게 순서대로 따라하며 자신의 드론을 만들 수 있는 궁극의 가이드. 카메라나 센서를 탑재하여 새로운 시점에서 세계를 보는 방법을 탐구. 실제 응용 사례나 세세한 힌트까지. 꿈을 꾸던 하늘을 손에 넣는 흥분과 도전이 기다리고 있습니다.

특징

- 초보자도 이해하기 쉬운 드론 제작 가이드
- 드론 제작에 필요한 지식을 총망라
- 실제 응용 사례나 기술적 노하우가 풍부

미지를 향한 도전을 응원합니다. 드론 만들기의 심오한 세계로 들어가 봅시다

[이 책에서 설명할 제작 노하우]

1. 드론을 구성하는 주요 부품 선정을 위한 팁과 배경 지식
   - 스텝모터의 사용, 변속기, FC, 짐벌카메라, 9축 센서 등
2. 기획-3D 설계-3D 출력-코딩-배선-조립-세팅-임무(촬영 등)-편집-후보정의 전 과정을 아우르는 ALL IN ONE 패키지
3. 픽스호크 기반 GPS 탑재 임무형 드론
   - 시나리오를 통해 살펴보는 드론 제작의 실제

1장 ~ 제작 드론의 목표 설정

1.1. 사전 검토

 기획

가장 중요한 첫 번째 단추는 **기계의 기능(목표) 범위를 설정**하는 것입니다. 예를 들어 장거리 비행, 중화물 운송, 야간 비행, 음성 송출, 환경 감시, 영상 촬영, 3D 스캔, 측량, 레저용 FPV, 소형 경량 드론, 연막 드론, 군용 드론 등이 될 수 있습니다.

기능 범위 설정이 되었다면 필요한 기자재와 제작 방법을 검토합니다. 기성품은 어떤 제품을 쓰고 어느 부분은 직접 코딩을 하고, 어느 부분은 직접 3D 설계, PCB 설계, CNC 가공, 납땜, 결선할지 대략적으로 그려봅니다. 현재 시점의 제품들을 토대로 검토하여 최신 기술을 최대한 반영하도록 합니다.

조합된 부품, 이를테면 모터, 변속기, 플라이트 컨트롤러(FC), GPS, 짐벌카메라, 배터리 등의 성능이 목표 성능을 충족하는지 기기의 스펙과 운용 환경을 토대로 보정치를 적용하여 다시 재검토하고 이상이 없다면 부품 구매 및 생산 단계로 넘어갑니다.

 부품 구매 및 생산

부품 구매 및 생산 단계에서는 기획 단계에서 고려했던 기성품을 실제로 구매합니다. 직접 생산할 품목들은 3D 설계·출력이나 CNC 가공 등을 하게 됩니다.

PCB 설계·발주, 코딩, 배선

조금 더 복잡한 기능, 효율적 설계 구현이나 학습에 목적을 둘 때에는 PCB 설계 및 코딩을 염두에 둘 수 있습니다. 설계·가공을 위한 소프트웨어 활용법은 본 도서의 3장에서 조금 더 상세하게 다루고 있습니다. 대개 직접 설계, 생산 비중이 높아질수록 시간과 비용이 상승합니다.

1장 ~ 제작 드론의 목표 설정

조립과 세팅

조립은 다양한 기자재를 적절하게 배치하여 연결하는 과정입니다. 신호간섭이나 허용 전류, 정격전압 등을 고려해야 합니다. 운용 환경에 따라 방오, 방수 성능을 고려하여 배치하기도 하며 결선 방법을 결정하고 커넥터 선택도 필요합니다.

배선은 가능한 최단거리로 하는 것이 무게 절감에 도움이 되며 신호·전력 손실을 최소화 할 수 있습니다. 배선 작업 시에는 라벨기 등을 사용하거나 선의 색깔을 구분하여 식별이 용이하도록 하고 케이블 타이나 슬리브 등을 이용하여 깔끔하게 정리합니다. 이는 심미적 효과 뿐만 아니라 내구성, 정비성에도 영향을 미칩니다.

세팅 과정은 모든 배선이 다 된 후에 시험 비행까지라고 볼 수 있는데 조립된 부품들이 입력 신호와 어떻게 반응하는지 살펴보고 하드웨어적, 소프트웨어적으로 조정하는 과정입니다.

임무 수행과 후작업(편집, 후보정 등)

다수의 조종자가 드론을 조종해야 하는 상황이 필요하다고 하면 이러한 기능을 지원하는 제품을 사용하여야 할 것입니다. 또한 악천후 비행이 가능해야 한다고 하면 방수 성능도 중요시 될 수 있습니다.

한편 임무 수행 후에는 후작업 과정이 필요한 경우가 있습니다. 영상 촬영 같은 경우는 후보정이나 편집을 실시할 것이고, 측량 같은 경우는 GIS(공간정보시스템) 프로그램에서 취득 자료를 분석해야 할 것입니다. 이러한 후작업에는 전문 분야에 특화된 소프트웨어를 사용하는 경우가 많으며 본 도서에서는 3장 소프트웨어에서 여러 시나리오별 후작업 과정을 소개하고 있습니다.

유지보수

혹여 드론이 파손되거나 구조 변경할 때를 대비하여 유지보수 접근성을 좋게 합니다.

1.2. 제작 드론의 장단점

이 책을 통해 여러분은 제작 드론의 **장점을 극대화**하고 단점을 줄이는 방법을 배우게 될 것입니다. 기성품으로는 불가능했던 것들의 가능성을 발견하고 꿈을 펼쳐 보시기 바랍니다.

 장점

가. **맞춤형 디자인** : 드론을 직접 제작하면 원하는 목적에 맞게 디자인을 조절할 수 있습니다. 임무 장비를 더하거나 뺄 수 있고 재료나 외양 등을 직접 결정하여 특정 목적에 최적화된 구성을 만들 수 있습니다.

나. **비용 절감** : 필요없는 기능이 잔뜩 들어간 기성품 드론을 구매하는 대신 필요한 부품을 구매하고 직접 조립하여 기능을 단순화하고 그만큼의 비용을 절감할 수 있습니다.

다. **학습 경험** : 드론을 제작하면 항공, 전자, 프로그래밍 등 다양한 분야에서의 기술적인 지식을 습득할 수 있습니다. 풍부한 학습 경험은 성취감을 제공함은 물론 연관된 분야의 업무와도 연결하기 쉽습니다.

라. **유지 보수 용이성** : 자체 제작한 드론은 부품을 교체하거나 수정하기가 더 간편합니다. 필요한 경우 유지 보수 및 업그레이드가 용이합니다.

 단점

가. **안전 문제** : 자체 제작한 드론은 안전 규정을 준수하기 어려울 수 있습니다. 부품 결함이나 부실한 조립으로 인해 안전 사고가 발생할 가능성이 있습니다.

나. **전문 지식 필요** : 드론을 제작하려면 다양한 분야에 대한 전문 지식이 필요합니다. 이 책과 같은 가이드가 필요한 이유입니다.

다. **시간과 노력** : 드론을 제작하려면 시간과 노력이 많이 필요합니다. 부품을 선택하고 구매하고 조립하는 데 걸리는 시간과 노력을 고려해야 합니다.

라. **법적인 문제** : 드론 조립 및 운용에는 지역별로 다른 법적인 규제가 존재합니다. 자체 제작한 드론이 해당 규제를 준수하는지 확인해야 합니다.

1장 ~ 제작 드론의 목표 설정

1.3. 드론의 조종 거리와 영상송수신 거리

드론의 조종 거리와 영상 송수신 거리는 제조사 및 모델에 따라 다양하게 설정됩니다. 일반적으로 소비자용 드론은 수 백 미터에서 몇 킬로미터의 범위를 갖습니다. 하지만 드론의 조종거리는 다음과 같은 요소에 의해 영향을 받을 수 있습니다.

1. 무선 통신 기술 2. 주파수 및 대역폭 3. 장애물과 간섭 4. 드론의 안테나 및 전송 성능

따라서 **실제 조종거리와 영상 송수신 거리는 제조사에서 제시하는 이상적인 상황에서의 거리보다 훨씬 짧아집니다.** 또한 조종 거리와 영상송수신 거리는 다릅니다. 많은 데이터를 전송해야하는 영상송수신을 위해서는 지속적이고 안정적인 송수신이 되어야 하므로 일반적으로 조종거리보다 영상송수신 거리가 짧습니다. 그래서 디스플레이에서 드론의 전송 화면이 끊기더라도 조종 신호는 유지되는 경우가 많습니다.

다음은 제조사가 공표한 스펙 기준으로 '25년 1월 현재 기준으로 많이 사용하는 상용 드론의 영상 송수신 거리를 비교한 표입니다. (출처: 제조사 기체 제원표)

구분	제조사(모델명)		송수신거리
1	DJI (MAVIC 3 Pro)		(영상) FCC: 15km / CE: 8km / SRRC: 8km / MIC: 8km
2	DJI (MAVIC 2 pro/zoom)		(조종) FCC: 10km / CE: 6km / SRRC: 6km / MIC: 6km
3	AUTEL EVO2 Pro V3		(영상&조종) FCC: 15km / CE: 8km

TIP!

FCC(미국 연방 통신 위원회: Federal Communications Commission), **CE** (유럽 기준: Conformité Européenne), **SRRC**(중국 국가무선전관리위원회: State Radio Regulatory Commission), **MIC** (일본내무성: Ministry of Internal Affairs and Communications)

1.4. 자체중량과 최대이륙중량 - 비행시간과의 상관 관계

드론의 비행시간과 중량은 밀접한 관계가 있습니다. 일반적으로 **자체 중량**(배터리 포함)이 클수록 기체의 무게에서 모터와 변속기, 카메라 등 기자재가 차지하는 비중이 낮아지므로 에너지 효율성이 높습니다. 즉 더 길게 날 수 있습니다.

최대이륙중량은 자체중량에 적재량(짐벌 일체형 상용 드론의 경우 짐벌 무게를 자체 중량에 포함하여 적재량에 포함하지 않으나 짐벌카메라를 교체할 수 있는 대형 기종의 경우 짐벌카메라 무게를 자체중량에서 제외하여 적재량에 포함하기도 함)을 더한 중량입니다.

여기서 **적재량**이 많다는 것은 멀티콥터 드론에서 각 로터의 양력(공기 흐름의 속도방향에 수직 방향으로 작용하는 힘) 또는 추력(Thrust, 앞으로 나아가는 힘)이 기체를 띄우고 제어하기 위해 필요한 힘보다 훨씬 크다는 것을 의미합니다. 당연히 더 크고 무거운 로터(전동기 등 회전 기계에서 회전하는 부분을 이르는 말)를 써야 하며 이는 대기 전력이나 소모 전력의 증가를 가져와 에너지 비효율성을 높임으로써 비행시간 감소를 야기합니다.

자체중량이 큼 = 효율이 좋음   적재량이 많음 = 효율이 나쁨

따라서 효율적인 드론 운용을 위해서는 특정 **페이로드**(pay load, 요금징수하중, 일반적으로 드론에서 이 용어를 사용할 때는 적재량과 혼용하고 있음)에 대한 최적의 비행시간을 고려하고 필요에 따라 배터리 용량이나 드론의 설계를 조절하는 것이 중요합니다.

비행 시간은 에너지를 얼마나 효율적으로 쓰는지에 달려있다고 해도 과언이 아닙니다. 날개의 형상이나 로터의 수도 중요한 관계가 있습니다.

지금까지 1 장에서는 드론을 제작하기 전 대략적으로 목표 설정에 참고할 만한 사항을 살펴보았습니다. 경제성, 임무와 목표, 자작의 범위, 유지보수, 영상 송수신 거리, 비행시간과 최대 이륙 중량 등에 대해 대략적인 사항을 결정했다면 2 장에서는 이러한 결정에 필요한 배경 지식을 조금 더 세세하게 살펴보도록 하겠습니다.

2 장 ~ 재료/부품/공구/기계

2.1. 조종기와 FC 의 선정

조종기는 송신기(Transmitter)라고 하며 수신기(Receiver)와 세트를 이루어 조종신호를 전달(송신기)하고 받는(수신기) 역할을 합니다. 약어로는 Tx, Rx 라고도 합니다.

그런데 이러한 신호를 주고받는 방식은 제조사별로 독특한 방식으로 변형을 거쳐 송수신되고 있으므로 조종기와 호환되는 수신기가 정해져 있습니다. 따라서 수신기를 추가로 구매할 때에는 이러한 것들을 면밀히 검토할 필요가 있습니다.

아래는 후타바 조종기(T18SZ)와 수신기(R7008SB)를 예를 들어 설명해 보겠습니다.

 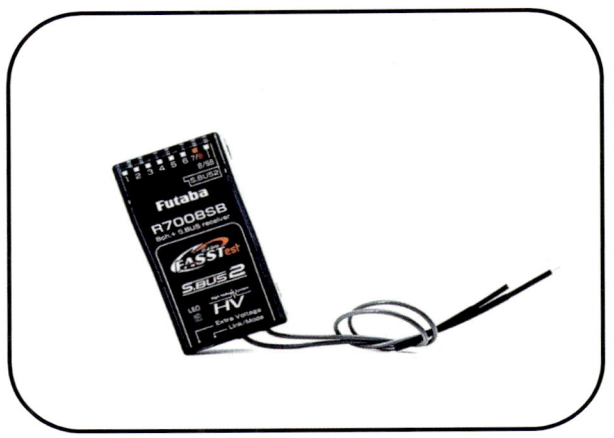

후타바 T18SZ 는 2.4G 주파수 대역에서 작동하며 최대 18 채널과 **FASSTest**, T-FHSS, S-FHSS 통신 프로토콜에서 작동합니다. 상기 예시로 든 수신기는 8 채널의 출력 포트와 S-BUS, SBUS2 포트를 지원합니다. 프로토콜은 **FASSTest** 를 지원합니다.

같은 통신 프로토콜을 지원하므로 이 조종기와 수신기는 같이 쓸 수 있음을 알 수 있습니다.

TIP!

S.BUS 는 연결된 여러 개의 S.BUS 호환 서보나 장치들을 하나의 신호선으로 제어할 수 있게 해 주는 통신 방식입니다. 결선이 간단해 지고 깔끔해 지는 이점이 있습니다.

2 장 ~ 재료/부품/공구/기계

드론의 뇌 역할을 하는 **FC(Flight controller)**는 거의 모든 부품과 연결이 되어 있습니다. 우리가 이 책에서 예제로 사용하고자 하는 **픽스호크 또는 PX4** 는 합리적인 가격으로 자율 비행체를 만들기 위해 설계된 오픈소스 시스템입니다.

픽스호크 프로젝트는 2009 년을 시작으로 지속적으로 발전하고 있습니다. 오픈소스이기 때문에 여러 제조사에서 조금씩 다른 스펙과 다른 이름으로 제품을 제조하고 있습니다.

제조사: CubePilot

제조사: Holybro

제조사: SIYI

제품마다 가격 차이도 많이 나고 호환되는 기기나 핀 배열, 지원하는 통신 포트가 다르므로 사용 전 제품 매뉴얼을 숙지할 필요가 있습니다.

그러나 픽스호크 기반 FC 에서는 공통적으로 일반적인 드론 뿐만이 아니라 고정익기와 헬리콥터, 보트와 같은 다양한 기체들을 지원하고 있으며 MAVLink 프로토콜을 통해 **QGroundControl** 과 같은 지상관제 소프트웨어를 사용할 수 있습니다.

2 장 ~ 재료/부품/공구/기계

소형 드론을 위한 단순한 기능의 FC

F1, F3, F4, F7, H7 과 같은 프로세서를 사용하는 소형 레이싱 드론용 FC 는 자동 경로 비행과 자동 복귀 비행 같은 복잡한 임무를 수행하기 어렵지만 가볍고 소형입니다.

대부분은 자세 보정을 위한 자이로 센서 같은 것을 보드에 포함하고 있으며 OSD(On screen display: 고글 등을 쓸 때 디스플레이에 배터리 전압과 같은 비행 정보가 표시되는 기능) 칩이 추가된 것들도 있습니다.

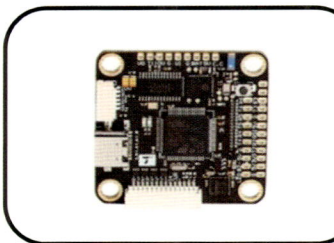  

또한 제조사에 따라서는 FC 와 ESC 를 통합하여 컴팩트한 사이즈로 판매되는 것들도 있습니다. 모든 기기는 지원 전압을 확인하여 배터리 구매 시 되도록이면 이 전압을 맞추어 주도록 합니다.

배터리의 전압이 너무 높아서 FC 의 작동 전압의 범위를 벗어난다면 DC-DC 스텝다운 모듈 혹은 컨버터, 레귤레이터와 같은 이름의 전압 관리를 위한 기기를 추가로 써야 할 수도 있기 때문입니다.

구분	프로세서	프로세싱 속도	플래시메모리	특징
1	F1 (STM32F103)	72MHz	128KB	초기 제품(CC3D, Naze32 등)
2	F3 (STM32F303)	72MHz	256KB	더 많은 UART 포트
3	F4 (STM32F405)	168MHz	1MB	더 빠른 프로세싱 속도.

* 상기 플래시 메모리는 펌웨어 코드를 저장하기 위한 프로세서의 내장 메모리를 말함

2 장 ~ 재료/부품/공구/기계

2.2. 카메라와 영상전송, 짐벌

예전에는 조종기와 수신기, FC, 영상송신기, 카메라, 짐벌을 각각의 제조사에서 구매하여 전압을 맞추고 커넥터도 맞추어서 조립을 했다면 요즘에는 조종기와 영상송신기, 조종기와 짐벌 등을 같은 제조사에서 생산하여 호환성을 높인 제품들이 출시되고 있습니다. 이러한 제품들을 구입한다면 조립과 세팅의 번거로움을 상당히 줄일 수 있습니다.

아래는 이러한 컨셉으로 나온 몇가지 제품의 장단점입니다.

1. DJI O3 Air unit(영상 송신기) + DJI Goggle(영상 수신기)

- **장점:** 장거리 HD 급 영상 송수신 시스템, 소형 FPV 드론을 구성하면서 HD 급 화질에 영상출력까지 고려하고 있다면 이 제품을 제외하고는 대안을 찾기 힘듭니다

- **단점:** 짐벌 기능 없음, DJI 제품하고만 호환되는 낮은 호환성(**고글이 없으면 사용 불가**, 호환 고글: DJI Goggles 2, Integra, FPV 고글 V2), 영상 HDMI 출력을 위해서는 DJI 조종기를 별도로 구매해야 합니다. 최소 구성으로 하더라도 영상 수신 및 화면 확인을 위해서 고글을 억지로 구매해야 하므로 초기 비용이 많이 듭니다.

- **신제품 O4 AIR UNIT 출시**: 신제품도 고글이 필수인 단점은 같습니다.

O4 AIR UNIT PRO		O3 AIR UNIT	
센서 1/1.3 인치	4K 120fps 동영상	센서 1/1.7 인치	4K 120fps 동영상
155 도 FOV	**15ms 지연**	155 도 FOV	30ms 지연
15km 최대 전송거리	**60Mbps 비트전송률**	10km 최대 전송거리	50Mbps 비트전송률

2. CubePilot Herelink(조종기, 영상송수신기)

- **장점:** 조종기와 영상송수신기, 수신기가 세트형이며 픽스호크 프로그램을 사용할 수 있는 신뢰성 높은 하드웨어를 제공하는 제조사이므로 부품간 호환성이 좋습니다. GPS, 영상송수신기, 수신기, 조종기(5.46 인치 1,000 니트 디스플레이 포함)를 세트로 제공하는 느낌이며 조종기에는 Qgroundcontrol 이라는 지상관제 프로그램도 설치되어 있습니다.

- **단점:** 짐벌은 세트 구성에서 빠져 있으며 짐벌 별도 구성 시 방법이 다소 어렵고 사용도 불편합니다. 이 제조사에서 출시한 짐벌 카메라가 없습니다. 조종기 채널이 부족하며 FUTABA 에서 생산하는 조종기와 같은 것에 비하면 조작감이 떨어집니다. 영상송신기와 수신기 역할을 하는 에어유닛(Airunit)의 신형은 1.1 버전이며 부품 상단에 네모난 ETH 소켓(이더넷, Ethernet)이 추가되었습니다. 짐벌 구성 시 유용합니다.

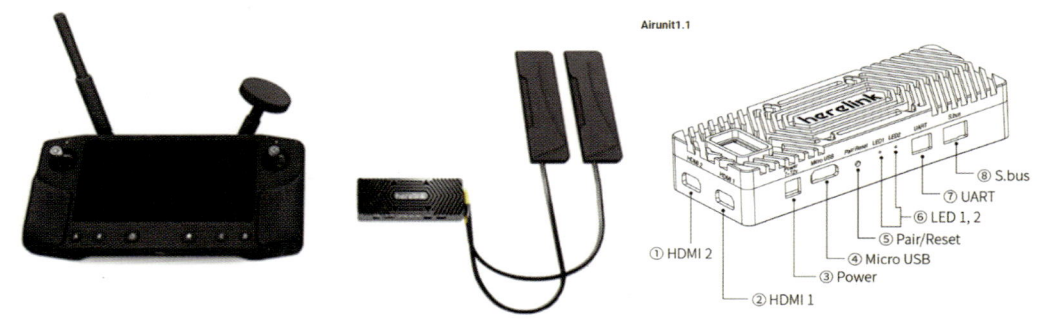

- **영상 전송을 위한 대안 제품:** Herelink 영상송수신기는 Micro HDMI 소켓으로 영상 입력을 받기 때문에 HDMI 영상 출력을 지원하는 카메라 모듈을 사용하면(중간에 HDMI to Micro HDMI 케이블 사용) 비록 짐벌 기능은 사용할 수 없지만 영상을 실시간으로 받을 수 있습니다.

필자의 경우에는 휴대폰 영상을 캡쳐보드를 사용해 넣어주었는데 사용은 가능했으나 연결이 번거롭고 무게가 많이 나가는 단점이 있었습니다.

2장 ~ 재료/부품/공구/기계

직접 사용해 보지 않아 확신은 못하지만 스펙을 보았을 때 아래 제품과 같은 카메라를 대안으로 생각해 볼 수 있습니다. 대안적인 방법은 대체적으로 DJI 에어 유닛이나 SIYI 제품군 보다 성능이 떨어지는 것으로 보입니다.

드론용으로는 경량이고 컴팩트한 MATECAM 제품이 더 나은 것으로 보입니다만 가격에 비해서 작은 센서 크기와 좁은 시야각이 단점입니다. 부족한 화소수에 120FPS 미지원도 아쉬운 부분입니다.

구분	IFWATER HDMI USB camera 12X zoom	MATECAM X9 4K camera 60FPS with anti shake lens module
사진		
가격	USD 198$ (관세, 택배비 제외)	USD 179$ (관세, 택배비 제외)
특징	1920X1080@60fps(HDMI) 3840x2160@30fps(USB) HDMI+USB 동시 비디오 출력 가능 출력 모드 선택(USB, HDMI, USB+HDMI) 1/2.8 인치 CMOS 센서 TOF 거리센서로 오토포커스 2 배 디지털줌, 10 배 광학줌 72 도~7.2 도(최대줌) 시야각 무게 757g	4K 60FPS, 20MP 영상 안정화 기술 적용 HDMI 출력 전용앱 무료 배포, 와이파이 연결 70 도 시야각, 1/3 인치 센서 컴팩트한 사이즈 외장 micro sd 512GB(최대) 마이크 내장 무게 20g(PCB 크기 36*36*10mm)

주) 가격은 2025년 5월 기준 검색 자료이며 참고자료입니다.

2 장 ~ 재료/부품/공구/기계

3. SIYI HM30(영상송수신기)+MK32(조종기)+짐벌

- **장점:** 농업용 드론을 커버할 수 있는 대형 솔루션을 많이 판매하고 있는 회사이며 특히 짐벌카메라를 제작하고 있는 회사이기 때문에 자사 짐벌 사용을 전제로 한 연결과 프로그램을 지원하고 있습니다. 조종기의 기능도 Herelink 대비 많습니다. 짐벌 카메라를 제외하면 상대적으로 가격이 약간 저렴합니다. 짐벌의 기능을 편하게 구현하고 싶다면 이 회사의 제품을 세트로 구매하는 것을 추천하고 싶습니다.

- **단점:** 다소 부실한 제품 매뉴얼과 짐벌 카메라 가격. 짐벌카메라 신제품 발매가 부진하여 카메라 성능이 다소 떨어짐.

| UniRC7 Pro | MK32 enterprise |

| ZR30 4K 8MP Ultra HD 180X Hybrid 30X Optical zoom 1/2.7" CMOS $1,101.47 | ZR10 2K 4MP QHD 30X Hybrid 10X Optical Zoom 1/2.7" CMOS $495.59 | A8 mini 4K 8MP Ultra HD 6X Digital Zoom Gimbal Camera with 1/1.7" $233.96 | A2 mini Single Axis Tilt with160 Degree FOV 1080p camera IP67 Waterproof $96.26 |

짐벌(GIMBAL, 수평유지장치)

짐벌은 복잡한 원리와 수학공식이 들어가 자작하기가 매우 힘든 장치 중 하나로 기체의 급격한 기동에도 불구하고 카메라의 수평을 유지해주어 촬영 품질을 향상시켜 주는 매우 중요한 역할을 하는 장치입니다.

내부 구성은 3축 자이로스코프와 3축 가속도계, 지자계 센서 등으로 이루어져 있으며 **IMU**(Inertial Measurement Unit)를 통해 측정하고 연산합니다.

자이로스코프는 회전하는 물체가 회전면을 유지하려고 하는 성질을 이용한 것이며 실생활에서는 자전거와 팽이가 넘어지지 않는 이유로도 찾아 볼 수 있습니다.

3축 자이로스코프와 3축 가속도계를 합쳐 **6자유도**(Degrees of Freedom)라고 하며 3차원을 측정할 수 있는 기본적인 센서입니다. 여기에 3축 지자계 센서를 포함하면 9자유도 센서가 됩니다. 각각의 센서는 장단점이 있기 때문에 서로의 단점을 보완할 수 있도록 프로그래밍 되어 있습니다.

자이로센서의 누적오차(드리프트)를 가속도계를 통해 보완하며, 가속도계의 노이즈를 자이로센서로 보완하는 식으로 대응하고 있으며 수학적 연산을 통해 해결하기 위한 각종 필터를 적용하고 있습니다.

드론에서는 짐벌 장치의 자세 제어를 위해 사용하고 있는 개념이지만 약간의 수정을 거치면 위성항법장치인 GPS 없이도 수학적 계산을 통해 움직인 거리를 추정할 수 있는데 이러한 **관성항법장치**(INS, Inertial Navigation System)는 터널과 같이 GPS가 안터지는 곳에서 이동한 거리를 계산할 때, 미사일과 같이 군사용 목적이 필요할 때 널리 사용되고 있습니다.

짐벌의 성능은 고성능센서, 코딩(프로그래밍), 모터의 성능, 연산 능력 등에 따라 달라질 수 있습니다. 또한 카메라 일체형인지 여부와 호환성, 가격 등도 따져볼 필요가 있습니다. 주요 성능과 고려해야 할 사항은 다음과 같습니다.

1. 방진 방적 성능

먼지와 물로부터 카메라를 보호하는 성능을 의미합니다. 방수 방진 성능이 높은 짐벌을 선택하는 것이 좋습니다.

IP 등급: 방진 방적 성능은 IP(Ingress Protection, 침투보호) 등급으로 표시됩니다. 예를 들어, IP65 는 먼지로부터 완벽하게 보호되고, 분사되는 물로부터 보호된다는 의미입니다. 첫번째 자리수는 6은 방진 등급을, 두번째 자리수인 5는 방수등급을 나타냅니다.

방진과 방수 중 시험하지 않거나 통과하지 못한 부분에는 X 자가 붙습니다. 예를 들어 IPX8 의 경우는 1m 이상(제조사의 권장 수심까지)의 수심에서 보호가 된다는 의미이며 방수 성능이 좋으면 방진 성능도 당연히 좋을 수 밖에 없습니다.

방진등급	설 명	
0	보호 안 됨	보호되지 않는 상태
1	50mm 이상의 고체로부터 보호	손
2	12mm 이상의 고체로부터 보호	손가락
3	2.5mm 이상의 고체로부터 보호	공구, 굵은 전선
4	1mm 이상의 고체로부터 보호	공구, 가는 전선
5	먼지로부터의 보호	특정조건에서 제한된 양의 먼지만 통과
6	약간의 먼지도 통과시키지 않음	완전 밀폐형 보호등급

방수등급	설 명		
0	보호 안 됨	보호되지 않는 상태	
1	수직으로 떨어지는 물방울로부터 보호	낙수 보호	방적형
2	수직 15도 이하로 직접 분사되는 액체로부터 보호	낙수 보호	방적형
3	수직 60도 이하로 직접 분사되는 액체로부터 보호	물 분무 보호	방우형
4	모든 방향에서 분사되는 액체로부터 보호	물 튀김 보호	방말형
5	모든 방향에서 분사되는 낮은 수압의 물줄기 보호	물 분사 보호	방분류형
6	모든 방향에서 분사되는 높은 수압의 물줄기 보호	강한 물 분사 보호	내수형
7	15cm~1m 깊이의 물속에서 보호 (30 분)	일시적 침수 영향 보호	방침형
8	1m~제조사가 권하는 깊이의 물속에서 보호	연속 침수 영향 보호	수중형
9	가까운 거리에서 어떠한 방향으로 고온, 고압의 물을 직사해도 전혀 침수되지 않음	고온·고압 물 분사 보호	내수형

2. 축 개수

짐벌에는 1축, 2축, 3축 짐벌 등이 있습니다. 축 개수가 많을수록 더 많은 방향으로 흔들림을 보정할 수 있습니다. 최근에는 3축 짐벌을 대부분 채택하고 있습니다.

- 1축 짐벌: 앞뒤로 기울어지는 흔들림만 보정합니다.(tilt 또는 pitch)

- 2축 짐벌: 좌우로 기울어지는 흔들림도 보정할 수 있습니다.(tilt, pan 또는 yaw)

- 3축 짐벌: 틸트, 팬, 롤 3가지 방향의 흔들림을 모두 보정할 수 있습니다.

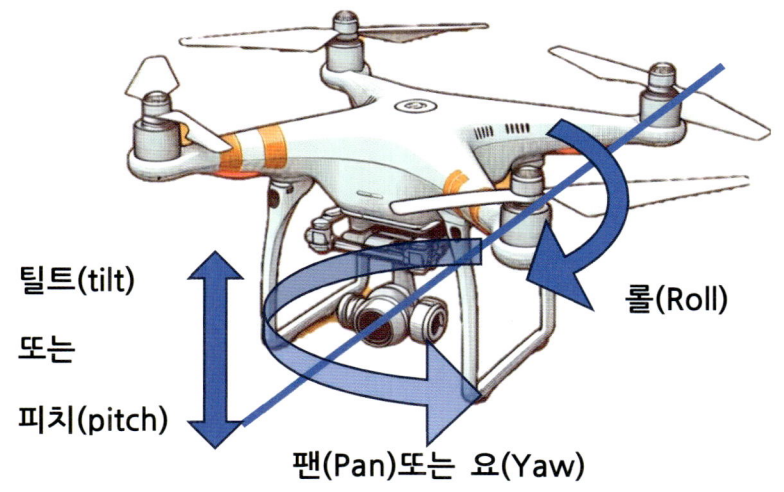

3. 무게 및 탑재 가능 무게

3축짐벌은 3개의 모터(주로 스텝 모터)를 사용하므로 배터리와 함께 드론의 무게에서 많은 부분을 차지하는 대표적인 장치입니다. 짐벌의 무게는 비행성에 영향을 미칩니다. 가벼운 짐벌은 장시간 촬영에 도움이 되지만 카메라의 무게를 충분히 버틸 수 없다면 고장의 원인이 됩니다. 짐벌에 장착할 카메라의 무게와 기체가 들 수 있는 허용 하중을 모두 고려해야 합니다.

4. 전원

짐벌 작동을 위한 전원은 별도의 전원을 쓰기도 하지만 무게 절감과 편의성을 위해 보통은 드론 배터리에서 전력을 공급받는 형식을 취합니다.

이 경우 드론의 작동 전압과 짐벌의 작동 전압이 다른 경우가 많으므로 짐벌 컨트롤러나 별도의 전원 공급 장치를 통해 공급 받는 것이 필요할 수 있습니다.

또한 전원공급을 위해 흔히 사용하지 않는 특수 커넥터라든지 납땜이 힘든 소형 커넥터를 사용하는 경우가 많으므로 이러한 커넥터에 대응할 수 있는지 미리 검토해 두는 것도 좋습니다.

5. 호환성

짐벌은 사용하는 카메라와 조종기 등과 호환되어야 합니다. 구매 전에 짐벌 제조사에서 제공하는 호환 목록을 확인하세요. 카메라 일체형 짐벌의 경우도 마찬가지입니다.

조종기가 짐벌의 모든 기능을 지원하는지도 중요한 고려 요소입니다. 조종기가 짐벌을 제어하기 위해서는 최소한 1개의 채널(틸트)을 할당해야 하며 보통은 2개 (틸트, 줌) 이상의 채널을 할당해야 하기 때문에 조종기에 충분한 채널이 있는지 확인합니다.

짐벌 제조사에서 드론 제어 프로그램까지 만드는 경우는 매우 드물기 때문에 드론 제어 프로그램에서 짐벌을 어느 정도 수준까지 제어가 가능한지 미리 확인을 해야 합니다. 해당 짐벌을 사용한 제작 사례나 제조사의 제품 설명서 등을 참고합니다.

6. 추가 기능

일부 짐벌카메라는 다음과 같은 추가 기능을 제공합니다.

- 줌 및 초점 조작, 대상 추적, 슬로우 모션, 파노라마, 야간 촬영, 열화상 촬영, 거리 측정, 추가 액세서리(ND 필터, UV 필터, 메모리카드, 렌즈후드 등)

7. 유지보수

사용할 목적과 환경, 예산에 맞게 짐벌을 선택하고 장착하고나서는 유지보수를 신경써야 합니다. 짐벌은 매우 정교한 장치이기 때문에 자가수리가 어렵고 드론의 충돌이나 추락, 과부하 등으로 인해 쉽게 고장날 수 있습니다. 따라서 보관 시 유의하도록 하고 렌즈 관리를 철저히 합니다.

2장 ~ 재료/부품/공구/기계

지상에서의 짐벌, DJI OSMO MOBILE 7P

좋은 영상을 만들기 위해서는 드론을 통한 항공 촬영 뿐만 아니라 지상 촬영을 추가하여 편집이 이루어 지기도 합니다.

예를 들어 왼쪽과 같은 장면에서 둘이 해변을 걷는 동시에 파도소리도 들리면서 둘이서 이야기하는 음성을 같이 넣고 싶다고 합시다.

1. 드론 영상   2. 사람의 음성 1, 2

3. 파도소리 별도 녹음

4. 각 사람의 시야에서 바라보는 풍경 1, 2

감독은 위 4 개의 채널로 각각의 녹화(또는 녹음)을 고려할 수 있으며 목적에 따라서는 더 늘어나기도 합니다. 이러한 결과물을 후편집으로 목적에 맞게 수정해주게 되며 한 씬마다 요구하는 녹화(녹음) 채널과 장면이 많다면 각 촬영시마다 편집 포인트를 심어 주어 후편집을 용이하게 해 줍니다.

편집 포인트라는 것은 영상과 음성의 동기화(싱크 맞추기)나 편집 순서를 용이하게 하기 위한 기술적 장치를 말합니다. 흔히 영상 앞에서 **클래퍼보드(Clapperboard)**나 **슬레이트(Slate)**를 치는 행위가 이에 해당됩니다. 이러한 도구가 없으면 손뼉을 치거나 화면에 음영을 주어서 편집포인트를 마킹하기도 합니다.

치밀하게 계산된 한 장면은 사실 많은 수고로움을 동반해 촬영된 결과물인 것입니다.

TIP!

씬(Scene): 이야기 단위(장소, 시간 단위)

테이크(Take): 동일 씬 내 반복 촬영 횟수(완성도 높은 것을 편집 시 활용)

롤(Roll): 과거 필름 촬영 시 사용했던 필름 단위로 현재는 주로 저장장치(메모리카드) 번호

스튜디오와 같이 촬영을 위해 정교하게 세팅된 곳은 삼각대 위에 카메라를 고정시키고 조명과 색온도, 셔터스피드 등을 정밀하게 맞추어 놓을 것이지만 드론 촬영을 겸한 지상 촬영은 야외의 역동적인 장면일 가능성이 높습니다. 지상 촬영을 매끄럽게 하기 위해서는 이러한 환경에 따라 카메라를 선택할 필요가 있습니다.

OSMO MOBILE 7P
사진출처:DJI 홈페이지

피사체의 움직임을 따라가면서 화면의 흔들림을 최소화하려면 지상에서도 짐벌을 사용해야 하고, 많은 제품이 있지만 DJI 의 제품으로는 DJI OSMO MOBILE(휴대폰 촬영)제품이나 로닌(별도의 커다란 카메라 장착) 등이 있습니다.

2025년 출시된 OSMO MOBILE 7P 모델은 필자도 구매하여 쓰고 있기 때문에 장단점을 간략하게 소개해 드립니다.(단, 해당 내용은 향후 펌웨어 업데이트 등을 통해 바뀔 수 있습니다)

장점 및 기능

- 다기능 모듈(위 사진의 휴대폰 밑에 다른 부품)을 통한 조명(조도 및 색상 변경 가능)
- DJI MIC MINI 오디오 수신
- 퀵 언폴드, 퀵런치: 마그네틱 스마트폰 클램프를 통한 휴대폰 장착 및 빠른 실행
- 피사체 추적 및 원탭 편집(DJI Mimo 앱)
- 측면 휠을 통한 줌과 포커스 제어(길게 누르면 필라이트 제어)
- 내장 삼각대, 내장 확장 로드

단점

다기능 모듈이 DJI MIC MINI 수신기로 사용은 가능하나 전용 수신기보다 음질이 떨어지는 점. 전용 DJI MIMO 앱을 사용해야 짐벌의 모든 기능을 안정적으로 사용 가능하나 촬영 옵션(8K 나 FPS 조절 등)은 기본 카메라 어플만큼 세세하게 제공하지 않는 점. 큰 휴대폰의 경우 세로, 가로 모드 전환 시 걸림 가능성. DJI MIC MINI 수신기 사용 시 가로 촬영이 강제됨(걸림 방지)

FPV 드론용 아날로그 영상(NTSC, PAL)

FPV 드론은 주로 빠르고 격렬한 기동을 많이 하므로 파손의 위험이 큽니다. 따라서 촬영의 목적이 아니어서 고화질의 필요성이 없다면 상대적으로 비싸고 타사 기기간 호환이 잘 되지 않는 디지털 영상 전송 방식보다는 저렴하게 FPV 를 구성할 수 있는 아날로그 방식이 나을 수 있습니다.

아날로그 영상 전송은 대부분 아래의 NTSC, PAL 2 가지 방식을 사용하고 있습니다.

NTSC(National Television System Committee)는 미국 연방통신위원회(FCC)에서 제정한 아날로그 컬러 텔레비전 색상 인코딩 방식입니다. 1954 년 미국에서 표준으로 정의되었으며 우리나라에서도 사용하다가 2012 년을 마지막으로 지상파 아날로그 방송 송출이 중단되었습니다. 흑백은 30FPS(Frame per second), 컬러는 29.97FPS 이며 해상도는 480i(i 는 비월주사인 interlaced 를 가리킴)입니다. 가로 720* 세로 480 해상도를 가집니다.

PAL(Phase Althernation Line)은 독일에서 개발된 방식입니다. 25FPS 이며 720*576 해상도를 가집니다. 영국 등 유럽국가에서 채택하고 있습니다.

두 방식을 비교하자면 **화질은 PAL 이 우수하고 FPS 는 NTSC 방식이 우수**합니다. FPV 드론용 영상송신기에서는 두 방식을 모두 지원하고 선택하여 사용할 수 있는 제품이 많습니다. 빠른 속도를 중요시 하는 비행에서는 FPS 가 더 나오는 NTSC 방식이 유리하다고 볼 수 있습니다.

2.3. 초점거리와 시야각, 피사계심도, 크롭 팩터, 환산 초점거리

초점거리(Focal Length, 초점 거리)와 **FOV(Field of View, 시야각)**는 사진 및 영상 촬영에서 중요한 두 가지 개념으로, 서로 밀접한 관계를 가지고 있습니다. 이 두 가지 요소는 카메라 렌즈의 특성을 이해하고 원하는 촬영 결과를 얻기 위해 필수적으로 고려되어야 합니다.

1. 초점거리(Focal Length)란?

초점거리는 렌즈의 중심에서 이미지 센서(또는 필름)까지의 거리를 밀리미터(mm) 단위로 나타낸 값입니다. 초점거리는 렌즈의 배율(magnification)과 시야각(Field of View)에 직접적인 영향을 미칩니다.

- **짧은 초점거리(예: 18mm, 24mm)**: 넓은 시야각을 제공하며, 광각 렌즈라고도 불립니다.
- **긴 초점거리(예: 85mm, 200mm)**: 좁은 시야각을 제공하며, 망원 렌즈라고도 불립니다.

2. 시야각(Field of View, FOV)이란?

시야각은 렌즈를 통해 카메라 센서에 포착되는 장면의 넓이를 각도로 표현한 것입니다. 시야각은 촬영자가 볼 수 있는 장면의 폭과 깊이를 결정하며, 초점거리와 센서 크기에 따라 달라집니다. 일반적으로 사람의 두 눈으로 볼 수 있는 시야각은 180 도 내외이며 양안 시야각(두 눈이 중첩하여 볼 수 있으며 입체적으로 사물을 인지할 수 있는 시야각)은 120 도 내외로 알려져 있습니다.

3. 초점거리와 시야각의 관계

초점거리와 시야각은 서로 반비례 관계에 있습니다. 즉, 초점거리가 길어질수록 시야각은 좁아지고, 초점거리가 짧아질수록 시야각은 넓어집니다.

> **예시:**
> - **24mm 렌즈** (광각 렌즈):
>   - 시야각이 넓어 넓은 풍경이나 건축물 촬영에 적합. 피사계심도가 깊어져 피사체의 앞뒤로 더 많은 영역이 선명하게 나타나, 전체적인 장면의 디테일을 강조
> - **85mm 렌즈** (망원 렌즈):
>   - 시야각이 좁음. 피사계심도가 얕아 피사체의 앞뒤가 흐릿하게 표현되어 피사체를 돋보이게 할 수 있음

4. 피사계 심도(被寫界深度, Depth of Field, DoF)란?

피사계 심도(DoF)는 사진이나 영상에서 선명하게 보이는 피사체의 앞뒤 범위를 의미합니다. 즉, 초점이 맞은 지점에서부터 앞뒤로 얼마나 많은 영역이 선명하게 나타나는지를 나타냅니다. 피사계 심도는 다음과 같은 요소에 의해 결정됩니다:

- **조리개 값(Aperture)**: 조리개를 열면(낮은, 작은 f-값) 피사계 심도가 얕아지고, 조리개를 닫으면(높은, 큰 f-값) 피사계 심도가 깊어집니다.

- **초점거리(Focal Length)**: 긴 초점거리의 렌즈는 피사계 심도를 얕게 만들고, 짧은 초점거리의 렌즈는 피사계 심도를 깊게 만듭니다.

- **촬영 거리(Distance to Subject)**: 피사체에 가까울수록 피사계 심도가 얕아지고, 피사체에서 멀어질수록 피사계 심도가 깊어집니다.

- **센서 크기(Sensor Size)**: 센서가 클수록 피사계 심도가 얕아지고, 센서가 작을수록 피사계 심도가 깊어집니다. 큰 센서에서는 동일한 화각을 위해 더 긴 초점거리 렌즈를 사용하게 되며 이는 피사계 심도를 얕게 만듭니다. 또한 큰 센서는 같은 피사체를 더 크게 확대하여 촬영할 수 있어, 배율이 증가하면서 피사계 심도가 얕아집니다.

(좌측 풍경 사진) 피사계심도가 깊은 사진

- 풍경화 등 많은 공간을 표현해야 할 때 유리

(우측 꽃 사진) 피사계심도가 얕은 사진

- 인물, 사물 등 목표물에 집중해야 할 때 유리

5. 크롭 팩터(Crop factor)란?

크롭 팩터는 특정 카메라의 센서 크기가 35mm 필름(풀프레임)에 비해 얼마나 작은지를 나타내는 비율입니다. 예를 들어, APS-C 센서의 크롭 팩터는 대략 1.5 배, 마이크로 포서드 센서는 약 2 배입니다.

<mark>35mm 풀프레임의 대각선길이(43.3mm) / 특정 센서의 대각선 길이 = 크롭 팩터</mark>

구분	1/2.5"	1/2"	2/3"	1"	Four Thirds 4/3"	Canon APS-C	Canon APS-H	35mm
대각선 (mm)	7.18	8	11	16	21.6	26.7	34.5	43.3
가로 (mm)	5.76	6.4	8.8	12.8	17.3	22.2	28.7	36
세로 (mm)	4.29	4.8	6.6	9.6	13	14.8	19.1	24
면적 (mm^2)	24.7	30.7	58.1	123	225	329	548	864
크롭 팩터	6.02	5.41	3.93	2.7	2	1.62	1.26	1

- 참고: DJI 팬텀 4 프로 센서 크기 1", 매빅 2 프로 1", 매빅 2 줌 1/2.3", 매빅 3 프로 4/3"

6. 환산 초점거리 (Equivalent Focal Length)

렌즈의 환산 초점거리는 다양한 카메라 센서 크기에서 렌즈가 제공하는 시야각(Field of View, FOV)을 표준화하기 위해 사용되는 개념입니다. 이를 통해 사용자는 서로 다른 센서 크기를 가진 카메라에서도 렌즈의 시야각을 비교하고 이해할 수 있습니다. 또한 특정 시야각을 원할 때, 다양한 센서 크기에서 어떤 초점거리의 렌즈가 필요한지 결정할 수 있습니다.

7. 환산 초점거리 계산 방법

환산 초점거리는 크롭 팩터(Crop Factor)를 사용하여 계산됩니다.

환산 초점거리(단위: mm) 공식:

- 환산 초점거리 = 실제 초점거리 x (기준 센서의 대각선 길이 43.3 / 사용 센서의 대각선 길이)

- **환산 초점거리 = 렌즈의 실제 초점거리 × 크롭 팩터**

예시 계산:

예를 들어, 1인치 센서(대각선 약 16mm)를 사용하는 카메라의 10mm 렌즈를 풀프레임 기준으로 환산해 보겠습니다.

1. 크롭 팩터 계산: 크롭 팩터 = 43.3mm / 16mm ≈ 2.71
2. 환산 초점거리 계산: 환산 초점거리 = 10mm × 2.71 ≈ 27.1mm

따라서, 1인치 센서에서 10mm 렌즈는 풀프레임 기준으로 초점거리가 약 27mm 렌즈와 같은 시야각을 제공합니다.

이와 같이 초점거리와 시야각, 조리개 값, 피사계 심도의 관계를 이해하면 다양한 촬영 상황에서 적절한 렌즈를 선택하고 원하는 결과물을 얻는 데 큰 도움이 됩니다. 필요에 따라 다양한 초점거리의 렌즈를 실험해보며 자신만의 촬영 스타일을 구축해 보시기 바랍니다.

2 장 ~ 재료/부품/공구/기계

2.4. 카메라 필터(UV, 편광, ND)

카메라 필터를 사용하는 이유

현대 사진 기술의 세계에서 렌즈 필터는 단순한 부속품이 아닌 예술적 표현의 중요한 도구입니다. 카메라 앞에 놓이는 이 작은 유리 조각은 빛을 조절하고 이미지의 품질을 근본적으로 변화시키는 놀라운 능력을 가지고 있습니다.

렌즈 필터의 기본적인 목적은 카메라로 들어오는 빛을 제어하는 것입니다. 마치 안경이 시력을 교정하듯이, 렌즈 필터는 빛의 특성을 변화시켜 최종 이미지의 품질을 향상시킵니다. 필터를 통해 사진가는 현실을 자신만의 독특한 시각으로 해석할 수 있습니다.

자연광은 매우 복잡하고 다양한 특성을 가지고 있어서, 때로는 원하는 효과를 얻기 어려울 수 있습니다. 이때 렌즈 필터는 빛의 강도, 색상, 반사, 투과성을 조절하여 사진가의 의도를 정확하게 표현할 수 있게 도와줍니다. 예를 들어, 강한 햇빛 아래에서 촬영할 때 빛의 강도를 조절하거나, 수면 위의 반사를 제거하는 등 다양한 효과를 만들어낼 수 있습니다.

오늘날 디지털 시대에 들어서면서 렌즈 필터의 역할은 더욱 중요해졌습니다. 후처리 소프트웨어의 발전에도 불구하고, 촬영시부터 정확하게 빛을 조절하는 것은 여전히 고품질 이미지 제작의 핵심입니다. 디지털 편집으로 모든 것을 수정할 수 없기에, 현장에서의 정확한 필터 사용은 더욱 중요해졌습니다.

매빅 2 줌 필터(ND,편광 복합)

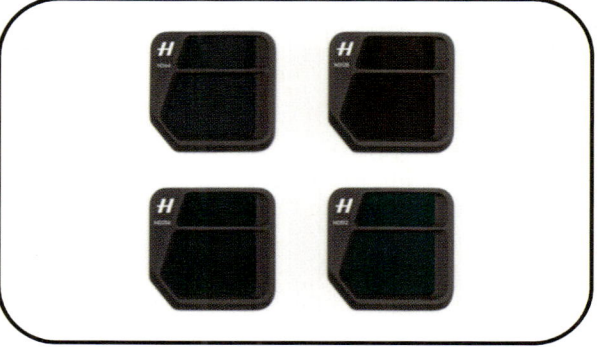

매빅 3 ND 필터 세트

카메라 필터의 종류

필터의 종류는 매우 다양하며, 각각의 목적과 효과가 다릅니다. ==UV 필터==는 렌즈를 물리적으로 보호하고 자외선을 차단하며, ==편광 필터==는 반사광을 제거하고 색상의 채도를 높입니다. ==ND 필터==는 빛의 양을 조절하여 노출을 조정하는 데 도움을 줍니다. 이처럼 각 필터는 고유의 기능과 특성을 가지고 있어 상황에 따라 적절히 선택하여 사용할 수 있습니다. 각각의 필터에 대해 좀 더 자세히 살펴보겠습니다.

==UV 필터==(기본적인 필터로 주로 렌즈 보호를 위해 사용)

이 필터는 카메라 렌즈를 보호하는 동시에 사진의 품질을 향상시키는 기능을 가지고 있습니다. 아날로그 카메라 시절에는 중요한 역할을 했으나 디지털 카메라 시대에 들어서면서 UV 필터의 역할은 렌즈 보호에 좀 더 가깝게 변해가고 있습니다.

UV 필터의 가장 기본적인 기능은 자외선을 차단하는 것입니다. 자외선은 사진의 색감과 선명도에 부정적인 영향을 미칠 수 있는데, 이 필터는 그러한 문제를 근본적으로 해결해줍니다. 특히 야외 촬영이나 높은 고도의 환경에서 촬영할 때 자외선의 영향을 최소화할 수 있습니다.

렌즈 보호라는 측면에서도 UV 필터는 중요한 역할을 수행합니다. 카메라 렌즈는 매우 섬세하고 고가의 광학 장비이기 때문에 작은 충격이나 먼지, 습기 등으로부터 보호받아야 합니다. UV 필터는 렌즈의 전면에 부착되어 물리적인 충격과 먼지로부터 렌즈를 보호하는 보호막 역할을 합니다. 한 번의 작은 실수로 고가의 렌즈가 손상될 수 있는데, UV 필터는 이러한 위험을 크게 줄여줍니다.

색상 재현성 측면에서도 UV 필터는 뛰어난 성능을 보입니다. 특히 푸른 빛이 강한 풍경이나 해변, 고산 지대 등에서 촬영할 때 색상의 왜곡을 최소화하고 선명한 이미지를 얻을 수 있게 해줍니다. 이는 사진의 전체적인 품질을 높이는 중요한 요소입니다.

최근에는 디지털 센서 기술의 발전으로 UV 필터의 필요성에 대한 논란이 있습니다. 참고로 DJI 매빅 2 프로와 매빅 2 줌에 기본으로 장착된 필터입니다.

2 장 ~ 재료/부품/공구/기계

편광 필터(유리창, 해주면과 같이 빛 반사가 많은 곳에 사용)

편광 필터는 카메라 렌즈에 장착되는 특별한 광학 장치로, 빛의 반사와 굴절을 놀랍도록 효과적으로 관리합니다. 특히 빛이 특정 각도로 들어올 때 발생하는 불필요한 반사광을 제거하여 이미지의 품질을 크게 향상시킵니다.

이 필터의 가장 큰 매력은 자연 풍경 촬영에서 발휘됩니다. 하늘의 푸른색을 더욱 깊고 선명하게 만들고, 구름의 대비를 강조하며, 나뭇잎의 색감을 생생하게 표현할 수 있습니다. 특히 유리나 물과 같은 반사성 표면을 촬영할 때 필터의 진가가 드러납니다. 불필요한 반사를 제거하여 이미지의 디테일과 색상을 보다 선명하게 포착할 수 있습니다.

(제주 다려도 파노라마 사진) 편광+ND 필터 조합

편광 필터를 사용하면 촬영 환경에 따라 놀라운 변화를 만들어낼 수 있습니다. 강한 햇빛 아래에서도 부드러운 색감을 유지할 수 있으며, 수면 위의 반사광을 제거하여 물속의 깊이감을 표현할 수 있습니다. 또한 유리창이나 금속 표면의 반사를 줄여 보다 깨끗하고 선명한 이미지를 만들 수 있습니다. 이를 이용해 때때로 돌고래나 물고기 등 수중 생물을 관찰할 때 쓰이기도 합니다.

ND 필터(장노출을 통한 연출이나 피사계심도 조절을 위해 사용)

ND는 'Neutral Density'의 약자로, 렌즈를 통과하는 빛의 양을 균일하게 줄여주는 특별한 광학 장치입니다. 이 필터는 사진 촬영 과정에서 노출을 조절하는 데 핵심적인 역할을 수행합니다.

ND 필터의 주요 기능은 빛의 강도를 인위적으로 감소시키는 것입니다. 이를 통해 사진작가는 더 긴 셔터 속도나 더 넓은 조리개를 사용할 수 있게 됩니다. 예를 들어, 밝은 날씨에서도 긴 노출 시간이 필요한 장노출 사진을 촬영할 때 ND 필터는 매우 유용합니다.

ND 필터는 다양한 감소 강도로 제작됩니다. 보통 ND2, ND4, ND8처럼 숫자가 붙은 ND 필터를 많이 볼 수 있는데 ND2는 빛을 1/2로(1 스톱 감소) 줄이고, ND4는 1/4로(2 스톱 감소), ND8은 1/8(3 스톱 감소)로 줄인다는 의미입니다.

풍경 사진 촬영에서 ND 필터는 특히 중요한 역할을 합니다. 강이나 바다와 같은 움직이는 피사체를 부드럽게 표현하고 싶을 때 이 필터를 사용합니다. 예를 들어, 낮 시간대에 바다의 파도를 실크처럼 부드럽게 표현하고 싶다면 고농도 ND 필터를 사용할 수 있습니다. 이를 통해 마치 안개가 흐르는 듯한 몽환적인 이미지를 만들어낼 수 있습니다.

밝은 환경에서 조리개를 더 크게 열어도 노출 과다(overexposure) 없이 사진이나 영상을 찍을 수 있기 때문에 피사계 심도가 얕아지고 배경에 자연스런 블러가 나타납니다.

TIP!

스톱(stop): 빛의 양이 2배로 변할 때 1스톱이 증가했다고 합니다. 영상, 사진 업계에서 자주 쓰는 표현입니다. 조리개 값의 경우는 $\sqrt{2}$배 변할 때 동공의 면적이 2배만큼 변하기 때문에 이에 따라 약 1.4배가 변할 때 1스톱 증가(또는 감소)했다고 합니다. 카메라에서 조리개 값을 나타내는 f 값의 스케일이 조리개를 줄임에 따라 f/1 ▶ f/1.4 ▶ f/2 ▶ f/2.8 ▶ f/4 ▶ f/5.6 ▶ f/8 ▶ f/11 ▶ f/16 등과 같이 변하는 이유도 빛의 양이 1스톱(2배)씩 변하도록 안배되어 있기 때문입니다.

2 장 ~ 재료/부품/공구/기계

등가 노출(감도, 조리개값, 셔터스피드를 조절하여 노출되는 정도를 같게 만드는 방법)

드론 촬영을 할 때에는 보통 밝은 상태에서 피사계 심도가 깊어 앞뒤가 명료한 풍경사진을 촬영할 때가 많지만 경우에 따라서는 조리개값(f 값)을 조절하여 피사계 심도를 조절하고 싶을 때가 있을 것입니다.

만약 피사계 심도를 얕게 하기 위해서는 f 값을 최대한 낮은 값을 사용하여 조리개를 최대한 개방하게 됩니다. 이를 위해 필요한 경우 ND 필터를 사용합니다. 그리고 감도(ISO 값)는 증가시킬수록 노이즈가 심해지기 때문에 최대한 낮게 둡니다. 따라서 보통은 셔터스피드의 세팅이 노출을 결정하는데 가장 중요하다고 할 수 있겠습니다.

그러나 경우에 따라서는 움직이는 피사체의 촬영을 위해 셔터스피드를 고정해야 할 경우가 생기는데 이 때 같은 노출 정도를 얻으려면 조리개값을 어떻게 해야 할지 계산을 해 봅시다.

(당초 세팅)

| ISO 100 | f/2.8 | 1/15 |

(변경 세팅)

| ISO 100 | ? | 1/60 |

셔터 스피드 값이 2 스톱 감소하여 노출이 1/4 로 감소하였으므로 조리개 값을 2 스톱 증가하여 노출을 4 배로 늘려주도록 하면 됩니다. f/1.4 로 바꾸어 주면 같은 노출이 됩니다.

TIP!

노출값(EV, Exposure value): 조리개 값을 F, 셔터 속도를 S 라고 했을 때

$$EV = \log_2 \frac{F^2}{S}$$ (통상적으로 ISO100 기준, EV0 은 f/1.0 에서 1 초 동안 노출한 값)

EV 값 세팅의 적용

실제로 매빅 2 엔터프라이즈 모델의 DJI PILOT 앱을 통해 EV 값을 조절해 보았을 때 아래 사진처럼 화면 밝기의 변화가 생깁니다. 오토(AUTO) 모드에서 EV 값만 변경 시켰을 때 ISO 값이 증가하면서 밝아지는 것을 확인할 수 있습니다.

ISO 값이 400 에서 1600 으로 증가하였기 때문에 2 스톱 증가하였다고 볼 수 있습니다. 이론적으로 오른쪽 사진이 왼쪽 사진과 동일한 노출을 얻으려면(왼쪽 사진만큼 어두워 지려면) 조리개를 2 스톱 더 조여야(예: f/1.4 ▶ f/2 ▶ f/2.8) 동일한 노출을 얻을 수 있습니다. 그러나 오토모드에서 조리개 값의 조절은 되지 않습니다.(매빅 2 줌 모델은 조리개 조절 불가)

감도(ISO)가 증가하면 사진의 노이즈가 증가하므로 바람직한 상황은 아니라고 할 수 있습니다. 드론으로 풍경 사진을 촬영할 때는 되도록 ISO 값을 최저치인 100 에 맞추어 찍는 것이 노이즈 감소를 위해 좋다고 볼 수 있기 때문입니다.

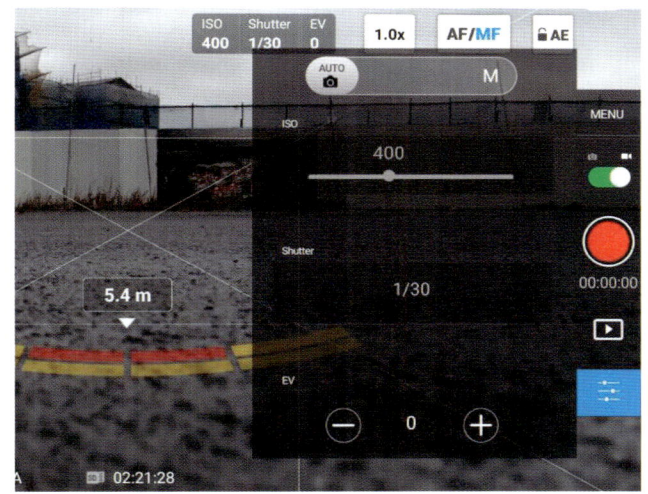 

(좌) ISO 400, 셔터스피드 1/30, EV 0　　　(우) ISO 1600, 셔터스피드 1/30, EV 2.0

그렇다면 매뉴얼 모드로 촬영을 하여 ISO 를 100 에 고정시킨다면 어떻게 될까요? 다음 사진을 통해 알아보겠습니다.

2 장 ~ 재료/부품/공구/기계

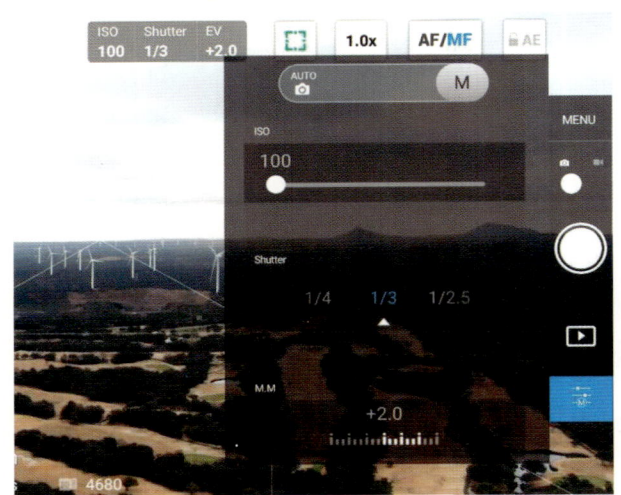
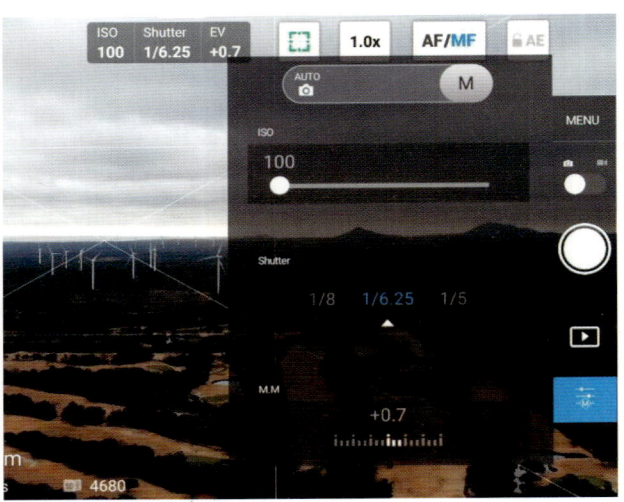

(좌) ISO 100, 셔터스피드 1/3, EV 2.0   (우) ISO 100, 셔터스피드 1/6.25, EV 0.7

좌측 세팅을 적용하여 ISO100 으로 고정하고 찍으려고 했더니 과다노출로 인해 구름의 디테일 표현이 안되고 있습니다. 수동으로 셔터스피드를 줄여 노출을 줄이니 EV 값이 줄어든 것을 볼 수 있으며 구름의 명암 표현이 살아나는 것을 볼 수 있습니다.

매 사진마다 완벽한 세팅으로 사진을 찍을 수 있으면 좋겠지만 여러가지 요인으로 인해 후보정이 필요한 경우가 많습니다. 후보정을 위해서 저장 옵션을 변경해 RAW 파일을 저장할 수 있게 해 놓으면 포토샵과 같은 프로그램을 통해 색감 조정, 업스케일링, 노출 보정 같은 작업을 효율적으로 할 수 있습니다.

JPG 확장자를 가진 파일과 비교하여 RAW 파일(매빅 2 엔터프라이즈 제품에서는 DNG 확장자를 사용하고 있으나 제조사에 따라서 다른 포멧 사용)이 후보정에 유리한 이유는 카메라 센서가 포착한 정보(광학 정보) 대부분을 원본 상태에 가깝게 저장하기 때문입니다. 반면 JPG 파일은 촬영 시점에 이미 압축 과정을 거쳐 필요한 데이터 일부가 손실된 상태로 저장됩니다.

광학 정보가 풍부하게 담긴 것을 **다이내믹 레인지**가 넓다고 합니다. 이는 암부(어두운 영역)나 명부(밝은 영역)를 후보정으로 살릴 수 있는 가능성이 훨씬 크다는 뜻입니다. 또한 RAW 파일은 명암 단계를 12 비트(4,096) ~16 비트(65,536) 사이로 세밀하게 표현하기 때문에 색 보정 시 계조(Gradation)가 부드럽게 표현되고 컬러 밴딩 현상이 덜 생깁니다.

동영상에서 자연스런 모션블러를 주는 방법

인간의 눈과 흡사한 느낌의 영상은 흔히 말하는 자연스러운 모션 블러가 적절히 들어간 영상을 뜻합니다. 영화·영상 업계에서는 이를 위해 "180 도 셔터 룰(180° Shutter Rule)"이라는 개념을 많이 적용합니다. 여기서의 각도는 개각도(셔터각도)를 의미합니다.

180 도 셔터 룰의 개념

- **프레임레이트(FPS)의 역수의 1/2**에 해당하는 셔터스피드를 사용
- 예)
    - 24fps 촬영 시 셔터스피드 ≈ 1/48 초
    - 30fps 촬영 시 셔터스피드 ≈ 1/60 초
    - 60fps 촬영 시 셔터스피드 ≈ 1/120 초

이렇게 맞춰주면 사람이 일상에서 보는 움직임과 유사한 양의 '흐릿함(모션 블러)'이 구현되어, **눈에 편안해 보이는** 영상이 됩니다.

다만 제작자의 의도에 따라 긴장감을 고조시키거나 어지러운 표현을 하고자 할 때는 좀 더 느린 셔터스피드를 사용할 수 있을 것이고, 동작 하나 하나를 선명하게 전달하고자 한다면 더 빠른 셔터스피드를 통해 잔상이 없는 영상을 전달 할 수 있을 것입니다.

동영상 제작 시는 이러한 이유로 초당 프레임 수(fps)와 셔터스피드의 관계가 중요해 지므로 앞서 설명한 노출과 피사계 심도 등의 개념과 함께 최적의 영상을 만들어 내 봅시다.

2.5. 빛과 통신

컬러에 대한 이해(RGB, CMYK)

드론으로 촬영한 아름다운 풍경이나 생생한 영상을 더욱 돋보이게 만들기 위해서는 컬러에 대한 이해가 필수적입니다. 특히 사진이나 영상 편집 시 자주 접하는 개념인 RGB 와 CMYK 에 대해 정확히 알면, 보다 뛰어난 결과물을 만들 수 있습니다.

RGB 와 CMYK 는 모두 색상을 표현하는 방식이지만 각각의 목적과 특징이 다릅니다.

먼저 RGB 는 빛을 기반으로 색을 표현하는 방식으로, 빨강(Red), 초록(Green), 파랑(Blue) 세 가지 색의 빛을 혼합하여 수많은 색을 만들어 냅니다. RGB 는 빛이 혼합될수록 밝아지는 "가산 혼합" 방식을 사용하며, 디지털 기기(모니터, 스마트폰, 드론 카메라 센서 등)에서 널리 사용됩니다. 화면에 나타나는 이미지나 영상은 모두 RGB 컬러를 사용해 만들어진 것입니다.

반면 CMYK 는 Cyan(청록색), Magenta(자홍색), Yellow(노랑색), Key plate(검정색)를 의미하며, 주로 인쇄를 목적으로 사용되는 컬러 방식입니다. CMYK 는 잉크를 이용해 색을 표현하므로, 색이 혼합될수록 어두워지는 "감산 혼합" 방식을 따릅니다. 따라서 종이, 현수막, 포스터 등 실제 인쇄물에서 우리가 보는 대부분의 색상은 CMYK 방식을 사용하여 만들어집니다.

드론 사진 및 영상을 편집할 때에는 주로 RGB 환경에서 작업합니다. 이는 대부분의 편집 프로그램이 RGB 를 기본 컬러 모드로 사용하고 있으며, 디지털로 감상하는 것이 주 목적이기 때문입니다.

하지만 드론 사진을 인쇄할 목적으로 편집할 때는 최종 단계에서 CMYK 로 변환하여 색상을 미리 확인하는 것이 좋습니다. **RGB 에서 표현되는 밝고 생생한 컬러가 CMYK 로 변환될 때 상대적으로 채도가 낮아지고 어둡게 표현**될 수 있기 때문입니다.

이러한 차이를 명확히 이해하고 작업 과정에 적용한다면, 드론 영상과 사진 편집에서 원하는 색감을 보다 효과적으로 구현할 수 있을 것입니다.

빛과 색의 삼원색

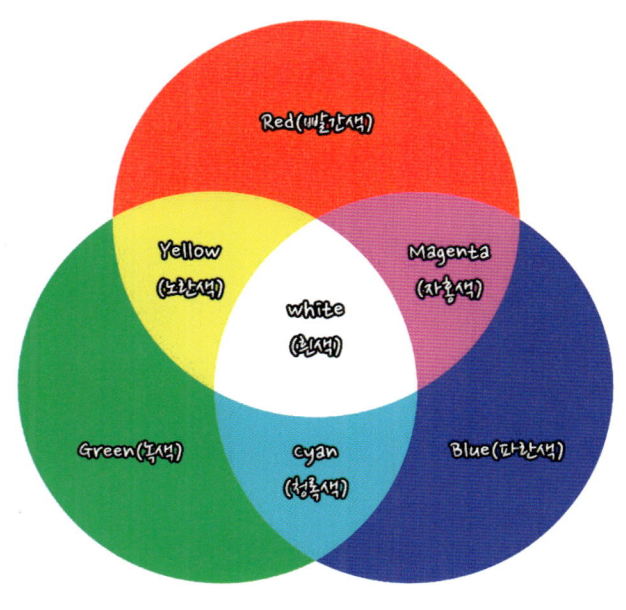

빛의 삼원색

RGB 는 빨강(Red), 초록(Green), 파랑(Blue)의 빛이 서로 **더해질수록** 밝아지고 흰색에 가까워집니다. 그래서 RGB 혼합을 **가산(Additive) 혼합**이라고 부릅니다.

컴퓨터 모니터, 스마트폰 화면 등 빛을 내는 디스플레이 장치가 모두 RGB 방식입니다.

색의 삼원색

CMYK 는 인쇄 시 사용하는 잉크의 혼합 방식입니다.

안료는 일부 빛을 반사하고 일부를 흡수하는데 혼합할수록 색이 더 어두워지고 색이 빛을 덜 반사하게 됩니다. 그래서 CMYK 혼합을 **감산(Subtractive) 혼합**이라고 부릅니다.

TIP!

원색이란 서로 다른 색을 혼합하여 본래의 색과 다른 색을 만들 수 있는 독립적인 색을 말합니다. 예를 들어 RGB 색 체계에서 빨강(R)과 초록(G)을 혼합하면 노랑(Y)이 나오는데 RGB 3 색을 어떻게 혼합하여도 빨강, 초록, 파랑색이 나오지 않는 다는 의미입니다.

CMYK 방식에서는 색을 혼합할수록 빛이 흡수되어 점점 어두운 색(검정)에 가까워집니다. 하지만 CMY의 3색만을 사용해서 검정색을 표현하게 되면 용지에 과도하게 안료를 적층해 색 번짐이 발생하거나 적층 순서에 따라 색상 왜곡이 발생할 수 있기 때문에 검은색(Key plate)을 추가해 CMYK를 보편적으로 쓰고 있습니다.

색의 공간(체계)

색 공간에 대해 설명 할 때에는 미국의 화가 앨버트 헨리먼셀(Albert Henry Munsell, 1858년~1918년)이 고안한 먼셀 색 체계를 많이 이야기 합니다. 이 체계에서는 색을 **색상(Hue), 명도(Value), 채도(Chroma)**로 정의하고 분류합니다.

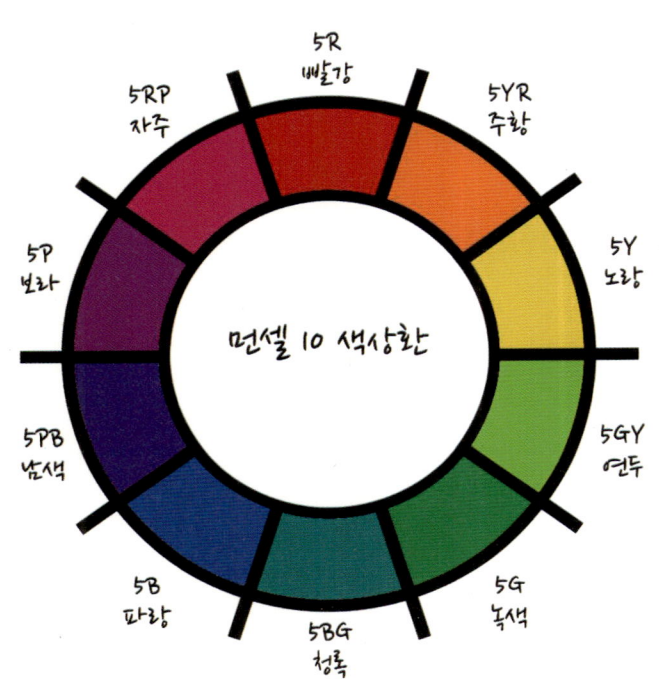

먼셀 색상환에서 인접한 두 색을 같은 비율로 섞으면 해당 색이 나옵니다.

(예) 녹색 + 파랑색 = 청록색

색상환 상 인접한 유사색으로 디자인을 하면 조화롭고 통일감 있는 느낌을 줄 수 있으며 반대편에 있는 보색을 활용하면 강렬하고 튀는 느낌을 줄 수 있습니다.

(좌측 이미지는 참고용이며 정확한 색상 매칭은 전문 도구를 사용하시기 바랍니다)

다른 분류 중 하나로는 HSB 또는 HSV 색 체계라고 하는 분류도 있습니다. 포토샵 색상 피커에서도 이용할 수 있는 체계입니다. 이 체계에서는 색을 **색상(Hue), 채도(Saturation), 명도(Brightness, Value)**로 정의합니다.

RAL 시스템

RAL 은 독일에서 개발된 색상을 정의하는 시스템입니다. 휴대하며 현장에서 적용하기 쉽도록 물리적인 컬러 팬(샘플)을 판매하므로 실무에 적용하기 좋습니다. 드론과 같은 제품의 제작에 있어서는 도색 단계에서 중요한 개념으로 볼 수 있습니다.

RAL 제품으로는 RAL K5(세미 매트 및 광택), RAL K7, RAL E3, RAL E4 및 RAL D2, RAL K6 등이 있습니다. RAL Classic 은 가장 잘 알려지고 널리 사용되는 시스템이며 RAL Design 및 RAL Effect 시스템은 RAL Classic 보다 더 많은 색상 변형을 제공합니다. 클래식과 디자인 제품은 색 번호 체계가 다르므로 유의합니다.

아래는 대표적인 제품 3 개에 대한 특징을 정리한 것입니다.

RAL K7 (RAL 클래식)
- 216 색상
- 15×5×2cm 크기
- 페이지당 5 가지 색상
- 샘플은 광택 마감 처리
- 색상이름 5 개 언어 표시
  - 영어, 독일어, 프랑스어, 스페인어, 중국어

RAL K5 (RAL 클래식)
- 216 색상
  (클래식 색상 모두 포함)
- 15×6×6cm 크기
- 페이지당 1 가지 색상
- 세미 매트, 글로스 2 종
  - 페인트 무광, 유광 사용에 맞추어 사용 추전

RAL D2 (RAL 디자인)
- 1,825 색상
- 28.8×5×5cm 크기
- 페이지당 8 가지 색상
- semi 매트 마감
- 색상이름 4 개 언어 표시
  - 영어, 독일어, 중국어, 러시아어

2 장 ~ 재료/부품/공구/기계

RAL Classic 과 RAL Design 의 색상은 서로 독립적입니다. 아래는 클래식과 디자인 색상표 예시입니다. 클래식은 4 자리수 번호로 호칭하며 디자인은 7 자리(XXX-XX-XX)번호로 호칭하여 체계가 다른 것을 확인 할 수 있습니다.

RAL Classic colors 색상과 번호

RAL Design colors 색상과 번호

RAL 200 20 05	RAL 200 20 10	RAL 200 20 15	RAL 200 20 20
RAL 200 20 23	RAL 200 30 05	RAL 200 30 10	RAL 200 30 15
RAL 200 30 20	RAL 200 30 25	RAL 200 30 30	RAL 200 30 33

RAL Design 시스템에서 7 자리 숫자는 좌에서 우로 각각 색조(H), 밝기(L), 채도(C)를 나타냅니다.

이 책의 RAL 색상은 정확한 색상을 표시할 수 없습니다. 위의 색상 표는 호칭 및 색 체계를 설명하기 위한 것이므로 참고용으로만 사용하시기 바랍니다. 올바른 RAL 색상을 선택하려면 RAL 색상 팬을 구매하여 사용하여야 합니다.

명도와 채도

명도(Value, Brightness)는 색의 밝고 어두운 정도를 나타내는 개념입니다. 쉽게 말해 색이 얼마나 환하거나 어두운지를 의미합니다. 명도가 높은 색은 밝고 흰색에 가까우며, 명도가 낮은 색은 어둡고 검은색에 가깝습니다.

채도(Saturation)는 색이 얼마나 선명하고 강렬한지 나타내는 개념입니다. 채도가 높을수록 색감이 강하고 선명하며, 채도가 낮을수록 색감이 흐리고 탁해집니다. 예를 들어 선명한 빨강은 채도가 높고, 회색이 섞인 빨강은 채도가 낮습니다. 채도가 낮아질수록 점차 무채색(흰색, 회색, 검은색)에 가까운 색상으로 변합니다.

위 명도, 채도 비교표는 HSB(HSV) 색공간에서 구분한 것입니다.

색온도

색온도는 광원의 색을 절대온도(Kelvin, K)로 나타낸 것입니다. 이 개념은 가상의 흑체(모든 파장의 빛을 완전히 흡수하는 이상적인 물체)가 특정 온도로 가열될 때 방출하는 빛의 색상에 기반합니다. 예를 들어, 흑체를 5,500K 로 가열하면 정오의 태양광과 유사한 백색광을 방출합니다. **색온도가 낮을수록(약 2,000K~3,000K) 빛은 따뜻한 붉은색이나 노란색을 띠며, 색온도가 높을수록(약 6,000K 이상) 빛은 차가운 푸른색을 띱니다.**

사진에서 색온도는 일반적으로 색조화(화이트 밸런스라고도 합니다)를 맞추기 위해 사용하고 있으며 촬영용 드론에서도 대부분 이러한 조절 기능을 가지고 있습니다. 맑은 날 촬영이 많은 드론에서는 화이트 밸런스를 AUTO 로 해서 사용하는 경우가 많으나 특별한 느낌을 주고 싶거나 광량의 변화가 심환 환경에서는 수동 값을 주는 것이 좋습니다.

빛의 파장과 드론의 송수신 신호

빛의 본질에 대해 이야기하는 것은 매우 어려운 것이지만 드론에서는 적외선을 통해 열화상 카메라 기능을 쓰고 있기도 하며 송수신기의 전자기파도 넓은 범위의 **스펙트럼**(전자기파를 파장에 따라 분류한 것)에서 빛과 같이 설명할 수 있는 부분이 있기 때문에 빛의 파장과 특징이 드론에서 어떻게 활용되고 있는지 살펴보겠습니다.

빛의 입자성과 파동성

빛은 **입자성**과 **파동성**이라는 두 가지 상반된 성격을 동시에 지니고 있습니다. 과거 아이작 뉴턴은 빛을 작은 입자(알갱이)로 생각했지만, 이후 토마스 영의 유명한 이중 슬릿(double-slit) 실험에서 빛이 파동처럼 간섭 무늬를 만든다는 사실이 밝혀졌습니다. 한편, 20세기 초 알베르트 아인슈타인은 광전효과 실험을 통해 빛이 에너지 알갱이(광자)의 성질을 가진다고 설명했고, 이 공로로 노벨상을 받기도 했습니다. 이렇게 빛은 때로는 물결(파동)처럼 퍼져나가고, 때로는 알갱이(입자)처럼 톡톡 튀며 물질과 상호작용한다고 설명되어 왔습니다.

전자기파로서의 빛

빛의 파동적 성질을 이해하려면, 빛이 **전자기파**라는 개념을 받아들여야 합니다. 전자기파란 말 그대로 전기와 자기가 어우러져 파도처럼 퍼져나가는 현상입니다. 우리가 흔히 떠올리는 물결은 물의 진동이고, 소리는 공기의 진동이듯, 빛은 **전기장과 자기장의 진동**이라고 할 수 있습니다. 19세기 과학자 제임스 클러크 맥스웰은 수학 방정식을 통해 전기와 자기가 빠르게 진동하면 스스로 퍼져나가는 파동, 즉 전자기파가 생긴다는 사실을 밝혀냈습니다. 그리고 이 전자기파의 한 종류가 바로 우리가 보는 빛(가시광선)입니다.

빛은 물과 같은 매질이 없이 진공에서도 전파되는 특징이 있으며 전자기파로서의 빛은 눈에 보이는 가시광선 외에도 매우 다양한 형태로 존재합니다. 라디오에서 흘러나오는 음악도 전자기파가 전달한 결과이고, 전자레인지의 열도 전자기파(마이크로파)의 힘입니다. 빛은 거대한 전자기 스펙트럼의 일부이며 다른 전자기파들과 친연성을 갖습니다.

빛의 파장과 진동수의 관계

빛이 파동이라면, 물결처럼 **마루와 골이 반복**될 것입니다. 이 반복의 길이가 바로 파장(λ, 람다)입니다. 파장은 연속적인 두 마루(혹은 골) 사이의 거리로 정의되죠. 그리고 파동이 1초에 몇 번 진동하는지를 진동수(v 혹은 f)라고 부릅니다. 진동수가 높다는 것은 1초에 많은 파동이 지난다는 뜻이고, 그만큼 파장 간격이 짧아집니다. 반대로 진동수가 낮으면 파장이 길어지죠. 이 둘의 관계는 아래 공식으로 표현됩니다.

$$\text{파장}(\lambda) \times \text{진동수}(f) = c(\text{파동의 속도, 빛의 속도})$$

빛의 경우 이 속도는 **빛의 속도(약 3×10^8 m/s)**이고 진공에서 항상 일정한 값(상수)을 가집니다. 쉽게 말해, **파장이 길면 진동수가 낮고, 파장이 짧으면 진동수가 높다**는 역관계가 있습니다. 예를 들어 빨간색 빛은 파장이 약 700nm로 비교적 긴 반면, 보라색 빛은 약 400nm로 짧습니다. 따라서 보라색 빛은 빨간색 빛보다 1초에 더 많은 진동을 합니다.

에너지 측면에서 보면 진동수가 높을수록 한 개의 광자가 지닌 에너지가 큽니다. 그래서 자외선(UV)은 진동수가 높아 에너지가 세서 피부에 강한 영향을 미치고, 적외선(IR)은 진동수가 낮아 주로 열로 느껴집니다.

TIP!

진동수(f)와 헤르츠(Hz)

일반적으로 파장은 나노미터(nm) 단위로 표현되므로, 초당 진동수를 나타내는 헤르츠(Hz) 단위와 비교하기 위해서는 미터(m) 단위로 변환해야 합니다.

- 1 nm = 10억분의 1 = 1/1,000,000,000 = 10^{-9} m
- f(진동수) = c (빛의 속도)/ λ(파장) = (3×10^8 m/s) / (10^{-9} m) = 3×10^{17}/s = 3×10^{17} Hz
- (예) 500nm 파장의 경우: 3×10^{17} / 500 = (3/5) $\times 10^{15}$ = 0.6×10^{15} = 6×10^{14}

가시광선의 범위와 색상

우리가 볼 수 있는 빛의 범위를 **가시광선**이라고 부릅니다. 가시광선은 말 그대로 **인간의 눈에 보이는 전자기파 스펙트럼의 영역**을 뜻합니다. 범위는 대략 **380nm 에서 750nm 사이**의 파장에 해당하며, 이는 주파수로 환산하면 약 790THz(테라헤르츠)에서 400THz 사이입니다. 우리가 드론 조종에 사용하는 주파수 대역이 수 기가 헤르츠인 점을 상기하면 매우 흥미롭습니다. 가시광선 밖의 빛은 존재하지만 우리 눈으로는 볼 수 없습니다. 380nm 보다 짧은 파장은 **자외선**(UV)이라 부르고, 750nm 보다 긴 파장은 **적외선**(IR)이라 부릅니다.

(표 1: 가시광선 파장별 색상과 대략적인 범위)

색 상	파장 범위 (nm)
보라 (Violet)	약 380 ~ 450
파랑 (Blue)	약 450 ~ 495
초록 (Green)	약 495 ~ 570
노랑 (Yellow)	약 570 ~ 590
주황 (Orange)	약 590 ~ 620
빨강 (Red)	약 620 ~ 750

가시광선 내에서도 각 색상이 갖는 고유한 특성이 있습니다. 짧은 파장의 보라색과 파란색 계열은 에너지가 높고 산란되기 쉬운 특성이 있습니다. 그래서 하늘이 파란 이유도 공기 분자들이 파란빛(짧은 파장)을 산란시켜 하늘 전체에 퍼뜨리기 때문입니다.

보라색은 파란색보다 더 짧은 파장이지만 태양광 스펙트럼에서 상대적으로 적고, 우리 눈의 민감도도 낮아 눈에 덜 띕니다. 한편, 긴 파장의 주황색과 빨간색 계열은 에너지가 상대적으로 낮고 직진성이 강한 편입니다. 그래서 해질 녘 석양이 붉게 보이는 건 태양빛이 두꺼운 대기를 통과할 때 산란이 적은 빨간빛만 많이 도달하기 때문입니다.

태양광의 스펙트럼 분포

지금 이 순간에도 태양은 엄청난 양의 빛 에너지를 우주 공간으로 내뿜고 있고, 지구는 그 혜택을 듬뿍 받고 있습니다. 태양광은 우리가 눈으로 보는 빛(가시광선)뿐 아니라 눈에 보이지 않는 다양한 파장의 빛들로 구성되어 있습니다.

실제로 태양은 전파와 마이크로파, X 선, 감마선도 방출하는 것으로 알려져 있지만 대기에서 대부분 흡수되거나 매우 적은 양을 방출하여 영향이 미미합니다. 따라서 지상에서 태양에서 오는 빛의 스펙트럼을 분석하면 자외선(UV, Ultraviolet), 가시광선, 적외선(IR, Infrared)이 폭넓게 포함되어 있다는 것을 알 수 있습니다. 대략적으로 말하면 태양 에너지의 구성은 약 5%가 자외선, 43%가 가시광선, 52%가 적외선 정도로 이뤄져 있습니다.

(표 2: 파장에 따른 전자기 스펙트럼의 대략적인 범위)

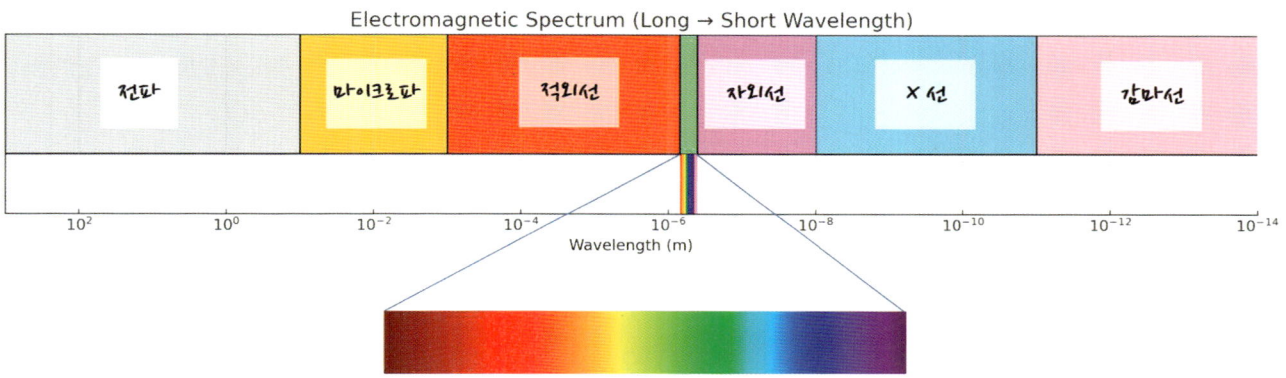

한낮에 햇빛에 손을 내밀면 따스함과 함께 밝은 빛을 느끼는데, 이 따뜻함의 주된 원인이 적외선이고, 밝게 보이는 부분이 가시광선입니다. 자외선은 보이지 않지만 피부에 화상을 입힐 수 있을 만큼의 에너지를 지니고 있습니다.

흥미롭게도, 태양광의 최대 출력을 내는 색이 우리가 가장 민감하게 보는 **초록빛**이라는 점은, 인류의 시각이 태양광에 적응해 진화했음을 시사합니다. 우리 눈이 가장 잘 느끼는 밝기는 태양광 스펙트럼의 최대치에 맞춰져 있다고 볼 수 있으니까요. 자연은 이렇게 정교하게 서로 조화를 이루고 있습니다.

드론의 통신 주파수 대역과 빛의 파장 비교

드론을 날릴 때 필요한 것 중 하나가 바로 **무선 통신**입니다. 조종자가 보내는 신호를 드론이 받아 기체를 움직이고, 드론이 촬영한 영상이나 정보를 다시 지상으로 전송하는 쌍방향 통신이 이루어집니다.

이 통신에 사용되는 주파수 대역은 나라별 법규에 따라 다소 차이는 있지만, 일반적으로 2.4GHz 와 5.8GHz 대역이 많이 쓰입니다. 경우에 따라 장거리 통신을 위해 900MHz 나 1.2GHz 대역을 쓰기도 하고, 산업용/군용 드론에서는 전용 주파수를 쓰기도 합니다.

이런 주파수들은 모두 라디오파/마이크로파 범위에 속하며, 파장으로는 수십 센티미터에서 몇 센티미터 정도입니다. 예를 들어 2.4GHz 는 약 12.5cm 파장입니다. 반면, 빛의 파장으로 같은 길이를 가진 전자기파가 있다면 그것은 극초단파(주로 마이크로파 영역에 속하며 주파수 300MHz~3GHz 영역)나 적외선 정도에 해당할 것입니다. 한마디로, 드론 통신에서 쓰는 전파는 우리 눈에 보이는 빛보다 파장이 너무 길어서 볼 수 없는, 그러나 기술로 감지하는 빛인 셈입니다.

또 기술적으로 중요한 차이점은, 드론 통신에 쓰이는 주파수는 안테나 크기와 밀접한 관련이 있다는 점입니다. 일반적으로 효과적인 송수신을 위해 안테나 길이는 파장의 1/2 또는 1/4 정도가 적당한데, 2.4GHz 전파의 1/4 파장은 약 3cm 정도입니다. 그래서 드론이나 조종기에 달린 안테나 길이가 몇 cm 정도인 것입니다.

만약 우리가 가시광선(몇백 nm 파장)으로 통신하려 한다면, 1/4 파장은 수십 나노미터에 불과해, 인간이 만들기에도 관측하기에도 어려운 나노 안테나가 필요할 겁니다. 드론은 그렇게 하기엔 현실적 제약이 많기 때문에 범용적인 전파를 사용하는 것입니다.

정리해보면, 드론의 송수신 전파와 우리가 말하는 빛(가시광선, 적외선)은 같은 스펙트럼의 다른 구간입니다. 전자는 통신을 담당하고, 후자는 영상과 시각 정보를 담당하죠. 하지만 오늘날 기술은 이 경계를 넘나들기도 하며 다양한 통신 방법이 연구되고 있습니다.

2장 ~ 재료/부품/공구/기계

2.6. 드론 열화상 카메라의 원리 및 활용

열화상 카메라의 원리: 적외선 감지

열화상 카메라(Thermal Camera)는 요즘 다양한 분야에서 각광받는 기술입니다. 드론에 열화상 카메라를 장착하면 목표 대상의 온도 분포를 한눈에 볼 수 있습니다. 열화상 카메라의 기본 원리는 모든 물체는 온도에 따라 적외선을 방출한다는 점에 착안한 것입니다.

우리 눈은 적외선을 볼 수 없지만, 적외선을 감지하는 센서를 쓰면 온도를 시각화할 수 있습니다. 이를 위해 사용되는 대표적인 센서로 **마이크로볼로미터**라는 것이 있는데, 적외선이 닿으면 미세한 센서의 온도가 변하고, 그 변화를 전기 신호로 바꾸어 영상으로 재구성합니다.

센서는 멀리 있는 물체가 내뿜는 적외선을 받아 그 세기를 측정합니다. 온도가 높을수록 강한 적외선을 보내고, 낮을수록 약한 적외선을 보내기 때문에, 이를 색깔로 표현하면 붉고 하얀 색조는 뜨거운 곳, 푸르고 검은 색조는 차가운 곳을 나타내게 됩니다. 흔히 보는 열화상 이미지는 무지개색 혹은 흑백으로 온도를 표현하는데, 이는 눈에 보이지 않는 적외선 세기를 인간이 구분할 수 있도록 색으로 변환(mapping)한 것입니다.

코로나 사태로 인해 발열 감시를 위한 열화상 카메라에 익숙한 분들도 많겠지만 드론에서는 수색 구조, 산불 및 재난 감시, 산업 설비 점검 등에 활용되고 있습니다.

참고로 산업용 드론인 DJI MATRICE 4T 의 열화상 카메라의 성능은 해상도 640×512@30fps(고해상도 모드 시 최대 1280×1024@30fps)입니다.

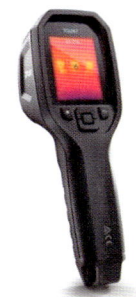

FLIR 열화상카메라

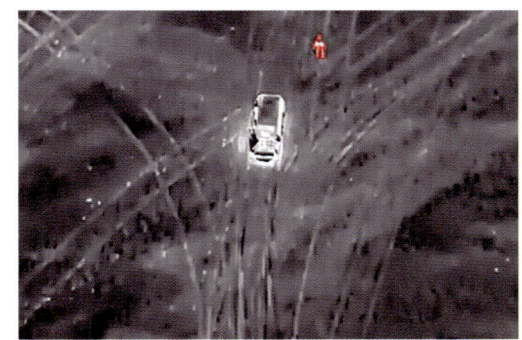

드론 열화상 예시(출처: DJI 홈페이지)

2장 ~ 재료/부품/공구/기계

드론과 열화상 카메라의 활용 사례

드론에 열화상 카메라를 결합하면, 지상에서는 얻기 힘든 독특한 시각을 얻을 수 있습니다. 몇 가지 대표적인 사례를 살펴보겠습니다.

- **수색 및 구조(Search and Rescue)**: 실종자나 조난자를 찾는 작업에서 열화상 드론은 혁혁한 공을 세우고 있습니다. 예를 들어 깊은 산 속이나 넓은 벌판에서 밤에 사람을 찾는다고 해봅시다. 육안으로는 어둡고 넓은 지역을 모두 볼 수 없지만, 열화상 카메라로 보면 사람의 체온이 주변보다 높아 밝게 드러나기 때문에 한눈에 발견할 수 있습니다. 단, 우리나라에서 드론의 야간비행은 일반적으로 금지되어 있으며 취득 절차가 까다롭고 비용과 시간이 필요한 **특별비행승인**을 득해야 가능한 점을 참고합시다.

- **산불 및 재난 감시**: 드론 열화상 카메라는 산불의 불씨나 남은 열기를 탐지하는 데 탁월합니다. 산불 진압 후에 겉보기에 꺼진 것 같아도 땅 아래 숯이 남아 다시 발화할 수 있는데, 열화상으로 보면 아직 뜨거운 지점을 확인하여 완전히 진압할 수 있습니다. 또한 진행 중인 산불의 경로를 상공에서 파악하고, 화염이나 연기 때문에 보이지 않는 불길의 핵심 부분을 파악하는 데도 유용합니다. 이로써 소방당국은 더 효율적으로 대응할 수 있죠. 마찬가지로 화학 공장 화재나 폭발 사고 현장에서도 열화상 드론은 안전 거리에서 고온 지역을 파악해 추가 폭발을 예방하는 데 도움을 줍니다.

- **산업 설비 점검**: 태양광 패널 농장이나 전력선, 변압기, 공장 설비 등은 눈에 보이지 않는 과열 여부를 체크하는 것이 중요합니다. 드론에 열화상 카메라를 달면 넓은 태양광 패널을 빠르게 훑어서, 이상 과열된 패널(고장난 부분)을 찾아낼 수 있습니다. 전력선이나 송전탑의 접속 불량 부분도 열이 나므로 감지할 수 있습니다. 공장 기계 설비 중 마찰이 심해 과열된 부분이나, 원유 저장탱크의 누출 여부(새는 곳은 온도가 다르게 나타남) 등도 점검 가능합니다. 사람이 일일이 열화상 카메라를 들고 다닐 때보다, 드론이 높이 날며 촬영하면 신속하고 효율적인 검사가 이뤄집니다.

- **농업 및 생태 모니터링**: 열화상 카메라는 농작물의 상태를 간접적으로 파악하는 데 쓰이기도 합니다. 식물이 스트레스를 받으면 증산 작용이 줄어들어 온도가 주변보다 높아지는데, 열화상으로 그 미묘한 온도 차이를 감지해 가뭄 피해나 병충해 징후를 조기에 발견할 수 있습니다. 또한 야생 동물의 이동이나 개체 수 파악에도 열화상 드론이 쓰입니다. 어두운 밤에 사슴이나 멧돼지 같은 동물이 돌아다니는 것을 모니터링하거나, 밀렵 방지 활동에 활용되죠. 환경 분야에서는 하천이나 바다의 **온도 분포 지도**를 그려서 온배수(뜨거운 물 배출)로 인한 영향을 조사하는 등, 그 활용처가 매우 다양합니다.

적외선 영상과 가시광선 영상의 차이

드론에 달린 카메라는 일반적으로 가시광선 카메라(즉, 일반적인 동영상/사진 카메라)와 열화상 카메라로 나뉩니다. 이 둘은 같은 장면을 보더라도 완전히 다른 그림을 우리에게 보여줍니다. 햇빛을 많이 받아 따뜻해진 잎과 그늘진 차가운 잎이 구별되어 보이고, 동물이 숨어 있었다면 그 체온 때문에 밝게 드러날 것입니다. 심지어 낮에 받은 열을 머금고 있는 바위나 땅은 밤이 되어도 열화상에 밝게 보일 수 있습니다. 반대로, 가시광선으로는 밝은 색깔이던 물체가 실제로는 열을 뺏겨 차갑다면 열화상에서는 어둡게 나올 겁니다.

또 하나 흥미로운 차이는 **투과성과 반사율의 차이**입니다. 가시광선은 유리창을 잘 통과하지만, 열적외선은 일반 유리에 막혀 버립니다. 그래서 열화상 카메라로 창문을 보면, 창문 너머가 보이지 않고 그냥 차가운 유리로만 인식됩니다.

한편 열화상 카메라로 금속 표면을 보면 마치 거울처럼 주변 온도를 반사해서 보여주기도 합니다. 예를 들어 스테인리스 철판은 적외선 방출률(방사율)이 낮고 열을 잘 반사하기 때문에, 열화상으로 보면 스테인리스 철판의 온도가 측정되는 것이 아닌 주변의 온도가 비춰져 실제 온도와 다르게 보일 수 있습니다. 또한 일반적으로 가시광선 카메라 보다 열화상 카메라의 화질이 떨어지기 때문에 상황에 따라 적절히 활용할 필요가 있습니다.

2.7. 안테나 종류 및 특징

FPV 에서 많이 사용하는 안테나는 크게 4 종류가 있습니다.

일반 안테나(다이폴, 모노폴) | 클로버 안테나

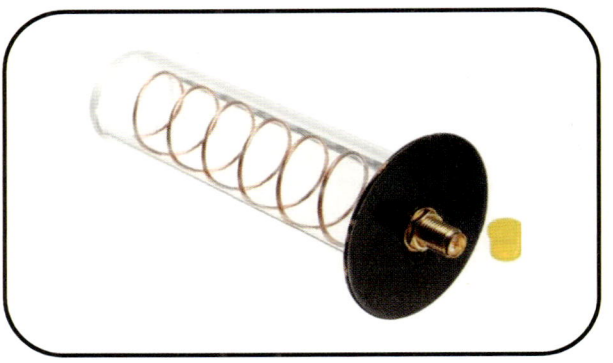

패치 안테나 | 헬리컬 안테나

각각의 안테나는 서로 다른 **방사 패턴**(Radiation Pattern)을 가지고 있습니다. 방사패턴이란 전자파가 안테나를 통해 공간으로 퍼지는 형태를 말합니다. 방사패턴은 아래와 같이 3 가지 종류가 있습니다.

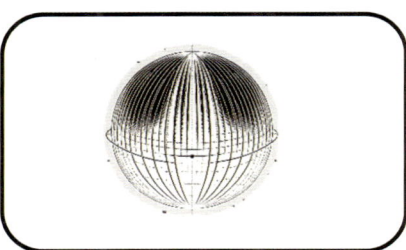

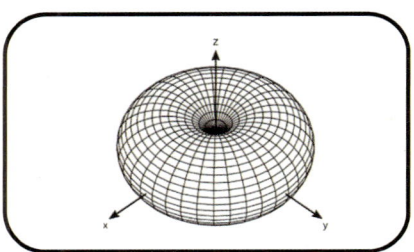

등방성(isotropic)
대부분의 안테나 방사 특성
분석에서 기준이 되는 패턴

지향성(directional)
먼 거리 전송에 사용

전방향성(omnidirectional)
소형 송수신기에서 주로 사용

2장 ~ 재료/부품/공구/기계

1. 무지향성 안테나

일반안테나(다이폴 안테나)와 **클로버 안테나**는 무지향성 안테나(omnidirectional antenna)이므로 광범위하게 전파를 쏘지만 수신 감도는 지향성 안테나보다 떨어지므로 수신 거리가 상대적으로 짧습니다.

2. 지향성 안테나

패치안테나와 **헬리컬 안테나(코일의 직경이 큰 축 모드)**는 지향성 안테나이므로 좁은 범위로 전파를 더 멀리 보낼 수 있지만 수신 안테나와 각도가 안맞으면 수신 상태가 좋지 못합니다.

3. 다양한 핀타입

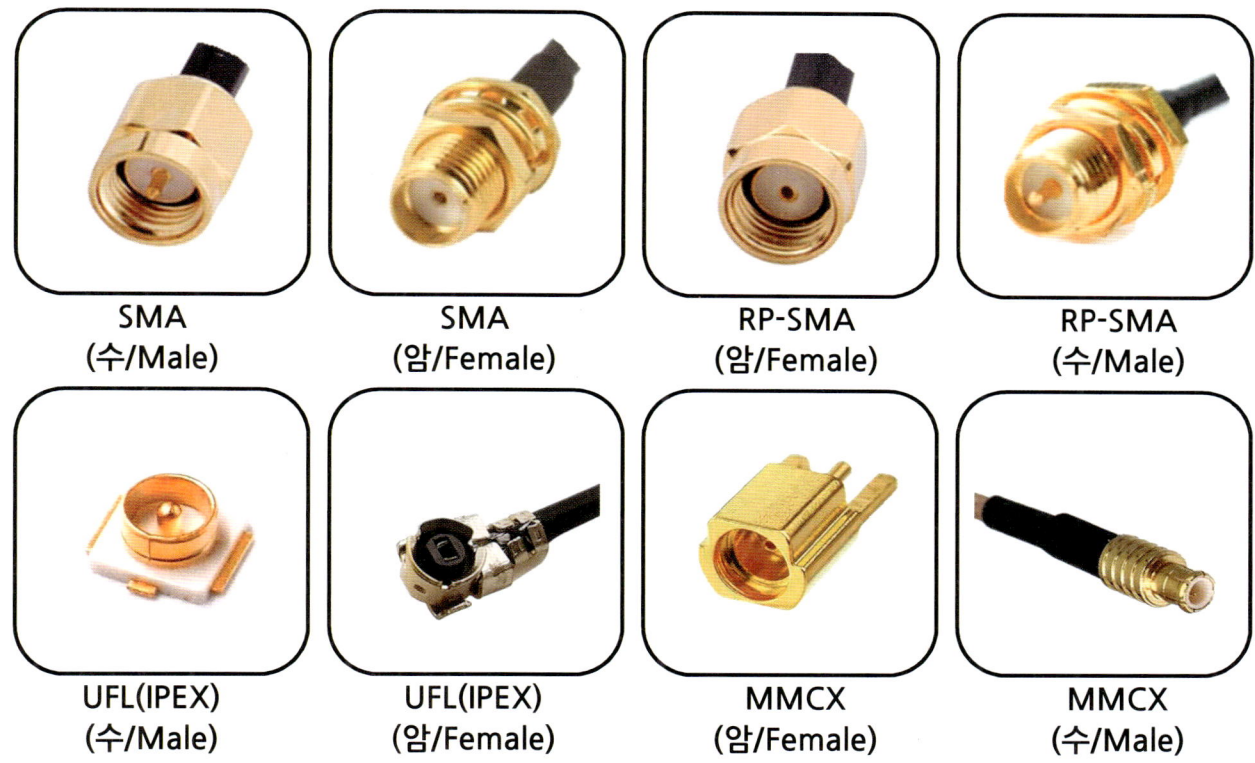

| SMA (수/Male) | SMA (암/Female) | RP-SMA (암/Female) | RP-SMA (수/Male) |
| UFL(IPEX) (수/Male) | UFL(IPEX) (암/Female) | MMCX (암/Female) | MMCX (수/Male) |

4. RHCP, LHCP

안테나 스펙 중에 RHCP(우선원편파, Right hand circular polarization)와 LHCP(좌선원편파, Left hand circular polarization) 라는 용어가 나올 때는 주의하여 선택해야 합니다. 송신기와 수신기의 안테나 방향을 일치시켜 주어야 하기 때문입니다. 즉, 왼쪽과 같은 RHCP 안테나를 송신기 측에 사용했다면 수신기에도 RHCP 안테나를 사용해야 합니다.

5. 안테나 이득(Gain)

안테나 이득이란 신호를 보내는 방향으로 기준 방사 패턴 대비 어느 정도의 방사 전력이 가는지를 비교하여 나타낸 것입니다. 단위로는 dB(데시벨)을 사용합니다.

- **dBi**: 등방성(isotropic) 패턴 기준 이득 표현입니다. 등방성을 나타내는 i 를 추가한 단위이며 안테나 이득을 표현할 때 주로 이 단위가 사용됩니다.

- **dBd**: 전방향성 패턴을 갖는 다이폴(dipole) 안테나 기준 이득 표현입니다.

  0 dBd = 2.15 dBi

  dBi = dBd + 2.15 dB (다이폴 안테나는 이상적인 등방성 안테나 대비 약 2.15dB 이득)

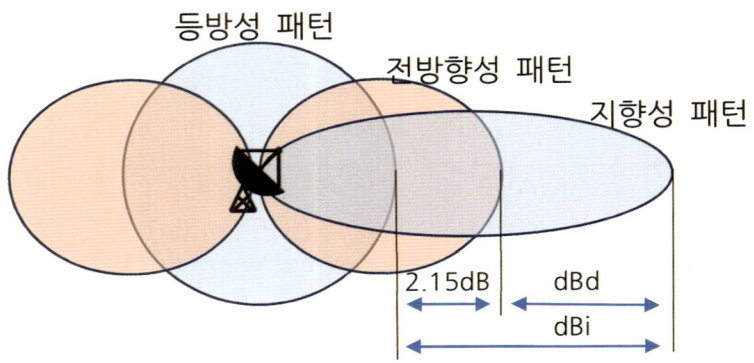

6. 주파수 대역폭(Bandwidth)

안테나의 설계 기준 성능을 만족하는 주파수 범위

7. 편파(Polarization)

- **의미**: 전자파를 구성하는 전계와 자계 중 전계 벡터의 끝단을 시간 변화에 따라 표시한 모습이며 안테나의 최대 이득 방향을 기준으로 함. 통신에서 송신측과 수신측의 편파 방향을 일치시켜야 합니다.

- **종류**: 선형편파(Linear Polarization), 원형편파(Circular Polarization), 타원편파(Elliptical Polarization)

2.8. 도색

아무 도색도 하지 않은 프라모델은 장난감 같은 플라스틱 질감이 드러나 완성품의 몰입감이 떨어질 수밖에 없습니다. 예를 들어 색분할이 거의 없는 밀리터리 모형의 경우 도색을 하지 않으면 실제 차량의 질감이나 중후한 맛을 살리기 어렵습니다. 반면 별도의 도색 작업을 거치면 실감 나는 완성품을 얻을 수 있으며 프라모델에서 사용하는 도색 기법을 알아두면 모델링 생산 및 후처리에 도움이 됩니다.

도색 전(기본 색상)　　　　　　　　　도색 후

위 사진은 도색 전과 후의 모습을 비교한 사진(실제 도색 결과물을 기반으로 AI 합성)입니다. 왼쪽은 지나치게 깨끗하여 현실감이 떨어지지만 오른쪽은 자연스런 **웨더링**(자연적으로 오염되거나 부식되어 낡은 느낌을 나게 하는 기법) 표현을 통해 좀 더 몰입할 수 있습니다.

이처럼 프라모델 도색은 완성품의 품질을 높여주는 필수 요소이며, 창의력과 집중력을 발휘할 수 있는 매력적인 취미의 영역입니다. 이제 프라모델 도색에 입문하려는 분들을 위해 도료의 종류와 특징부터 도색 단계, 방법, 기술, 그리고 작업 환경과 안전에 이르기까지 전반적인 가이드를 알아보겠습니다.

TIP!

프라모델(プラモデル): 일본 프라모델공업협동조합이 권리를 소장하고 있는 **상표**이며 플라스틱을 이용한 조립모형을 이르는 말로 대중적으로 널리 쓰이고 있습니다.

2 장 ~ 재료/부품/공구/기계

도색의 일반적인 과정 (퍼티 작업 → 샌딩 → 프라이머 → 하도 → 상도)

프라모델 도색은 사전 준비 작업부터 페인팅 단계, 그리고 후처리까지 단계별로 진행됩니다. 아래는 일반적인 도색 과정을 순서대로 설명한 것입니다.

1. **표면 정리 및 퍼티 작업:** 조립을 완료한 모형은 접합선(이음새)이나 틈이 보일 수 있습니다. 이러한 틈새를 메우기 위해 퍼티(putty)를 사용합니다. 퍼티는 치약처럼 생긴 충전재로, 단일재로 사용하는 퍼티(아래 베이직 퍼티)와 주재와 경화재를 혼합하는 형식의 에폭시 퍼티 등이 있습니다. 퍼티를 틈에 발라 굳힌 후, 사포로 표면을 갈아내면 빈틈이 채워져 매끈하고 일체감 있는 표면을 얻을 수 있습니다. 이 때 거친 사포로 대략 다듬고, 이후 고운 사포로 갈아주면 좋습니다.

타미야 베이직 퍼티(단일재)   에폭시 퍼티(주재 경화재 혼합)

TIP!

사포와 입자: 표면 정리를 위해 퍼티 작업 후에는 사포를 많이 사용하는데 사포는 거칠기에 따라 방수가 있습니다. 예를 들어 2,000 방 사포인 경우 매우 부드러운 사포로 마무리 광택용 사포에 해당되며 320~800 방 정도의 입자는 기본 연마용(가장 많이 사용하는 구간), 180~280 방은 대량 연마용(초반 작업용)으로 볼 수 있습니다. 취미용으로는 궁극사포 제품이 많이 사용되고 있으며 평면 연마용으로는 스틱형이, 곡면 연마용으로는 스폰지형이 유리합니다. 사포질은 체력과 시간이 많이 소요되는 작업으로 드레멜 같은 전동공구를 이용하기도 합니다.

2. **프라이머(서페이서) 도포:** 도색에 앞서 프라이머(primer) 또는 서페이서(surfacer)를 먼저 뿌립니다. 서페이서는 회색 또는 화이트 계통의 분말 입자가 섞인 밑칠용 도료로, 여러 가지 중요한 역할을 합니다. **첫째,** 프라이머는 도료가 플라스틱 표면에 잘 달라붙도록 접착력을 높여줍니다. **둘째,** 서페이서는 표면의 미세한 흠집을 메워 줍니다. **셋째,** 프라이머는 밑색을 균일하게 통일시켜 줍니다. 퍼티를 사용해 군데군데 얼룩진 부분이나 서로 다른 색의 부품들이 하나의 균일한 색으로 덮이기 때문에, 이후 올릴 상도색이 본래 의도한 대로 잘 나타나게 도와줍니다. 이렇듯 서페이서 단계만 거쳐도 표면이 한결 매끈하고 균일해져서 본 도색에 유리하며, 도료의 밀착 및 발색이 개선됩니다. 프라이머는 보통 래커계 스프레이나 에어브러시용 병입 서페이서를 사용합니다. 거친 질감 표현을 원할 때는 저번호 서페이서(예: #500)를 쓰는 등 상황에 맞춰 선택합니다.

3. **하도 도장 (베이스 코트):** 프라이머 위에 바로 원하는 색을 칠해도 되지만, 경우에 따라서는 하도(下塗)색을 한 번 더 깔아주는 것이 좋습니다. 하도는 말 그대로 본격적인 상도색 전에 까는 밑색을 뜻합니다. 예를 들어, 선명한 노란색이나 빨간색을 칠할 때는 회색 프라이머 위에 바로 칠하면 탁해질 수 있으므로, 먼저 흰색이나 은색으로 하도칠을 해서 밝은 바탕을 만들어준 후 원하는 색을 올리면 발색이 좋아집니다. 반대로 매우 어두운 톤이나 그라데이션을 위해 검정색 하도를 까는 경우도 있습니다.

4. **상도 도장 (본 칠하기):** 준비가 끝났다면 모델에 원하는 최종 색상을 입힐 차례입니다. 상도색 도료를 에어브러시나 붓, 스프레이 등을 이용해 얇고 균일하게 칠합니다. 에어브러시를 사용한다면 2~3회에 걸쳐 안개처럼 여러 번 뿌려 색을 올리고, 붓을 사용한다면 붓자국이 최소화되도록 빠르고 넓게 바릅니다. 한 번에 두껍게 칠하려 하지 말고 여러 차례 나누어 얇게 겹칠수록 색이 고르게 입혀집니다. 도색이 완전히 마른 후 전체적인 색 균형을 확인하고 필요하면 특정 부위를 마스킹 후 색상을 수정하거나, 명암 도색이 부족한 곳에 추가로 그라데이션을 줄 수도 있습니다.

2장 ~ 재료/부품/공구/기계

5. **디테일링 (먹선 및 데칼 등):** 상도까지 끝났으면, 모델의 세부 디테일을 살릴 차례입니다. 먼저 **먹선 넣기**(패널 라인 강조)를 합니다. 유광으로 칠한 경우 얇은 에나멜 도료나 먹선 전용 잉크를 흘려넣으면 모세관 현상으로 홈을 타고 퍼져나가며 음영을 강조해줍니다. 먹선을 모두 넣은 후에는 남은 잉크를 신너로 닦아내고 완전히 말립니다. 먹선과 데칼 작업이 끝나면 필요에 따라 부분 도색이나 드라이브러싱으로 엣지 하이라이트를 주는 등 추가 표현을 해줍니다.

6. **마감 및 코팅:** 모든 채색과 디테일 작업이 끝났다면, 마지막으로 마감 코트(clear coat)를 뿌려줍니다. 이는 완성품의 광택을 통일하고 먹선이나 데칼 등을 보호막으로 감싸는 역할입니다. 유광 마감을 하면 반짝이는 피니쉬를 낼 수 있고, 무광 마감을 하면 빛 반사가 없는 리얼한 질감을 줄 수 있습니다. 이때 스프레이 캔 타입 클리어 코트(예: 군제 수퍼클리어, 타미야 TS-80 무광클리어 등)를 사용하거나, 에어브러시로 클리어 페인트를 분사합니다. 한 번에 두껍게 뿌리기보다는 얇게 여러 번 나누어 뿌려야 이전에 공들인 도색 면이 용제에 침해되지 않습니다. 특히 래커계 클리어를 에나멜이나 아크릴 위에 올릴 때는 한꺼번에 흥건하게 뿌리면 하부 도장이 녹아내릴 수 있으므로 2~3 회에 걸쳐 충분한 건조 시간을 두며 뿌리는 것이 안전합니다. 마감 코트까지 건조되면 비로소 도색 완성입니다. 이렇게 해서 하나의 프라모델 도색 작품이 완성됩니다.

TIP!

드라이브러싱: 마른 상태의 붓으로 도료가 아직 건조되지 않은 면에 붓질을 하여 다양한 표현을 하는 기법. 페인트가 벗겨진 표현, 요철을 강조하는 표현 등을 할 수 있습니다.

치핑: 점점이 도료가 떨어져 나간 표현을 말하며 특히 녹 표현에서 많이 쓰입니다. 스펀지등으로 직접 찍어서 표현하는 방법도 있고, 밑색 위에 헤어스프레이 등을 뿌린 후에 다시 도색한 후 용매(물 등)로 벗겨내는 방법도 있습니다.

도료의 종류 및 특징(아크릴 / 에나멜 / 래커)

프라모델 도색에 널리 사용되는 도료는 크게 **아크릴(Acrylic)**, **에나멜(Enamel)**, **래커(Lacquer)** 세 종류로 나뉩니다. 이들을 흔히 용매 기반으로 **수성 도료**(water-based paint)와 **유성 도료**(oil-based paint)로 구분하기도 합니다. 각각의 특징을 이해하면 적절한 도료 선택과 조합에 도움이 됩니다.

- **아크릴 도료:** 수성 도료의 대표로, 미술용 아크릴 물감과 비슷한 성질을 가집니다. 물 또는 전용 아크릴 시너로 희석하며, 건조가 가장 빠르고 냄새와 독성이 적어 취미 도색에서 많이 사용됩니다. 굳기 전에는 물에 희석되어 녹지만 굳은 후에는 물에 녹지 않습니다. 시너는 아크릴 도료의 점도를 조절하여 더 부드럽게 작업할 수 있도록 돕고 주로 에어브러시 작업을 할 때 많이 사용되고 있습니다. 노즐 막힘을 방지합니다. 빠른 건조로 인해 얇게 여러 번 덧칠하기 용이하고, 붓자국이 비교적 적게 남아 붓도색에 특히 적합합니다. 다만 붓 관리가 어렵고 도막(피막)이 비교적 약해 긁힘에 취약하므로, 완성 후 마감코트(top coat, 클리어 코팅 등)로 보호하는 것이 좋습니다. 타미야 아크릴이나 바예호(Vallejo) 아크릴 등이 있으며, 국내에서는 타미야 아크릴이나 군제(GSI Creos Corporation) 제품 등이 많이 쓰입니다.

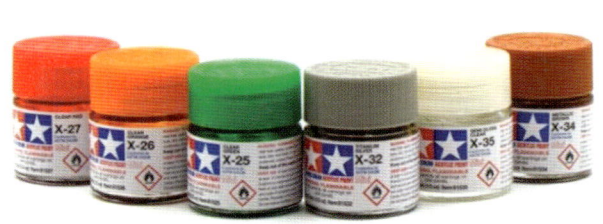 

타미야 아크릴   바예호 프리미엄컬러(에어브러시, PC 용)

TIP!

시너(thinner): 아세톤, 톨루엔, 자일렌, 벤젠 등의 유기용제로 이루어져 있으며 독한 냄새가 나는 유독성 물질이므로 취급에 주의가 필요합니다. 휘발성이 강하기 때문에 환기에 유의합니다.

2 장 ~ 재료/부품/공구/기계

- **에나멜 도료:** 유성 도료에 속하며, 전용 에나멜 시너로 희석하여 사용합니다. 수성 도료인 아크릴에 비해 유독한 편입니다. 건조 시간은 표면 건조만 수 시간, 완전 경화에는 3~4 일 이상이 걸릴 정도로 가장 느립니다. 완전히 경화되면 도막이 단단하고 광택이 강하여 내구성이 높지만, 마르기 전에 손으로 만지면 지문이 찍히거나 도막이 손상될 수 있어 주의해야 합니다. 붓도장이나 에어브러시로 도색이 가능합니다. 건조 속도가 느리고 자연스럽게 퍼지므로 붓칠 시에는 자체 평활화(self-leveling)되어 붓자국이 덜 남습니다. 주로 세부 도색이나 **워싱(washing)**, 먹선 넣기 등에 활용되며 대표 제품으로 타미야 에나멜 도료나 테스터스(Testors) 에나멜 등이 있습니다. 에나멜 시너는 플라스틱에 침투하면 플라스틱을 녹이거나 균열을 일으킬 수 있으므로, 프라모델 전체 도색에는 에나멜을 직접 사용하지 않는 것이 권장되며 꼭 사용할 경우 젯소나 서페이서로 밑칠을 해 두는 것이 좋습니다.

타미야 에나멜

테스터스 에나멜도료

TIP!

워싱(washing): 모형의 표면에 얇고 묽게 희석된 도료를 발라 음영을 표현하고, 입체감과 디테일을 강조하는 도색 기법입니다. 주로 모형의 세부적인 몰드나 패널라인 같은 미세한 부분에 그늘진 효과를 주기 위해 사용됩니다. 희석한 도료를 원하는 부위에 흘려주고 건조되기 전 신너나 마른 붓으로 닦아내어 전체 모델의 색감을 톤 다운시키거나 틈새에 음영을 주게 됩니다. 볼트나 리벳 부위 같은 작은 디테일 부분에만 적용하는 방법도 있습니다.

- **래커 도료:** 흔히 락카라고도 불리고 있습니다. 유성 도료 중에서도 용제가 강한 신너를 사용하는 도료로, 세 가지 중 가장 독성이 강하지만 건조가 빠르고 경화 후 경도가 높아 단단한 도막을 형성합니다. 에어브러시 도색 시 전용 락카 신너로 1:1.5 ~ 1:2 정도로 충분히 희석하여 뿌리며 매우 빨리 건조되기 때문에 얇은 층을 여러 번 겹쳐 색을 올리는 기법에 적합합니다. 차폐력이 낮은 색상의 경우 원하는 색을 내기 위해 여러 차례 겹칠 필요가 있으며, 이 때문에 락카 도료를 쓸 땐 흔히 서페이서로 밑색을 통일하고 시작합니다. 강한 용제 탓에 냄새가 아주 심하고 인체에 해로우므로 작업시 반드시 환기를 시키고 마스크를 착용하는 등 안전에 유의해야 합니다. 대신 도색 후에는 가장 튼튼한 도막을 얻을 수 있어, 완성 후 피막 내구성이 중요할 때 유리합니다. 참고로 캔 스프레이 래커 역시 이 래커 도료의 한 형태이며(압력이 가해진 용기에 든 래커 도료), 래커(락카)=캔스프레이라는 뜻은 아닙니다.

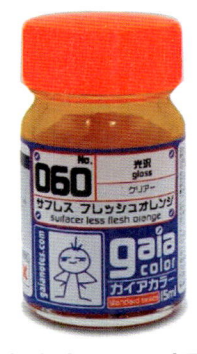

가이아노츠 제품

IPP 제품

이러한 도료 간에는 호환성과 용제 강도 차이가 있으므로 함께 사용할 때 주의가 필요합니다. 일반적으로 약한 도료 위에 강한 도료를 칠하면 안 된다고 하는데, 예를 들어 아크릴같이 약한 도료로 칠한 표면 위에 락카 같은 강한 용제 도료를 바로 올리면 밑색이 녹아버릴 수 있습니다. 반대로 락카로 도색한 위에 에나멜이나 아크릴같이 약한 도료로 작업하는 것은 비교적 안전합니다. 같은 계열(아크릴, 에나멜, 래커)이라고 하더라도 도료는 제조사별로 각각 다른 배합으로 만들어지므로 사용 전 테스트 도색이 중요하고 경험이 많이 필요한 분야입니다.

2 장 ~ 재료/부품/공구/기계

유화용 재료

- **젯소(GESSO):** 젯소는 밑바탕칠 전용 재료입니다. 리넨 또는 코튼 캔버스, 하드보드, 시멘트 벽 등 다양한 재질에서 바탕칠이 가능합니다. 물감의 발색을 좋게 하고 건조가 빠르며 건조 후 견고해져 재질의 변화를 방지합니다. 젯소에 모래나 호분(胡粉, 흰색 안료로 조개 껍질 등을 재료로 만들어짐) 등을 섞어 독특한 질감을 나타내기도 하는데 이러한 기법을 마티에르 효과라고 합니다.

[참조제품: 신한 젯소] 사용시 주의사항
1. 사용하기 전에 충분히 잘 저어 사용
2. 테레핀이나 오일컬러와 섞거나, 오일컬러 위에 사용하지 마시오
3. 사용한 도구는 마르기 전에 물로 깨끗이 닦아 보관하십시오
4. 사용 후 뚜껑을 잘 막아 영하의 온도를 피해 보관하십시오
5. 장시간 사용시 환기하여 주십시오

- **희석액(Diluent):** 유화 물감의 점도를 낮추고 작업성을 부드럽게 해 줍니다.

  - 대표적인 재료: 페트롤(냄새 거의 없음, 증발속도 매우빠름), 테레빈유(냄새가 강함, 증발속도 빠름), 광유(냄새 중간, 증발속도 중간) 등

- **고착액(Binder):** 건조 시간을 조절하고 광택, 내구성을 결정합니다. 단독 사용보다는 희석액과 섞어 미디엄(medium)으로 사용합니다. 대체적으로 황변 특성이 있어 유의.

  - 대표적인 재료: 아마인유(Linseed oil), 양귀비유(Poppy oil), 호두유(Walnut oil) 등

TIP!

마티에르(matière): 프랑스어로 재료, 질감의 뜻을 가지는데 미술 기법에서는 캔버스를 통해, 혹은 물감에 다른 것들을 섞는 방식 등으로 이러한 질감을 표현하는 경우가 많습니다. 특히 마티에르를 이야기할 때는 **임파스토(impasto, 이탈리아어로 반죽이라는 뜻을 가짐) 기법**과 함께 많이 이야기되는데 임파스토 기법은 물감을 두껍게 칠하여 입체감을 두드러지게 하는 방법을 말합니다.

2.9. 소리와 녹음

소리의 이해

우리가 살아가면서 경험하는 가장 기본적인 감각 중 하나가 바로 소리입니다. 소리는 우리의 삶에 깊이 자리 잡고 있으며, 일상생활부터 전문적인 분야에 이르기까지 다양한 역할을 합니다. 이에 소리의 기본적인 개념과 중요성을 이해하는 것은 매우 중요합니다.

소리란 공기의 진동이 전파되어 우리 귀에 전달되는 현상을 말합니다. 이 진동은 물리적인 성질을 가지고 있는데, 주파수와 진폭이 그 대표적인 특징입니다. 주파수는 소리가 진동하는 횟수를 의미하며, 단위는 헤르츠(Hz)로 표현합니다. 진폭은 소리의 크기 또는 강도를 나타내는 척도로, 높은 진폭일수록 더 큰 소리가 발생합니다.

소리의 주파수와 진폭

소리를 이해하는 데 있어 주파수와 진폭의 개념은 매우 중요합니다. 이 두 가지 요소는 소리의 특성을 결정하는 핵심적인 요인이기 때문입니다.

주파수는 소리의 높낮이를 나타내는 개념으로, 초당 진동하는 횟수를 의미합니다. ==인간이 들을 수 있는 소리의 주파수 범위는 약 20Hz 에서 20,000Hz 까지입니다.== 주파수가 높을수록 소리는 더 높게 들리게 되며, 낮을수록 더 낮은 음으로 지각됩니다. 이러한 주파수의 차이는 악기나 목소리의 음색을 구분할 수 있게 해줍니다.

전동기를 작동시키는 코딩을 하다 보면 때때로 삐~~~ 하는 전자기 음이 들릴 때가 있는데 이러한 소리의 성질을 이용하여 작동 주파수를 가청범위 밖으로 조절하면 소음이 없어질 가능성이 높습니다.

진폭은 소리의 크기를 나타내는 개념입니다. 진폭이 크다는 것은 소리의 세기가 강하다는 것을 의미합니다. 진폭이 클수록 소리가 더 크게 들리게 되며, 작을수록 소리가 작게 들리게 됩니다.

2 장 ~ 재료/부품/공구/기계

녹음의 중요성

우리는 일상 속에서 끊임없이 소리와 마주하며 살아가고 있습니다. 이러한 소리는 때로는 단순한 배경음이 되지만, 때로는 우리에게 중요한 정보를 전달하기도 합니다. 따라서 이러한 소리를 적절히 기록하고 활용하는 것은 매우 중요하다고 할 수 있습니다.

녹음의 필요성은 다양한 측면에서 찾아볼 수 있습니다. 첫째, 일상 생활에서 녹음을 활용하면 중요한 순간을 기록할 수 있습니다. 예를 들어 가족 모임이나 특별한 행사를 녹음하면 그 순간을 생생하게 기억할 수 있습니다. 또한 회의 내용이나 강연을 녹음하면 필요한 정보를 놓치지 않고 정확하게 기록할 수 있습니다.

뿐만 아니라, 전문 분야에서도 녹음은 매우 중요한 역할을 합니다. 예를 들어 의료계에서는 환자와의 상담 내용을 녹음하여 진료 기록으로 활용하기도 합니다. 또한 법조계에서는 재판 과정을 녹음하여 증거로 사용하기도 합니다. 이처럼 녹음은 전문가들에게 매우 유용한 도구가 되고 있습니다.

드론 촬영에 있어 녹음은 조금 다른 방법을 모색해야합니다. 드론 자체에 녹음기를 부착하면 프롭의 소음으로 인해 주변의 소리를 녹음하기 힘들기 때문입니다. 따라서 지상에서 별도의 마이크를 써서 녹음을 하던가 나레이션 녹음을 추가 작업하여 음성을 입히는 방법, 유사한 배경음을 덮어씌우는 방법, 배경음악을 만들어 분위기에 맞게 넣는 법 등 다양한 방법을 시도해 볼 수 있습니다.

녹음 파일 형식

오늘날 우리는 다양한 형식의 녹음 파일을 접하고 있습니다. 각각의 파일 형식은 고유한 특성을 가지고 있어, 사용 목적과 상황에 따라 적절한 선택이 필요합니다. 그렇다면 대표적인 녹음 파일 형식들의 장단점은 무엇일까요?

WAV 파일

WAV 파일은 디지털 오디오 녹음에 널리 사용되는 파일 형식입니다. WAV 파일은 CD 품질의 오디오를 제공하며, 탁월한 음질을 자랑합니다. 이 파일 형식은 무손실 압축을 사용하여 원본 오디오 데이터를 완전히 보존합니다. 따라서 WAV 파일을 재생하면 원래 녹음된 소리와 정확히 동일한 음질을 경험하실 수 있습니다.

WAV 파일의 또 다른 주요 장점은 호환성이 우수하다는 점입니다. 대부분의 오디오 플레이어와 편집 소프트웨어에서 WAV 파일을 지원하기 때문에, 여러 기기와 플랫폼 간에 파일을 손쉽게 공유하고 편집할 수 있습니다. 이는 작업의 유연성과 효율성을 크게 높여줍니다.

그러나 WAV 파일에는 단점도 존재합니다. 가장 큰 단점은 파일 크기가 크다는 것입니다. 무손실 압축을 사용하기 때문에 WAV 파일의 용량은 다른 압축 포맷에 비해 상당히 큽니다. 이는 저장 공간과 전송 속도 측면에서 제약이 될 수 있습니다. 특히 대용량 오디오 파일을 다루는 경우에는 파일 크기가 이슈가 될 수 있습니다.

MP3 파일

MP3 는 오늘날 가장 널리 사용되는 디지털 오디오 파일 형식 중 하나입니다. MP3 파일은 뛰어난 압축 효율로 인해 용량이 매우 작기 때문에 저장 공간을 크게 절감할 수 있습니다.

한편, MP3 파일의 주요 단점은 음질이 다소 떨어진다는 것입니다. 압축 과정에서 일부 오디오 데이터가 손실되기 때문에 원음에 비해 음질이 저하되는 것입니다. 따라서 고음질의 오디오가 필요한 경우에는 MP3 보다는 WAV 나 FLAC 과 같은 무손실 압축 방식의 파일 형식을 사용하는 것이 좋습니다.

기타 파일 형식

오늘날 대부분의 사람들이 널리 사용하고 있는 MP3 파일 외에도 다양한 녹음 파일 형식이 존재합니다. 그 중에서도 FLAC 와 AAC 는 주목할 만한 대안들입니다.

2 장 ~ 재료/부품/공구/기계

음질과 용량

음질과 파일 용량의 관계를 이해하는 것은 효과적인 녹음을 위해 매우 중요합니다. 녹음된 오디오 파일의 품질은 다양한 요인에 의해 결정되지만, 그중에서도 비트레이트가 가장 큰 영향을 미칩니다. **비트레이트**는 초당 녹음되는 오디오 데이터의 양을 의미하며, 이 값이 높을수록 더 높은 음질을 얻을 수 있습니다.

예를 들어, CD 오디오의 비트레이트는 초당 1,411 킬로비트로 매우 높은 편이지만, MP3 파일의 경우 128 킬로비트부터 320 킬로비트까지 다양한 비트레이트로 인코딩됩니다. 비트레이트가 높을수록 음질이 좋아지지만, 파일 용량도 그만큼 증가하게 됩니다. 따라서 녹음 용도와 활용 목적에 따라 적절한 비트레이트를 선택해야 합니다.

파일 용량 계산도 중요한데, 이는 녹음 시간과 비트레이트, 채널 수에 따라 달라집니다. 예를 들어 10 분 길이의 스테레오 녹음 파일에서 128kbps(kilobits per second)의 비트레이트를 사용한다면, 파일 용량은 약 9 메가바이트가 될 것입니다.

- 산출내역: (10 분 * 60 초 * 128,000 비트 / 8) / 1,048,576 ≒ 9.15 MB

TIP!

비트(bit)는 b 로 표기하고 **바이트(Byte)는** B 로 표기합니다. 1 비트는 데이터의 가장 작은 단위로 0 또는 1 의 두가지 값만 가질 수 있습니다.

바이트의 크기는 10 의 거듭제곱 방식 또는 2 의 거듭제곱 방식으로 호칭을 구분하고 있습니다. 예를 들어 메가바이트(megabyte, MB)는 10^6(1,000,000) 바이트, 또는 2^{20}(1,048,576) 바이트입니다. 둘 다 쓰이고 있어서 다소 혼란스러운데 10 의 거듭제곱으로 나타내는 표기는 SI(국제단위계)를 따르고 있는 것이고 다른 방법은 컴퓨터가 2 진법을 사용하고 있기 때문에 2 의 거듭제곱 방법을 따르고 있기 때문입니다.

비트레이트의 이해

비트레이트는 디지털 오디오에서 매우 중요한 요소입니다. 이는 초당 데이터 전송량을 나타내는 수치로, 음질에 직접적인 영향을 미칩니다. 높은 비트레이트는 더 많은 데이터를 저장할 수 있으므로 더욱 섬세하고 생동감 넘치는 오디오 품질을 제공합니다. 반면에 낮은 비트레이트는 데이터 손실로 인해 음질이 떨어지게 됩니다.

예를 들어, CD 품질의 오디오는 보통 44.1kHz 의 샘플링 레이트와 16 비트의 비트 깊이를 가지며, 이때의 비트레이트는 약 1,411kbps 입니다. 이러한 높은 비트레이트는 매우 섬세하고 풍부한 음질을 구현할 수 있습니다. 반면에 MP3 파일의 경우 128kbps 정도의 낮은 비트레이트를 사용하므로, 원음에 비해 음질이 저하되는 것을 느낄 수 있습니다.

파일 용량을 계산하는 방법은 매우 간단합니다. 먼저 녹음 시 설정한 샘플레이트, 비트깊이, 채널 수를 확인해야 합니다. 일반적으로 CD 음질의 경우 44.1kHz, 16 비트, 스테레오로 녹음됩니다. 이때 1 초당 용량은 (44,100 x 16 x 2) / 8 = 176.4KB 가 됩니다.

TIP!

1. 샘플링 레이트 (Sampling Rate)

정의: 초당 샘플링되는 소리의 수를 나타내며, 단위는 Hz(헤르츠)입니다.

역할: 샘플링 레이트가 높을수록 원본 소리에 가까운 재생이 가능해집니다.

2. 비트 깊이 (bit Depth)

정의: 각 샘플이 가지는 정보의 양을 나타내며, 단위는 비트(bits)입니다.

역할: 비트 깊이가 높을수록 소리의 다이나믹 레인지가 넓어지고, 노이즈가 줄어듭니다.

3. 채널 수 (Number of Channels)

정의: 소리가 녹음되는 채널의 수를 의미합니다. 일반적으로 스테레오(2 채널)나 모노(1 채널)로 구분됩니다.

역할: 스테레오 녹음은 좌우 두 채널을 사용하여 입체적인 소리를 재생합니다.

소리의 크기

음수준을 표현하는 단위인 데시벨(deci Bel:dB 로 표현)은 본래 기준값 대비 측정값의 비율을 나타내는 무차원의(단위가 없는) 양이지만 관습적으로 절대기준값을 정하여 사용하는 경우가 많습니다. 사람이 들을 수 있는 가장 작은 소리를 0dB(정확히는 dBSPL 이며 SPL: Sound pressure level, 음압) 로 정하고 있는 것도 그러한 이유입니다.

데시벨은 라틴어를 어원으로 하는 접두어 '데시-' 와 과학자(알렉산더 그레이엄 벨 1847~1922) 이름에서 기원한 단위인 '벨'이 합쳐진 것입니다. '데시-' 접두어는 미터법에서 다음에 붙은 단위의 1/10 을 의미합니다.

데시벨의 수치는 기준치에 대한 비율에 상용로그를 취한 것이기 때문에 절대치가 아니라 상대치입니다.

1. 소리의 세기(전력 레벨)를 나타낼 때

$$B(벨) = log_{10} \frac{측정값}{기준값} = 10\ log_{10} \frac{측정값}{기준값}\ dB(데시벨)$$

2. 음압(진폭)을 나타낼 때 소리 세기는 음압의 제곱에 비례하므로

$$B(벨) = log_{10} \frac{측정값 \times 측정값}{기준값 \times 기준값} = 10\ log_{10} (\frac{측정값}{기준값})^2\ dB(데시벨) = 20\ log_{10} \frac{측정값}{기준값}$$

예를 들어 어떤 소리의 세기가 기준 대비 10 배 커졌을 때 $log_{10}(10) = 1$ 이므로 1 벨(B)에 해당하고 데시벨로는 1B=10dB 이 되어 10dB 증가가 됩니다.

마찬가지로 어떤 소리의 세기가 기준 대비 100 배 커졌을 때는 $log_{10}(100) = 2$ 이므로 2B=20dB 이 되어 20dB(데시벨) 증가가 됩니다.

2장 ~ 재료/부품/공구/기계

TIP!

로그와 상용로그

1. **로그의 정의**: 밑 a가 1이 아닌 양수(a>0, a≠1)이고 x가 양수(x>0)일 때 $a^y=x$ 를 만족하는 실수 y가 있을 때 $y=\log_a x$ 와 같이 나타내고 a를 밑으로 하는 x의 로그라고 합니다. 즉 $\log_a x$ 는 a를 몇 번 곱해야 x가 되는지를 나타내는 값입니다.

    * 예: $2^4=16$ 이므로 $\log_2 16 = 4$

2. **상용로그**: 밑이 10인 로그를 상용로그라고 하며 흔히 밑을 생략하여 $\log x$ 라고 표기합니다. 우리는 대부분 10진법을 사용하므로 많이 사용되고 있습니다.

3. **로그의 계산**

    가. $\log_a xy = \log_a x + \log_a y$

    나. $\log_a \frac{x}{y} = \log_a x - \log_a y$

    다. $\log_a x^y = y \log_a x$

    라. $\log_a \sqrt[y]{x} = \frac{\log_a x}{y}$

    마. $\log_a x = \frac{\log_b x}{\log_b a}$

4. **로그를 사용하는 이유**

    가. 계산의 편의성: 곱셈을 덧셈으로, 나눗셈을 뺄셈으로 바꿔줍니다. 예를 들어 $x=3.52 \times 10^4$, $y=8.53 \times 10^3$ 이라고 하면 이를 직접 계산하는 대신 아래와 같이 계산할 수 있습니다.

$\log_{10} xy = \log_{10} x + \log_{10} y = \log_{10} 3.52 + \log_{10} 10^4 + \log_{10} 8.53 + \log_{10} 10^3$

$= \log_{10} 3.52 + 4 + \log_{10} 8.53 + 3 = \log_{10} 3.52 + \log_{10} 8.53 + 7$

이 때 $\log_{10} 3.52$ 과 $\log_{10} 8.53$의 값은 상용로그표(0.01의 간격으로 1.00에서 9.99까지의 수에 대한 상용로그의 값을 반올림하여 소수 넷째 자리까지 구하여 나타낸 표)를 이용하여 계산할 수 있습니다.

나. 지수적 변화나 매우 크거나 작은 수를 다루기 쉽게 만들어줍니다.

결론적으로 곱셈, 나눗셈 연산이 많고 다루는 수의 범위가 크다면 로그는 계산과 분석을 수월하게 도와주므로 필요성이 크다고 볼 수 있습니다.

2장 ~ 재료/부품/공구/기계

(참고) 교통소음·진동의 기준

소음·진동관리법 시행규칙(환경부령 제 1130 호, 2024. 11. 13.) 제 25 조에 따르면 교통소음·진동의 관리기준은 아래와 같습니다.

1. **도로**

대상지역	구분	한도 주간 (06:00~22:00)	한도 야간 (22:00~06:00)
가. 주거지역, 녹지지역, 보전관리지역, 관리지역 중 취락지구·주거개발진흥지구 및 관광·휴양개발진흥지구, 자연환경보전지역, 학교·병원·공공도서관 및 입소 규모 100 명 이상의 노인의료복지시설·영유아보육시설의 부지 경계선으로부터 50 미터 이내 지역	소음 (Leq dB(A))	68	58
	진동 (dB(V))	65	60
나. 상업지역, 공업지역, 농림지역, 관리지역 중 산업·유통개발진흥지구 및 관리지역 중 가목에 포함되지 않는 그 밖의 지역, 미고시 지역	소음 (Leq dB(A))	73	63
	진동 (dB(V))	70	65

비고

1. 대상 지역의 구분은 「국토의 계획 및 이용에 관한 법률」에 따른다.
2. 대상 지역은 교통소음·진동의 영향을 받는 지역을 말한다.

TIP!

1. db(A): 사람의 청각 감도 보정을 위해 A-가중치를 적용한 데시벨. 인간 청각은 특정 주파수(대략 2~4kHz)에 더 민감하고 그 밖의 영역에서는 감도가 떨어지므로 이러한 특성을 반영하여 보정한 값

2. Leq(Equivalent Noise Level, 등가소음): 일정 시간동안 변화하는 소음의 평균

2장 ~ 재료/부품/공구/기계

2. **철도**

대상지역	구분	한도 주간 (06:00~22:00)	야간 (22:00~06:00)
가. 주거지역, 녹지지역, 보전관리지역, 관리지역 중 취락지구·주거개발진흥지구 및 관광·휴양개발진흥지구, 자연환경보전지역, 학교·병원·공공도서관 및 입소규모 100명 이상의 노인의료복지시설·영유아보육시설의 부지 경계선으로부터 50미터 이내 지역	소음 (Leq dB(A))	70	60
	진동 (dB(V))	65	60
나. 상업지역, 공업지역, 농림지역, 관리지역 중 산업·유통개발진흥지구 및 관리지역 중 가목에 포함되지 않는 그 밖의 지역, 미고시 지역	소음 (Leq dB(A))	75	65
	진동 (dB(V))	70	65

비고

1. 대상 지역의 구분은 「국토의 계획 및 이용에 관한 법률」에 따른다.
2. 대상 지역은 교통소음·진동의 영향을 받는 지역을 말한다.
3. 정거장은 적용하지 않는다.

매빅3, 아바타2, 네오 등의 드론 소음은 2m 이내에서 측정 시 80~90dbA 정도입니다. 20m 거리에서는 -10dbA가 되어 약 70dbA 정도가 됩니다.

2장 ~ 재료/부품/공구/기계

(참고) 소음도의 인체 영향

소음크기 (dB)	음원의 예	소음의 영향	비교
20	나뭇잎 부딪히는 소리	쾌적	
30	조용한 농촌, 심야의 교회	수면에 거의 영향없음	
35	조용한 공원	수면에 거의 영향없음	WHO 침실기준
40	조용한 주택의 거실	수면깊이 낮아짐	
50	조용한 사무실	호흡, 맥박수 증가, 계산력 저하	환경기준설정선 (주간)
60	보통의 대화소리, 백화점내 소음	수면장애 시작	
70	전화벨소리, 거리	TV·라디오 청취방해	공사장 규제기준
80	철로변 소음	청역장애 시작	
90	소음이 심한 공장안	난청증상 시작, 소변량 증가	
100	착암기, 경적소리	작업량저하, 단시간노출시 일시적 난청	

※ 상기 사례는 일반적인 사항이며, 소음에 의한 인체영향은 주관적인 것으로 사람마다 다르게 나타날 수 있습니다. 또한 한번의 고소음 노출로 인하여 반드시 청력장애가 오는 것은 아님을 알려드립니다. (출처: 국가소음정보시스템, www.noiseinfo.or.kr)

모노와 스테레오

모노와 스테레오의 차이를 이해하고 이를 효과적으로 활용하는 것은 음원 녹음 및 재생에 있어서 매우 중요한 부분입니다. 이 두 가지 녹음 방식은 각각의 특성과 장단점을 가지고 있기 때문에, 상황에 맞는 적절한 선택이 필요합니다.

먼저 ==모노(Mono)== 녹음의 경우, 단일 채널을 통해 오디오 신호를 녹음하는 방식입니다. 이는 상대적으로 단순한 구조를 가지고 있어 녹음이 간편하며, 재생 장비에 대한 호환성이 높습니다. 또한 소음 제거나 에코 제거와 같은 후처리가 용이하다는 장점이 있습니다. 특히 음성 녹음이나 단일 악기 녹음에 효과적으로 활용될 수 있습니다.

반면 ==스테레오(Stereo)== 녹음은 좌우 두 개의 독립적인 채널을 사용하여 오디오 신호를 녹음하는 방식입니다. 이를 통해 입체감과 깊이감이 살아나는 풍부한 음향을 구현할 수 있습니다. 무대 위 악기의 배치나 음원의 공간감을 효과적으로 표현할 수 있어 음악 녹음이나 영화 사운드에 널리 활용됩니다. 다만 장비와 설정이 조금 더 복잡하다는 단점이 있습니다.

모노와 스테레오의 선택은 녹음 목적과 상황에 따라 달라질 수 있습니다. 예를 들어 소리의 명료성이 중요한 음성 녹음에는 모노가 적합하겠지만, 몰입감 있는 음악 감상을 위해서는 스테레오가 더 효과적일 것입니다. 또한 스테레오 녹음을 하더라도 모노로 믹스다운하여 사용할 수 있는 등 적절한 조합이 필요합니다. 이처럼 상황에 맞는 녹음 방식을 선택하고 활용하는 것이 중요합니다.

녹음 장비

녹음에 필요한 장비와 선택 기준에 대해 자세히 알아보도록 하겠습니다. 녹음을 위해서는 기본적인 장비가 필요하며, 이 장비들의 종류와 특성을 이해하는 것이 중요합니다.

먼저, 마이크는 가장 핵심적인 녹음 장비라고 할 수 있습니다. 마이크는 음파를 전기 신호로 변환하는 역할을 하며, 다양한 종류의 마이크가 개발되어 있습니다. **동적 마이크, 콘덴서**

2장 ~ 재료/부품/공구/기계

마이크, 리본 마이크 등이 대표적이며, 각각의 마이크는 음질, 지향성, 감도 등의 특성이 다릅니다. 따라서 녹음 목적과 환경에 적합한 마이크를 선택하는 것이 중요합니다.

구분	동적 마이크 (Dynamic Microphone)	콘덴서 마이크 (Condenser Microphone)	리본 마이크 (Ribbon Microphone)
참고 사진			
특징	- 전자기 유도 원리 - 내구성이 뛰어나고 견고함 - 별도의 전원 공급 불필요	- 정전용량 변화 원리 - 외부 전원(팬텀 파워 등) 필요 - 일반적으로 더 큰 다이어프램 사용	- 얇은 금속 리본을 이용한 음향 변환 - 자연스럽고 따뜻한 음색 제공
장점	- 내구성이 높아 다양한 환경에서 사용 가능 - 가격이 비교적 저렴 - 높은 음압에서도 안정적인 성능 - 외부 소음에 강해 라이브 공연에 적합	- 넓은 주파수 응답으로 섬세하고 정밀한 소리 캡처 - 높은 감도로 다양한 음원에 적합 - 스튜디오 녹음 및 방송에 최적	- 매우 자연스럽고 따뜻한 사운드 - 부드러운 고음과 낮은 왜곡 - 빈티지한 사운드를 선호하는 음악에 적합
단점	- 주파수 응답 범위가 좁아 섬세한 소리 포착에 한계 - 감도가 낮아 섬세한 음원 녹음에는 부적합	- 가격이 상대적으로 비쌈 - 외부 충격이나 습기에 취약 - 팬텀 파워 등 별도의 전원 공급 필요	- 매우 섬세하여 취급에 주의 필요 - 높은 음압에 취약하여 파손 위험 - 일반적으로 낮은 출력과 높은 가격

마이크 외에도 오디오 인터페이스, 믹서, 헤드폰, 스피커 등이 필요합니다. 오디오 인터페이스는 마이크와 컴퓨터를 연결하여 디지털 신호로 변환하는 장치이며, 믹서는 여러 개의 음원을 믹싱하고 조정하는 역할을 합니다. 또한 헤드폰과 스피커는 녹음 과정에서 모니터링을 위해 사용됩니다.

다음은 실제 필자가 사용하고 있는 DJI MIC MINI 제품을 살펴보면서 활용 방법을 알아보겠습니다. 우선 2025 년 1 월 기준으로 DJI 마이크 라인업을 살펴보면 3 개의 제품이 있습니다. DJI Mic Mini 가 최신제품입니다만 이전 제품인 DJI Mic 2 가 더 뛰어난 점도 있으므로 목적에 따라 선택을 해야 하겠습니다.

DJI Mic Mini 는 경량화, 소형화, 녹음시간 증가, 자동제한 오디오 클리핑 방지, 저렴한 가격을 특징으로 하고 있습니다.

단점으로는 <u>내부 레코딩 미지원</u>으로 반드시 녹음을 위한 별도 장비가 필요하다는 점이 가장 크겠습니다. 자사 제품인 DJI Osmo action5, DJI Osmo action4, DJI Osmo Pocket3 와 호환성은 뛰어나지만 이를 사용하지 않고 휴대폰 연결을 해서 녹음을 하려고 하면 쉽지 않을 수 있다는 것을 염두에 두어야 합니다.

특히 휴대폰 사용 시 DJI Mimo 앱을 통해 마이크 세팅을 변경할 수 있으나 정작 중요한 녹음기능을 Mimo 앱에서 제공하지 않습니다. 이는 쉽게 사용할 것 같이 광고하고 있는 내용과 다르게 매우 치명적인 단점이므로 주의해야 할 필요가 있습니다. 다른 어플리케이션을 사용한 마이크의 휴대폰 연결 녹음 사용법에 대해서는 뒤에 더 설명하겠습니다.

또한 라발리에 마이크(소형 마이크로 영상 노출을 최소화하기 위해 사용하는 마이크로 송신기와 긴 선으로 연결되며 마이크는 주로 목 주위에 배치하고 선과 송신기는 옷 속이나 뒷편으로 감춤) 기능을 제공하지 않는다는 점도 차이점입니다. 크기는 DJI Mic Mini 가 가장 작습니다.

2장 ~ 재료/부품/공구/기계

구분	DJI Mic Mini	DJI Mic 2	DJI Mic
참고 사진			
가격	191,300원 (2TX+1RX+충전케이스)	486,900원 (2TX+1RX+충전케이스)	333,000원 (2TX+1RX+충전케이스)
무게	10g(송신기 무게)	28g(송신기 무게)	30g(송신기 무게)
노이즈	2단계 캔슬링	인텔리전트 캔슬링	미지원
오디오 클리핑	자동 제한으로 오디오 클리핑 방지	미지원	미지원
내부 레코딩	미지원	14시간, 32bit float 내부 레코딩 지원	14시간 내부 레코딩
작동 시간	48시간(충전 케이스사용) 11.5시간(1TX+1RX)	18시간 6시간(2TX+1RX,백업 X)	15시간 5시간(2TX+1RX,백업 X)
호환성	Osmo action 5pro, Osmo action4, Osmo pocket3	Osmo action 5pro, Osmo action4, Osmo pocket3	미지원
어댑터	라이트닝 및 USB-C, 스마트폰 블루투스 연결 지원	라이트닝 및 USB-C, 스마트폰 블루투스 연결 지원	라이트닝 어댑터(아날로그) USB-C(스테레오 디지털 지원)
카메라 연결	3.5mm TRS 케이블 통한 전원 자동 켜기/끄기 지원	3.5mm TRS 케이블 통한 전원 자동 켜기/끄기 지원	3.5mm TRS 케이블
상호 작용	다이얼과 버튼	2.79cm(1.1인치)터치 스크린과 다이얼	2.41cm(0.95인치)터치 스크린
라발리에	미지원	라발리에 마이크 지원	라발리에 마이크 지원

- 자료 출처: DJI 공식 홈페이지(https//www.dji.com), 2025년 1월 기준

휴대폰을 사용한 녹음 방법(수신기 직접연결, 블루투스 연결)별 차이점

DJI Mic mini 제품을 휴대폰과 연결해서 사용하는 방법은 크게 2 가지로 볼 수 있습니다. **첫번째**는 수신기에 usb-c 어댑터를 연결하고 이를 다시 휴대폰에 꼽아서 쓰는 방법이며 이 방법의 장점은 24bit 고음질 녹음을 송신기 2 개 동시에 할 수 있다는 것입니다. **두번째**는 수신기를 이용하지 않고 1 개의 송신기를 휴대폰과 블루투스로 직접연결하는 것입니다. 이 방법을 사용하면 연결이 간단하지만 녹음 기능만 사용하는 것은 어려웠고 휴대폰 기본 카메라 어플로 프로 동영상을 이용할 때 영상과 녹음을 동시에 하는 것은 가능했습니다.

DJI 공식 홈페이지에서는 아래와 같이 스마트폰 기본 카메라를 사용할 때는 오디오 녹음을 지원하지 않는다고 밝히고 있습니다만 갤럭시 S22 울트라 기준으로 프로 동영상 사용 시는 영상과 함께 음원을 녹음하는 것이 가능했습니다.

> "블루투스로 스마트폰에 직접 연결할 경우, 스마트폰 기본 카메라를 사용할 때는 오디오 녹음을 지원하지 않습니다. 타사 앱을 사용한 촬영만 지원합니다. 호환 앱 목록은 공식 웹사이트 제품 페이지를 참고해 주세요."
>
> "블루투스를 사용해 DJI Mic Mini 송신기를 스마트폰에 직접 연결할 수 있습니다. 송신기를 스마트폰에 직접 연결한 경우, Mimo 앱에서 노이즈 캔슬링 레벨을 조정할 수 없으며 '강함' 레벨이 기본값입니다. 또한, '로우 컷' 설정은 Mimo 앱에서 지원하지 않습니다."
>
> "스마트폰 어댑터를 사용해 DJI Mic Mini 수신기를 스마트폰에 연결한 경우, 충전 케이블을 사용하여 수신기의 USB-C 포트를 통해 스마트폰과 수신기를 동시에 충전할 수 있습니다."

- 출처: DJI Mic Mini 구매 - 무선 마이크 - DJI 스토어

- DJI 공식 초보자가이드 링크(QR)

(QR코드 사용법) 휴대폰으로 사진 촬영할 때 나오는 링크를 접속해 보세요

> 2장 ~ 재료/부품/공구/기계

호환되는 어플리케이션 리스트(V.1.0 2024.11.26. 업데이트)

Third-party App Compatibility List

The table below shows the compatibility of third-party apps when the DJI Mic Mini transmitter is connected to a mobile phone via Bluetooth.

Third-Party App	Function	iOS	Android
Filmic Pro	Video Filming	×	√
Protake	Video Filming	√	√
Douyin	Live Streaming	√	×
Kuaishou	Live Streaming	√	×
bilibili	Live Streaming	√	√
Huya	Live Streaming	√	√
WeChat	Live Streaming	√	√
RED	Live Streaming	√	×
FaceTime	Call	×	Not Available for Android
Instagram	Live Streaming	×	×
YouTube	Live Streaming	√	×
Facebook	Video Filming	√	×
ZOOM	Call	√	√
Twitter	Live Streaming	√	√

-출처: https://www.dji.com/kr/mic-mini/downloads

Filmic pro 의 경우는 유료 구독 앱이고 **다른 방식으로 무료 녹음이 가능**하기 때문에 상기 어플리케이션을 추천드리지 않습니다만 공식 홈페이지에서는 위 표를 공지하고 있으므로 참고사항으로 알면 되겠습니다.

2장 ~ 재료/부품/공구/기계

카메라 어댑터 호환 리스트(V.1.0. 2025.1.23. 업데이트)

DJI Mic Series Camera Adapter Compatibility List

No.	Camera Model
1	Sony A1
2	Sony A1M2
3	Sony A9M3
4	Sony A7S3
5	Sony A7R4
6	Sony A7R5
7	Sony A7M4
8	Sony A7CR
9	Sony A7C2
10	Sony A7C
11	Sony FX3
12	Sony ZV-E1
13	Sony ZV-E10M2
14	Sony ZV-E10
15	Sony A6700

-출처: https://www.dji.com/kr/mic-mini/downloads

카메라의 경우는 추천하는 게인 값들을 공개하고 있으므로 구체적으로는 공식 홈페이지를 통해 확인 가능합니다.

2장 ~ 재료/부품/공구/기계

휴대폰 호환성 리스트(V.1.0. 2024.11.26. 업데이트)

제조사	모델	제조사	모델
Samsung	Galaxy Z flip 4	Apple	iPhone 16 Pro Max
	Galaxy S24 Ultra		iPhone 16 Pro
	Galaxy S24+		iPhone 16 Plus
	Galaxy S23+		iPhone 16
	Galaxy S23		iPhone 15 Pro Max
	Galaxy S22+		iPhone 15 Plus
	Galaxy S22 Ultra		iPhone 15
	Galaxy S22		iPhone 14 Pro Max
	Galaxy S21 Ultra		iPhone 14 Pro
	Galaxy S21		iPhone 14 Plus
	Galaxy Note 20 Ultra		iPhone 14
			iPhone 13 Pro
			iPhone 13
			iPhone 12 Pro Max
			iPhone 12 Pro
			iPhone 12
			iPhone 12 Mini

-출처: https://www.dji.com/kr/mic-mini/downloads

화웨이, 샤오미 등 기타 제작사 휴대폰은 생략했습니다. 앞서 DJI Mimo 앱에서 녹음 기능을 제공하지 않는다고 설명드렸으므로 여기서 말하는 호환 리스트는 써드파티 앱을 사용한 호환성을 말하는 것으로 보입니다.

2 장 ~ 재료/부품/공구/기계

휴대폰을 사용한 녹음 방법(갤럭시 S22 울트라 사용 예시)

다음으로 휴대폰을 사용한 녹음 방법을 살펴보겠습니다. DJI 의 기본 앱에서 녹음기능을 제공하고 있다면 굳이 이 내용을 설명할 필요는 없었겠습니다만 다소 사용법이 복잡하고 제조사 매뉴얼에서도 이 부분에 대한 언급이 없으므로 특별히 서술하도록 하겠습니다.

1. DJI Mic mini 수신기를 휴대폰에 연결한 경우

우선 DJI 홈페이지에서 **DJI Mimo 앱을 다운로드하여 설치**합니다. 안드로이드의 플레이스토어나 원앱 등에서는 앱을 검색해도 안보이기 때문에 DJI 홈페이지에 들어가서 직접 다운로드하고 설치해야 합니다.

DJI Mimo

핸드헬드

DJI 핸드헬드 기기 전용으로 고안된 앱 DJI Mimo는 HD 라이브 동영상 뷰, 인텔리전트 모드를 제공하며, 촬영, 편집, 공유를 더 쉽게 직접 할 수 있어 다른 핸드헬드 제품과 차별성을 두었습니다.

수신기에 USB-C 어댑터를 연결하고 이것을 휴대폰에 그대로 연결합니다. 송신기 두개를 보관케이스에서 꺼내서 설치합니다. 송신기는 꺼내면 수신기와 바로 바인딩이 되며 **녹색 LED 가 계속 켜져 있으면 바인딩이 완료된 상태**입니다. 수신기에서는 LED1,2 모두 녹색이 켜지게 됩니다.

만약 수신기가 파란색으로 LED 가 켜져 있다면 블루투스 모드이므로 수신기의 링크 버튼을 짧게 두번 누릅니다. 모드 전환이 됩니다.

미모앱에 들어와서 **'설정'으로 이동**을 누릅니다.

마이크에서 수신하는 신호의 세기를 볼 수 있고 **오디오 채널(모노, 스테레오) 설정**이 가능합니다.

노이즈 캔슬링을 2 단계(강함, 기본)로 설정할 수 있습니다. 일반적으로는 기본으로도 충분합니다. 녹음 중 노이즈캔슬링을 변경하고 싶을 때는 송신기의 파워 버튼을 짧게 누릅니다. 황색 LED 가 켜지면 노이즈 캔슬링 적용 상태입니다.

안전트랙은 모노일때만 활성화되며 듀얼 트랙으로 녹음하여 메인 트랙은 일반 볼륨으로, 백업 오디오는 6dB 낮게 녹음해 갑작스러운 소스 볼륨 증가로 인한 왜곡으로부터 오디오를 보호합니다.

안전트랙을 사용하면 후편집 과정에서 별도의 편집 프로그램으로 트랙을 분리해야 합니다.

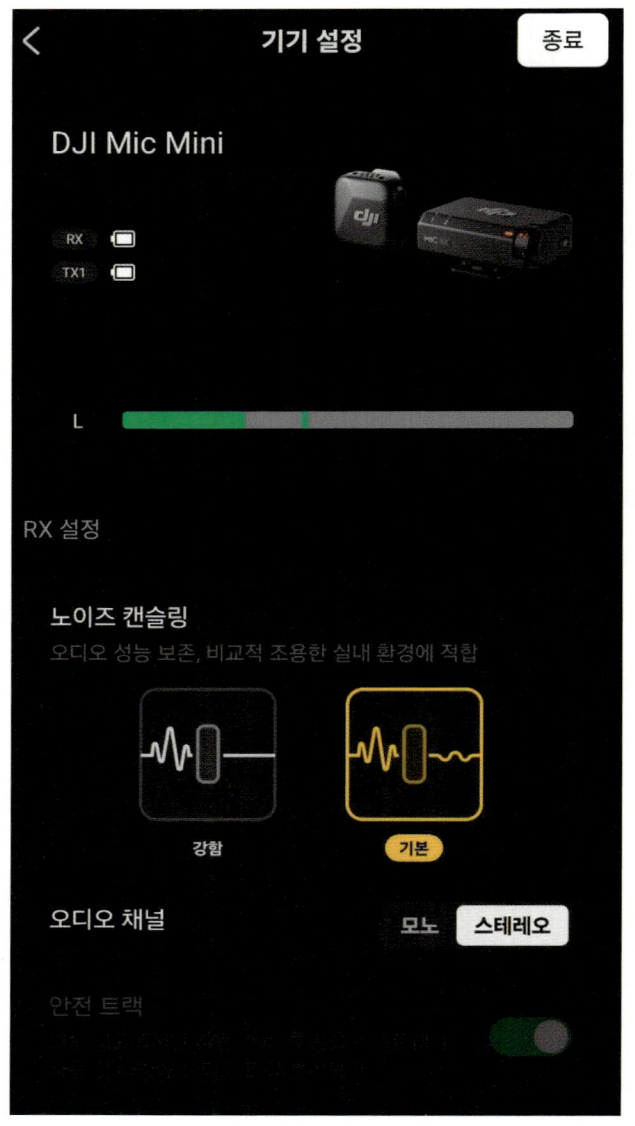

스테레오 녹음은 2 개의 채널로 각각 녹음(송신기 별 녹음)하게 되며 편집프로그램에서 손쉽게 채널별 편집을 할 수 있습니다. 일반적인 인터뷰나 리뷰 영상 같은 경우는 모노가 적절하며 좌우의 음 분리를 통해 공간감을 살리거나 떨어진 거리의 화자 또는 소스를 명료하게 같이 녹음해야 할 필요가 있을 경우는 스테레오를 사용하는 것이 적합합니다.

마이크의 설치는 바람소리의 잡음을 없애기 위해 윈드스크린을 쓰는 것이 좋으며(마이크 노출을 최소화해야 하는 상황이 아니라면 상시 착용 추천) DJI Mic mini 는 네오디움 자석으로 추정되는 강력한 자석 부착이 가능하기 때문에 클립을 사용하지 않고도 송신기를 설치할 수 있습니다. 단 강한 자력은 때때로 전자기기에 위험하므로 주의합시다.

2 장 ~ 재료/부품/공구/기계

기타 기능 설정화면입니다.

- 로우 컷
- 자동 꺼짐
- 카메라 켜짐/꺼짐 자동 동기화
- 클리핑 제어
- 자동 꺼짐
- 전원 버튼으로 노이즈 캔슬링
- Mic LED

필자의 경우는 모두 활성화 해 사용하고 있습니다.

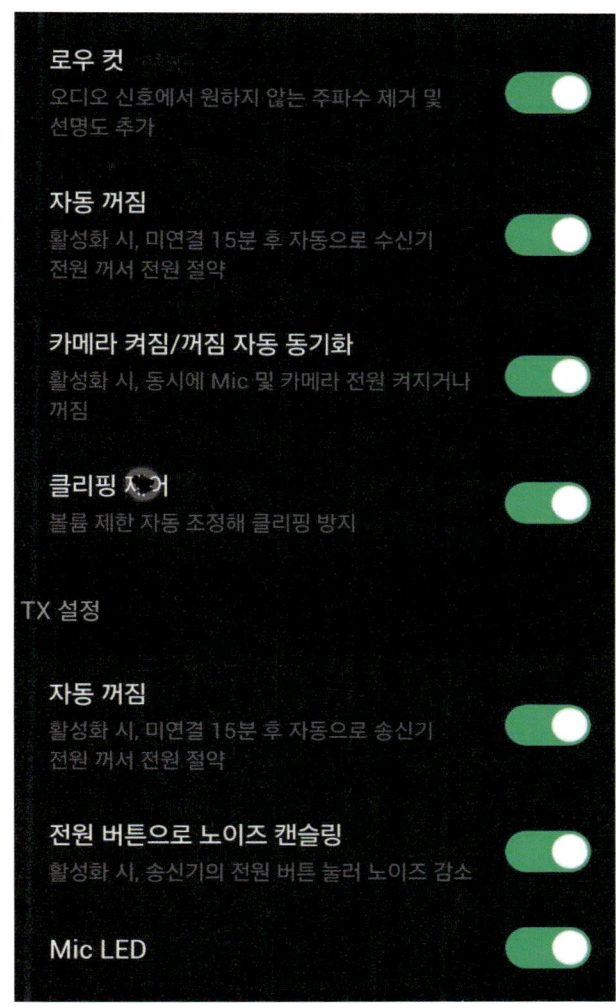

TIP!

오디오 클리핑(Audio clipping): 오디오 클리핑 현상은 오디오 신호가 디지털 오디오 시스템의 최대 허용 범위를 초과할 때 발생합니다. 이 현상은 아래와 같이 여러 가지 이유로 발생할 수 있습니다

1. 신호 과도, 2. 부적절한 믹싱, 3. 효과 처리, 4. 하드웨어(오디오 인터페이스나 믹서 등) 한계, 5. 아날로그 신호를 디지털로 변환할 때, 신호가 디지털 시스템의 최대 레벨을 초과

다음으로 USB 입력 신호를 통해 음성녹음을 할 수 있는 써드파티 어플리케이션을 설치합니다. 필자가 몇가지를 사용해 본 결과 아래 앱이 광고가 없고 무료이며 고음질을 지원해 쓸만 했습니다. 안드로이드 플레이스토어에서 다운받을 수 있습니다.

이상으로 DJI Mimo 앱을 다운로드하여 세팅하고 RODE Reporter 앱도 설치했다면 RODE Reporter 앱 화면에서 아래와 같이 표시될 것입니다.

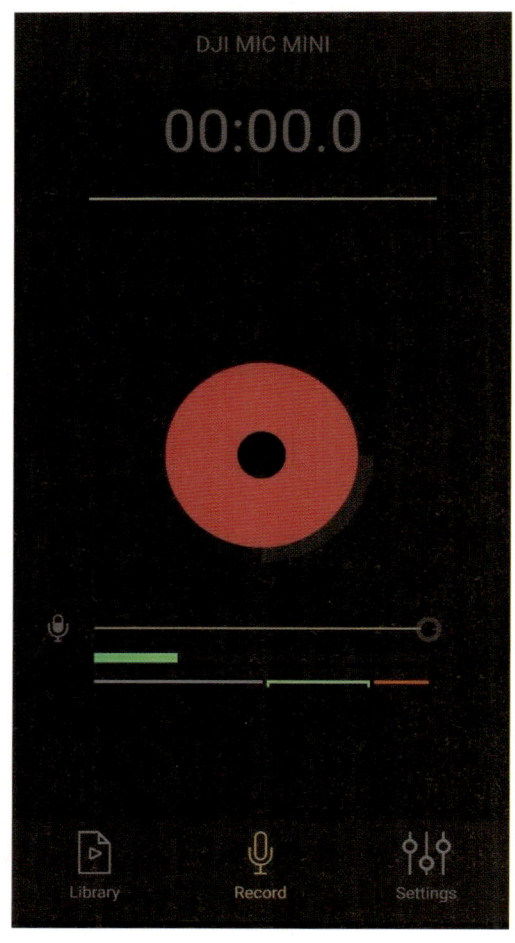

가장 상단에 DJI MIC Mini 가 사용 중이라고 표시되고 녹음 시간이 표시됩니다.
가운데 빨간 동그라미를 누르면 녹음이 시작됩니다.

메뉴 화면으로는
1. 라이브러리(Library)
2. 레코드(Record)
3. 세팅(Settings)
메뉴가 있습니다.

라이브러리 메뉴에서는 녹음된 파일을 내보내기 할 수 있고
세팅 메뉴에서는 음질(48kHz, 24bit WAV 파일 또는 48kHz 256kbps MP3)설정 및 다크모드 설정을 할 수 있습니다.
매우 심플합니다.

2 장 ~ 재료/부품/공구/기계

다른 녹음 방법은 음성만 필요한 것이 아닌 **영상과 함께 녹음하고 싶을 때 쓰는 방법**입니다. 휴대폰의 기본 카메라 어플을 활용합니다. 단, 현재(2025년 1월) 시점으로 프로 동영상에서만 외장 마이크 기능을 지원하고 있으므로 참고하시기 바랍니다.

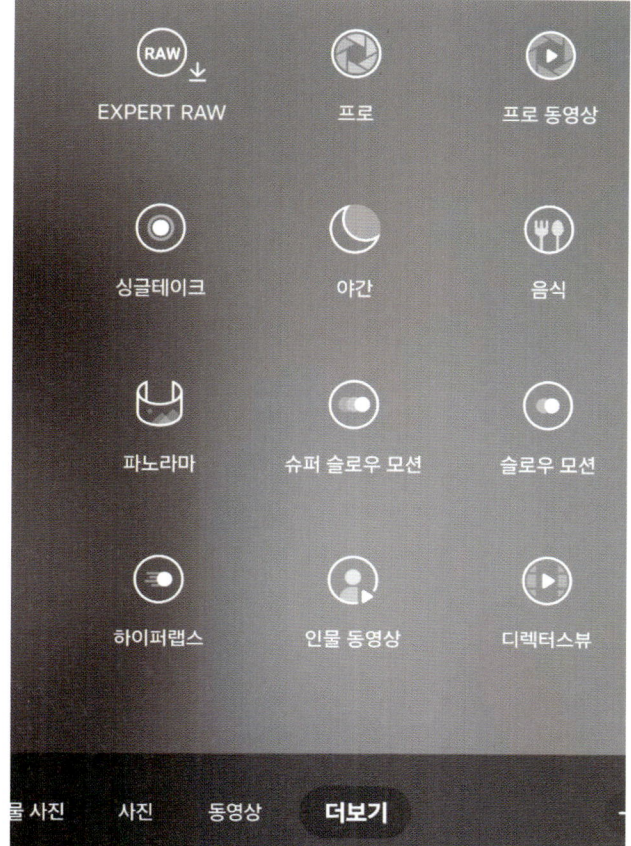

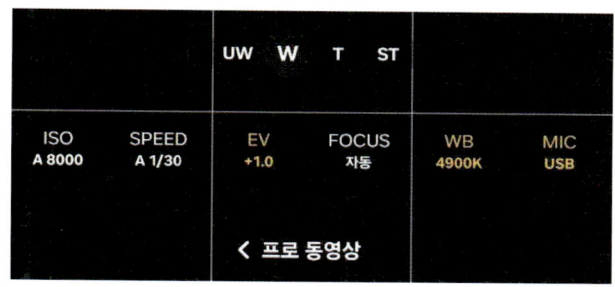

1. (좌측 사진) 기본 사진 어플에서 하단 더보기를 누르고 프로동영상으로 들어갑니다.

2. (상단 사진)MIC 버튼을 눌러 USB 를 누릅니다.
(이 경우는 블루투스가 아래 사진처럼 활성화되지 않습니다. 블루투스 연결을 했을 때는 BT, BT MIX 두개가 활성화 되며 USB 가 비활성화 됩니다.)

USB 를 통한 외장 마이크 사용 시 휴대폰 마이크는 비활성화 됩니다. 화질은 내부 카메라 어플을 통해 설정할 수 있습니다만 음질 설정 기능은 별도로 없습니다.

2장 ~ 재료/부품/공구/기계

2. DJI Mic mini 를 블루투스로 휴대폰에 연결한 경우

우선 DJI Mic mini 를 충전 케이스에서 꺼내고 송신기의 LED 가 녹색이라면 송수신기 바인딩 상태이므로 와이파이 연결을 위해 송신기의 LED 가 파란색과 녹색 교차로 깜박일 때까지 송신기의 링크 버튼을 길게 누릅니다.

모바일 기기에서 블루투스 설정으로 이동해서 DJI Mic Mini 를 찾아 연결합니다. 송신기가 2개인 경우 각각 하나씩 연결 가능하며 이름도 뒷 자리가 약간 다를 것입니다.

송신기 연결 후에는 상태 LED 가 파란색을 유지합니다.

한번 연결 후에는 휴대폰에서 자동으로 블루투스 접속을 할 수 있습니다. 송신기를 충전 케이스에서 꺼내고 송신기 상태 LED 가 녹색이라면 송신기를 블루투스 상태로 전환하기 위해 송신기의 링크 버튼을 짧게 두번 누릅니다. 잠시 후 송신기의 LED 가 파란색으로 변하면 블루투스 모드가 됩니다.

블루투스 모드에서는 앞 페이지에서 설명한 스마트폰 기본 카메라 어플 프로동영상 촬영에서 BT(블루투스) 항목과 BT MIX 가 활성화 됩니다. BT MIX 기능은 1개의 DJI Mic 송신기와 휴대폰이 동시에 소리를 청취하여 녹음하게 됩니다.

블루투스를 사용해서 녹음할 경우는 앞서 설명한 RODE Reporter 어플을 사용할 수 없으며 다른 리뷰 글에서는 오디오 품질이 24bit 에서 16bit 로 떨어진다는 보고가 있습니다.(관련 자료를 공식 홈페이지에서는 확인할 수 없었음)

또한 연결 신뢰성도 기존 송수신 거리가 스펙 상 400m 인 점을 고려하면 블루투스 연결의 경우가 송수신 거리가 짧을 것이라고 쉽게 예상할 수 있습니다.

결론적으로 음질과 송수신거리에서 이득이 없기 때문에 불가피한 상황이 아니라면 블루투스 연결보다는 수신기를 통한 연결이 낫다고 할 수 있습니다.

2.10. GNSS 와 GPS

GPS 는 미국 국방부에서 개발하여 현재는 무료로 사용 가능한 범지구위성항법시스템 중 하나입니다. 따라서 위성항법시스템을 말하고자 한다면 정확히는 GNSS 라고 말하는 것이 맞습니다. GNSS 는 Global Navigation Satellite System 의 약자로, 전 세계 어디에서나 위성 신호를 이용하여 위치, 시간, 속도 정보를 제공하는 시스템입니다.

현재 일반적으로 사용되는 GNSS 는 다음과 같습니다.

- GPS (Global Positioning System): 미국 국방부에서 개발
- GLONASS (Global Navigation Satellite System): 러시아에서 개발
- BeiDou Navigation Satellite System (BDS): 중국에서 개발
- Galileo: 유럽 연합에서 개발

GNSS 는 다음과 같은 원리로 작동합니다.

- 위성 배치: 각 GNSS 시스템은 지구 궤도 상에 위성을 배치합니다.
- 위성 신호 발신: 각 위성은 위치, 시간, 기타 정보를 포함하는 신호를 지속적으로 발신합니다.
- 수신기 수신: 지상에 있는 수신기는 위성에서 발신된 신호를 수신합니다.
- 위치 계산: 수신기는 수신한 여러 위성(최소 3 개 이상) 신호의 도달 시간을 이용하여 자신의 위치를 계산합니다.
- 삼변측량으로 3 차원 위치와 수신기 시계 오차를 풀어냅니다.

TIP!

GPS 의 민간 개방: 1983 년 관성항법장치의 이상으로 항로를 이탈한 대한항공 007 편이 소련 영공에서 격추되어 269 명의 사망자가 발생한 사건을 계기로 미국 대통령인 로널드 레이건이 군사용으로 개발 중이던 GPS 를 민간에 개방하기로 공표하였습니다.

RTK

최신 GPS 는 0.7m 정도의 수직 오차 범위 성능을 보이고 있습니다만 보다 정밀한 위치 제어를 원하는 경우는 **RTK** 모듈 추가 설치를 고려할 수 있습니다.

RTK 는 **Real Time Kinematic** 의 약자로, 우리나라 말로 번역하면 **실시간 운동학**이라는 뜻이 되지만 대부분 RTK 라고 부르고 있습니다. 기존 GPS 보다 **훨씬 더 높은 정확도(cm 급)**를 제공하는 GPS 측위 기술입니다.

RTK 작동을 위해서는 기체(이동국, Rover)와 고정기지국(Base station) 모두 RTK 수신기를 설치해야 합니다. 픽스호크 기반 드론의 경우 보통 두개 모두 설치를 하고 있습니다.

DJI 사의 RTK 드론의 경우는 드론에만 RTK 수신기를 장착하고 있는데 이는 네트워크 RTK 를 이용하기 때문입니다. 위성기준점이 될 수 있는 고정기지국은 국토지리정보원에서 GNSS 위성신호를 24 시간 수신하여 위지청보를 결정할 수 있도록 지원하고 있는데 DJI 드론의 경우 이러한 네트워크 RTK 를 이용하여 지상기지국 설치를 생략하고 있습니다.

통신을 유지하도록 조종기와 휴대폰의 와이파이 연결을 유지해야 하며 국토지리정보원 가입 등의 절차가 필요한 점이 단점이지만 지상 고정기지국 설치를 생략할 수 있습니다.

RTK 모듈을 설치하면 측량과 공간정보 같은 고정밀 작업을 수행 할 시 높은 정확성을 기대할 수 있으며 GCP(Ground control point) 작업을 줄일 수 있어 작업 효율을 높일 수 있습니다.

매빅 3 엔터프라이즈
상부 RTK 장착 모습

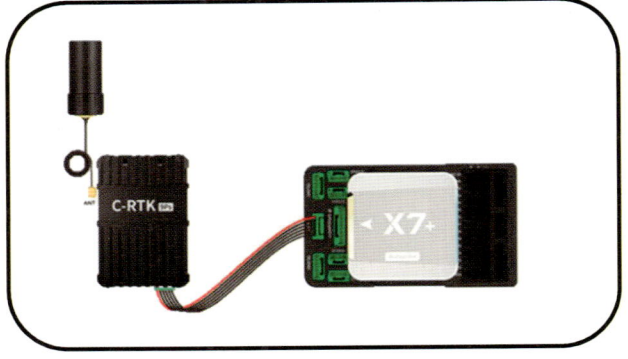

픽스호크 CUAV RTK 수신기
이동국(드론) 장착 예시

RTH(RETURN TO HOME)

드론의 리턴투홈(Return to Home, RTH) 기능은 드론이 자동으로 이륙했던 초기 위치로 되돌아오는 안전 기능입니다. 일반적으로 드론의 신호가 끊기거나 배터리가 부족해질 때, 또는 조종자가 직접 RTH 버튼을 눌렀을 때 작동합니다. 이 기능은 조종자의 조종능력 상실이나 통신 장애 상황에서 드론을 안전하게 복귀시키는 데 큰 도움을 줍니다.

그러나 RTH 기능을 사용할 때 주의해야 할 위험한 상황이 있습니다.

첫째, 주변에 높은 건물, 나무, 전선 등의 장애물이 있을 경우, 드론이 설정된 복귀 고도보다 낮은 높이로 설정되었다면 충돌 위험이 있습니다. 반드시 비행 전 복귀 고도를 충분히 높게 설정해야 합니다.

둘째, GPS 신호가 불안정하거나 초기 홈 포인트가 잘못 기록되었을 경우, 드론이 잘못된 위치로 날아가 분실되거나 사고로 이어질 수 있습니다. 따라서 비행 전 GPS 신호와 홈 포인트 설정 상태를 꼼꼼히 확인해야 합니다.

셋째, 실내 또는 장애물이 많은 좁은 지역에서 RTH를 사용하면 센서 오작동이나 정확한 위치 추적이 불가능하여 사고가 발생할 수 있습니다. 이 경우 수동 조종으로 안전한 착륙을 유도해야 합니다.

드론의 RTH 기능은 안전한 비행을 위한 훌륭한 보조 장치이지만, 항상 주변 환경과 드론 상태를 정확히 파악하고 상황에 맞는 적절한 판단과 사용이 필수적입니다.

TIP!

해상에서의 RTH는 특히 주의! 선박은 스스로 이동하거나 조류에 따라 흐르기 때문에 이륙위치로 착륙을 했다가는 바다에 빠지게 됩니다. 그렇다고 조종자 위치로 복귀하더라도 선박이 파도에 흔들리고 있기 때문에 매우 어려운 상황에 처하게 됩니다. 바닥과 충돌하거나 안정적이지 않은 바닥으로 인해 드론 시동이 안꺼지는 경우가 발생할 가능성이 있습니다.

GPS 모듈

기자재 선택에는 많은 고민이 따릅니다. 실제로 시중의 GPS 모듈들을 검색하고 스펙을 비교하여 검토하는 과정을 살펴보겠습니다. 우선 아래는 기존에 필자가 사용하고 있는 제품입니다. 제품명은 GY-NEO-M8N GPS 모듈(정확히는 GNSS 모듈)이고 24년말 구입시점 기준 12,500원 내외의 가격입니다.

알리익스프레스를 통해 해외 직구로 구매했는데 U-BLOX 사의 정품 칩을 사용한 모듈은 아닌 것 같습니다만 비슷한 모델명을 사용하고 있습니다.

M6<M7<M8<M9 의 모델명 순으로 점점 성능이 좋다고 보시면 되며 숫자 뒤에 붙는 N 과 M 등 (M8N 같은)은 조금씩 다른 모델들을 구분하기 위해 사용합니다.

M8 시리즈의 위치 정확도는 2.5m CEP 라고 표현되어 있는데 CEP 는 "Circular Error Probable"의 약자로 우리나라말로는 원형공산오차 또는 원형 오차확률(사전에 따라 다름)이라고 합니다. 특정 확률 내에서 위치 오차의 범위를 나타냅니다. 즉 2.5 미터를 반지름으로 하는 수평면 안에 센서가 있을 확률이 50%라는 것이며 반지름이 5m 인 원 안에 센서가 위치할 확률은 약 93.7%라는 이야기가 됩니다. 반지름이 세배인 7.5m 인 원 안에 있을 확률은 약 99.8%가 됩니다.

드론을 날려보신 분들은 약간 실망스러운 정확도라고 할 지도 모르지만 **실제 이 모듈을 이용해 자세제어를 할 때에는 GNSS 모듈 뿐만 아니라 가속도, 자이로, 지자계, 비전센서, 기압계 등 다양한 센서 정보를 조합해 제어**하게 되므로 오차가 줄어드는 것입니다.

일반적으로 드론을 직접 만들어보면 수평위치 오차는 적은 반면 수직오차(고도)는 큰 것을 알 수 있으며 이는 위성의 기하학적 분포가 많은 영향을 미칩니다. 위성들의 삼변측량 방식으로 드론의 위치를 계산하게 되는데 수평방향으로 이루는 각도는 큰 반면 수직방향으로는 위성 배치가 제한적이기 때문에 고도 정보를 계산할 때 기하학적으로 불리한 환경이 되기 쉽습니다.

GNSS 시스템 지원

Features

Receiver type	72-channel u-blox M8 engine GPS/QZSS L1 C/A, GLONASS L10F BeiDou B1I, Galileo E1B/C SBAS L1 C/A: WAAS, EGNOS, MSAS, GAGAN
Nav. update rate[1]	Single GNSS: up to 18 Hz 2 concurrent GNSS: up to 10 Hz
Postition accuracy	2.5 m CEP
Acquisition[2] Cold starts: Aided starts: Hot starts:	NEO-M8N/Q NEO-M8M/J 26 s 26 s 2 s 3 s 1 s 1 s
Sensitivity[2] Tracking & Nav.: Cold starts: Hot starts:	−167 dBm −164 dBm −148 dBm −148 dBm −157 dBm −157 dBm
Assistance GNSS	AssistNow Online AssistNow Offline (up to 35 days) AssistNow Autonomous (up to 6 days) OMA SUPL & 3GPP compliant
Oscillator	TCXO (NEO-M8N/Q) Crystal (NEO-M8M/J)
RTC crystal	Built-in
Anti jamming	Active CW detection and removal. Extra onboard SAW band pass filter (NEO-M8N/Q/J)
Memory	ROM (NEO-M8M/Q) or flash (NEO-M8N/J)
Supported antennas	Active and passive
Raw data	Code phase output
Odometer	Integrated in navigation filter
Geofencing	Up to 4 circular areas GPIO for waking up external CPU
Spoofing detection	Built-in
Signal integrity	Signature feature with SHA 256
Data-logger[3]	For position, velocity, time, odometer data

1 NEO-M8M/Q
2 For default mode: GPS/SBAS/QZSS+GLONASS
3 NEO-M8J and NEO-M8N

Electrical data

Power supply	1.65 V to 3.6 V (NEO-M8M) 2.7 V to 3.6 V (NEO-M8N/Q/J)
Power Consumption[4]	21 mA at 3.0 V (Continuous) 5.3 mA at 3.0 V Power Save mode (1 Hz)
Backup Supply	1.4 V to 3.6 V

4 NEO-M8M in default mode: GPS/SBAS/QZSS+GLONASS

Package

24 pin LCC (Leadless Chip Carrier): 12.2 x 16.0 x 2.4 mm, 1.6 g

Environmental data, quality & reliability

Operating temp.	−40 °C to +85 °C
Storage temp.	−40 °C to +85 °C (NEO-M8N/Q/J) −40 °C to +105 °C (NEO-M8M)

RoHS compliant (lead-free)
Qualification according to ISO 16750
Manufactured and fully tested in ISO/TS 16949 certified production sites
Uses u-blox M8 chips qualified according to AEC-Q100

Interfaces

Serial interfaces	1 UART 1 USB V2.0 full speed 12 Mbit/s 1 SPI (optional) 1 DDC (I2C compliant)
Digital I/O	Configurable timepulse 1 EXTINT input for Wakeup
Timepulse	Configurable: 0.25 Hz to 10 MHz
Protocols	NMEA, UBX binary, RTCM

통신 인터페이스

Support products

u-blox M8 Evaluation Kits:
Easy-to-use kits to get familiar with u-blox M8 positioning technology, evaluate functionality, and visualize GNSS performance.

EVK-M8N	u-blox M8 GNSS Evaluation Kit, with TCXO, supports NEO-M8N/Q
EVK-M8C	u-blox M8 GNSS Evaluation Kit, with crystal, supports NEO-M8M/J

Product variants

NEO-M8J	u-blox M8 concurrent GNSS LCC module, crystal, flash, SAW, LNA
NEO-M8M	u-blox M8 concurrent GNSS LCC module, crystal, ROM
NEO-M8N	u-blox M8 concurrent GNSS LCC module, TCXO, flash, SAW, LNA
NEO-M8Q	u-blox M8 concurrent GNSS LCC module, TCXO, ROM, SAW, LNA

U-BLOX M8 시리즈 제품 특징 문서
(출처:NEO-M8_ProductSummary_UBX-16000345.pdf)

2 장 ~ 재료/부품/공구/기계

2025 년 1 월 기준으로 보다 상급 모델인 NEO M9 시리즈도 많이 사용하고 있고 위치 정밀도도 기존 2.5 CEP 에서 1.5 CEP 로 많이 향상되었습니다만 M8 모듈에 비해서는 네다섯배 정도(해외 직구 기준 약 6 만원대) 가격이 비쌉니다. 프로젝트에 따라서는 검토해볼만 합니다.

또는 RUSHFPV 라는 회사에서 uBlox M10 칩을 사용하여 FPV 용 드론에 사용하도록 개발된 아래 제품이 있습니다. 가격이나 성능, 크기와 무게 등 매력적인 부분이 많기 때문에 M9 시리즈 보다는 오히려 이러한 제품을 사용하는 것이 나아 보이기도 합니다.

구분	RUSHFPV GNSS PRO	RUSHFPV GNSS MINI	RUSHFPV GNSS MICRO
제품사진			
가격 (세금포함)	$15.36	$13.99	$13.99
특징	중대형 드론에 적합 GPS, BDS, GLONASS, GALILEO 시스템 지원 10Hz 갱신속도로 3 개 시스템 동시 접속가능 백업배터리, 메모리 내장 Fast hot start 지원 초박형 안테나 디자인 산화(부식)방지 코팅 **HMC5883 콤파스 내장**	작은 드론에 적합 GPS, BDS, GLONASS, GALILEO 시스템 지원 10Hz 갱신속도로 3 개 시스템 동시 접속가능 백업배터리, 메모리 내장 Fast hot start 지원 안테나는 항오염 코팅이 되어 있으며, 회로 부분은 신뢰성 있게 밀봉되어 내구성이 뛰어납니다.	작은 드론에 적합 GPS, BDS, GLONASS, GALILEO 시스템 지원 10Hz 갱신속도로 3 개 시스템 동시 접속가능 백업배터리, 메모리 내장 Fast hot start 지원 안테나는 항오염 코팅이 되어 있으며, 회로 부분은 신뢰성 있게 밀봉되어 내구성이 뛰어납니다.
스펙	72ch 수신 프로토콜:Ublox NMEA 1152,00 dps Power INPUT: 5V30mA 위치정확도: 1.5m CEP **크기: 25*25*4.8mm** 무게: 6.9g	72ch 수신 프로토콜:Ublox NMEA 1152,00 dps Power INPUT: 5V30mA 위치정확도: 1.5m CEP **크기: 18*18*4.8mm** 무게: 4.2g	72ch 수신 프로토콜:Ublox NMEA 1152,00 dps Power INPUT: 5V30mA 위치정확도: 1.5m CEP **크기: 12*15*4.8mm** 무게: 2.4g

*주의사항: 세라믹 안테나를 깨끗하게 하고 금속이나 카본섬유에 가깝게 두지 마십시오. GNSS 안테나를 영상 송수신기나 R/C 수신기에서 가능한 멀리 떨어트리면 좋은 품질을 기대할 수 있습니다. 전자나침반은 민감하기 때문에 자성을 띠는 물체와 떨어트려 주십시오. FC(Flight controller)와 연결할 때에는 GNSS 모듈의 RX 를 FC 의 TX 에 연결하고 GNSS 모듈의 TX 를 FC 의 RX 에 연결하십시오. (PRO 모델만 해당) 나침반을 이용할 필요가 있으면 SCL/SDA 를 FC 의 I2C 인터페이스에 연결하십시오. 안테나는 깨지기 쉽습니다. 충격을 가하거나 떨어트리지 마십시오. 세라믹 안테나에 표시된 각인은 안테나 성능을 올리기 위하여 주파수 0 점 보정을 한 흔적입니다. 결함이 아닙니다.

뒤에서 코딩할 때 더 자세히 설명하겠지만 필자는 아두이노 IDE 를 사용해서 코딩을 할 것이고 TinyGPS++라이브러리를 사용할 예정입니다. 위 제품은 NMEA 프로토콜을 사용하고 있는데 필자가 사용한 라이브러리는 표준 NMEA 프로토콜을 파싱하는 라이브러리라서 결론적으로는 아두이노에서 기존에 코딩된 방식으로 이 제품을 사용하여도 작동될 가능성이 매우 높습니다.

HMC5883 전자 나침반이 내장되어 있는데 이를 사용하기 위해서는 코딩에서 별도 라이브러리를 사용하던가 직접 구현이 필요하겠습니다. 한편으로 나침반을 단독으로 사용했을 때는 수평상태가 아닐 때 오차가 많을 것으로 예상됩니다. 필자의 경우는 사용하고자 하는 MPU9250 센서가 가속도, 자이로, 지자계(나침반) 값을 읽을 수 있는 9 축 센서이기 때문에 이 제품의 내장 전자 나침반은 필요가 없습니다.

개발보드와의 핀 연결이나 시리얼 통신의 baud rate 는 GNSS 제품과 맞춰주어야 하기 때문에 주의가 필요합니다. 위 제품은 필자가 직접 써 본 제품이 아니지만 가성비 측면에서 매력적으로 보이기 때문에 호환성 부분과 가능성을 검토해 보았습니다.

TIP!

파싱(Parsing): 정해진 형식(프로토콜 등)에 맞춰서 도착한 데이터에서 필요한 정보를 추출해서 해석하는 과정입니다. 예를 들어 GPS 모듈이 $GPGGA,123456.00,37XX.XXXX,N,126YY.YYYY,E,1,08,0.9,100.0,M,46.9,M,,*47 이런 식의 문자열(NMEA 메시지)을 보내주면, 파싱 라이브러리(예: TinyGPS++)는 이 문자열을 '시간', '위도', '경도', '고도' 등으로 나눠서 숫자나 텍스트 형태로 꺼내서 변환합니다.

통신 인터페이스(UART, SPI, I2C)

통신 인터페이스는 기기간(예시: GNSS 모듈과 마이크로컨트롤러인 보드) 통신을 주고 받기 위해 어떤 형식으로 연결할 것인지를 말합니다. 이것의 변경은 물리적인 형식 뿐만 아니라 소프트웨어적인 형식(프로토콜)도 바뀌게 됩니다.

구분	UART (Universal Asynchronous Receiver/Transmitter)	SPI (Serial Peripheral Interface)	I2C (Inter-Integrated Circuit)
물리적 신호선	- Tx, Rx (2선)	- SCK, MOSI, MISO, SS 등 (일반적으로 4선)	- SDA, SCL (2선)
통신 방식	비동기(Asynchronous) - 별도 클록 없음	동기(Synchronous) - 전용 클록(SCK) 사용	동기(Synchronous) - 클록(SCL)과 데이터(SDA) 선 공유
속도	- 보통 9,600bps	- 수십 Mbps 가능	- 일반 모드: 100kbps - Fast 모드: 400kbps - Fast+ 모드: 1Mbps - High 모드: 3.4Mbps
확장성	1:1 연결에 적합	한 마스터에 여러 슬레이브 연결 가능	2선만으로 여러 슬레이브 연결(주소제한)
장점	회로 및 프로토콜이 간단	빠른 속도	배선이 최소화되고 여러기기 간편 연결

TIP!

동기통신: 별도 라인으로 클록 공유, 전송속도 빠르고 안정적이나 배선 복잡

비동기통신: 각자 내부 클록에 의존, 배선이 간단하나 높은 속도에서 타이밍 오차 가능

앞서 우리가 사용할 GNSS 모듈인 NEO-M8N 보드의 핀들을 보면 VCC, RX, TX, GND 4 개의 핀이 보입니다. **RX, TX 두개의 신호선만 보이므로 UART 를 사용한다고 추정할 수 있습니다.**

아래 제품 설명글을 보면 U-BLOX 정품 제품 설명보다 매우 부실하지만 그래도 작동 전압과 크기, 무게, 통신속도 등을 알 수 있습니다. 통신속도가 9,600bps 인 것을 유념합시다. 왜냐하면 나중에 코딩을 할 때 보드에서 이 속도를 맞추어서 읽어와야 하기 때문입니다.

[GY-NEO-M8N GPS 모듈 제품 설명]

Supply Voltage: 3V-5V

Module with ceramic active antenna.

With data backup battery.

LED signal indicator.

Compatible with various flight controller module.

EEPROM save the configuration parameter data when power-down.

Specification:

Antenna Size: approx. 25*25mm/0.98*0.98"

Module Size: approx. 25*36*6mm/0.98*1.41*0.23"

Net weight: approx. 16g

Gross weight: approx. 17g

Mounting: approx. 3mm

The default baud rate: 9600

이제 GNSS 모듈에 대해 통신방식과 크기, 성능 등을 모두 검토하였으므로 다음에서는 개발보드의 핀 구성이 어떻게 되고 UART 통신을 어떻게 받을 것인지 살펴봅시다.

2장 ~ 재료/부품/공구/기계

2.11. 무선 통신 지원 개발 보드와 내장 풀업 저항의 사용

HELTEC WIFI LORA 32(V3)

GNSS(Global Navigation Satellite System)모듈의 사용을 위해 ESP32 시리즈의 마이크로컨트롤러를 사용하는 경우를 예로 들어 살펴보겠습니다. ESP32 는 중국 상하이에 본사를 둔 중국 회사인 Espressif systems 에서 ESP8266 마이크로 컨트롤러의 후속 제품으로 2016 년 처음으로 출시한 제품입니다.

다양한 제품군과 변형이 있으며 여기서는 ==HELTEC 회사의 Wifi Lora 32(V3) Dev board== 를 사용하겠습니다. 이 보드를 선택한 이유는 소형에 디스플레이가 포함되어 있으며 와이파이와 블루투스 기능이 내장되어 있고 Lora 통신을 통해 장거리 무선 송수신이 가능할거라 판단했기 때문입니다. 또한 USB-C 타입으로 코드 업로드 및 전원 공급이 가능한 점도 편리합니다.

배면에는 3.7V 리포배터리를 통한 전원공급 단자도 있어 보드로의 전원공급 옵션이 다양합니다. 가격은 약 $17.9 ~ $19.9 정도이며 한화로는 3 만원대 정도가 됩니다.

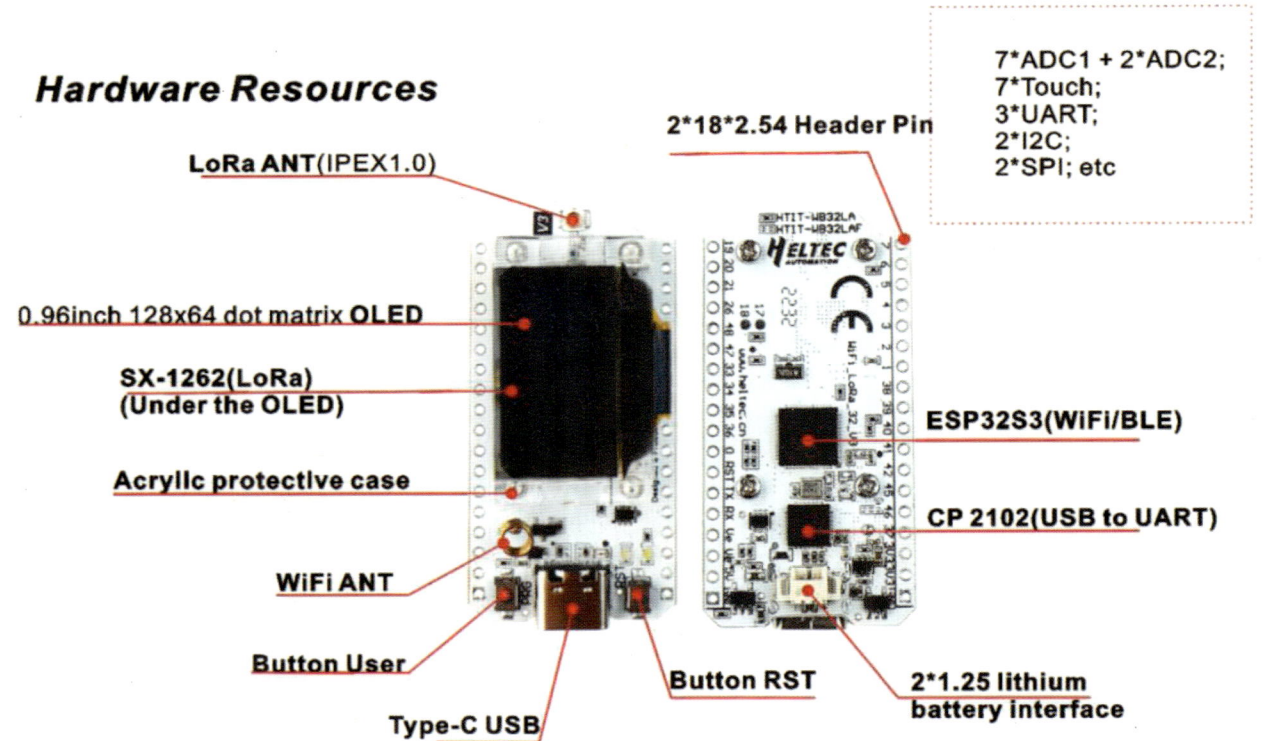

Parameters	Description
Master Chip	ESP32-S3FN8 (Xtensa®32-bit lx7 dual core processor)
LoRa Node Chip	SX1262
USB to Serial Chip	CP2102
Frequency	470~510MHz, 863~928MHz
Max. TX Power	21±1dBm
Max. Receiving sensitivity	-134dBm@SF12 BW=125KHz
Wi-Fi	802.11 b/g/n, up to 150Mbps
Bluetooth	Bluetooth 5 (LE)
Hardware Resource	7*ADC1 + 2*ADC2; 7*Touch; 3*UART; 2*I2C; 2*SPI; etc.
Memory	384KB ROM; 512KB SRAM; 16KB RTC SRAM; 8MB SiP Flash
Interface	Type-C USB; 2*1.25 lithium battery interface; LoRa ANT(IPEX1.0); 2*18*2.54 Header Pin
Battery	3.7V lithium battery power supply and charging
Operating Temperature	-20 ~ 70 ℃
Dimensions	50.2 * 25.5* 10.2 mm

2 장 ~ 재료/부품/공구/기계

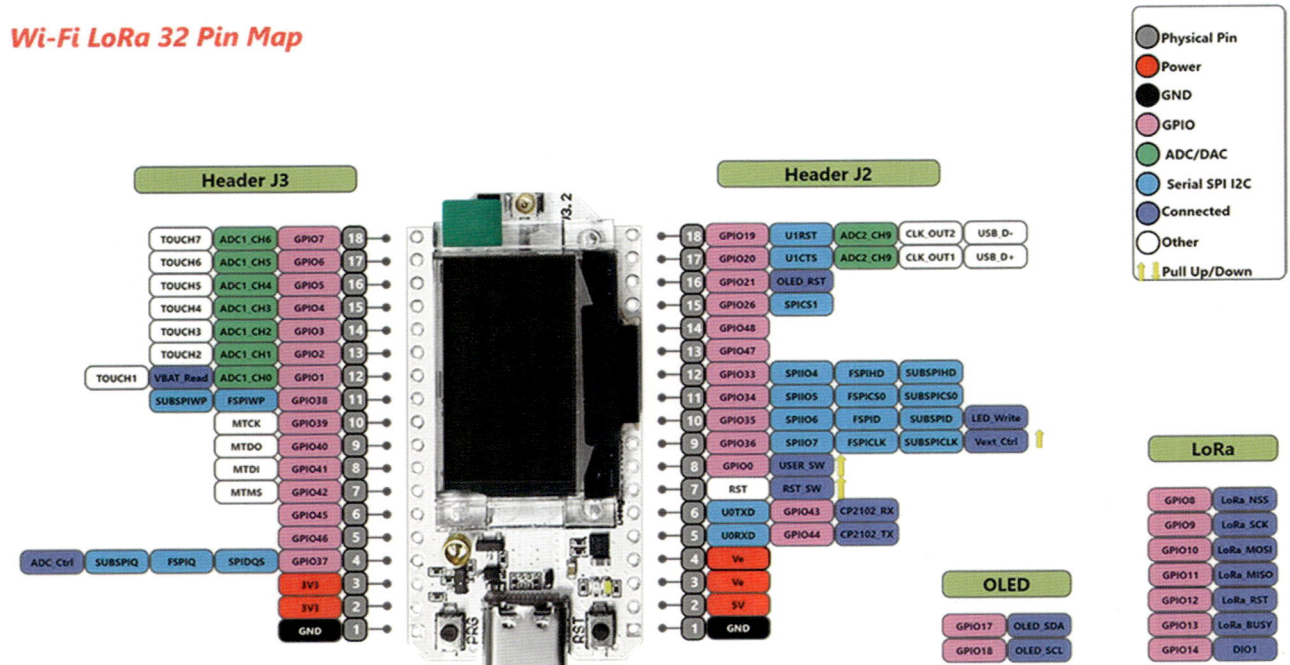

물리적 핀번호(Physical Pin)는 육안으로 보이는 순서대로 직관적인 번호를 부여한 것으로 실제 코딩할 때 사용하는 핀번호는 아니므로 주의해야 합니다. 코딩 시에는 **GPIO(General Purpose Input Output) 핀번호**를 부여해야 합니다.

ADC(Analog to Digital Converter)는 아날로그 입력 신호(온도, 조도, 압력 등)를 디지털 신호로 변환합니다. DAC 는 반대입니다.

배면에 있는 리튬배터리를 위한 SH1.25-2 소켓에 리튬 배터리를 연결하면 내장된 리튬 배터리 관리 시스템을 사용합니다.(충방전 관리, 과충전 방지, 배터리 전압 감지, 자동으로 USB 와 배터리 파워 소스 스위칭)

3V3 핀은 3.3V 출력 핀이며(최대 500mA) Ve 는 외부 센서들을 위한 3.3V 출력핀(최대 350mA)입니다. 5V 는 USB 로 전원을 공급 받을 시만 사용할 수 있으며 5V 출력(최대 500mA) 핀입니다. RST 핀은 보드의 리셋(RST) 스위치와 연결되며, GPIO0 핀은 프로그램(PRG)스위치와 연결됩니다.

(제조사 유저 메뉴얼) https://docs.heltec.org/en/node/esp32/wifi_lora_32/index.html

풀업(PULL UP) 저항

보드의 핀맵을 보면 풀업 저항이 3 개(헤더 J2, 물리적 핀번호 7, 8, 9) 내장되어 있음을 알 수 있습니다. 풀업 저항(Pull-Up Resistor)은 신호의 플로팅(Floating) 현상을 막기 위해 사용한 것으로 이 두 개념은 디지털 회로 설계에서 신호의 안정성을 확보하기 위해 반드시 이해해야 하는 핵심 요소입니다.

플로팅이란 신호 선이 어떤 전압 레벨(High/Low)에도 연결되지 않은 상태를 의미합니다. 즉 디지털 신호가 1 인지 0 인지 불분명한 상태를 말합니다. 플로팅 상태에서 값을 읽어오게 되면 오동작을 할 가능성이 높아집니다.

풀업 저항은 플로팅 상태를 방지하고 신호를 명확하게 **High 전압으로 유지**합니다.

1. **스위치가 열린 상태:** 풀업 저항을 통해 전원(Vcc)과 연결되어 핀은 High(1)상태를 유지
2. **스위치가 닫힌 상태:** 핀이 GND 와 직접 연결되어 Low(0) 상태로 전환(GPIO 핀에 Vcc 와 GND 가 둘 다 연결되지만 Vcc 는 저항을 거쳐서 연결되고 GND 는 저항없이 연결되므로 GPIO 핀은 0V 가 입력됨)

아래는 풀업저항 회로 예시입니다. 기본 상태(스위치가 열린 상태)에서 HIGH(1)입니다.

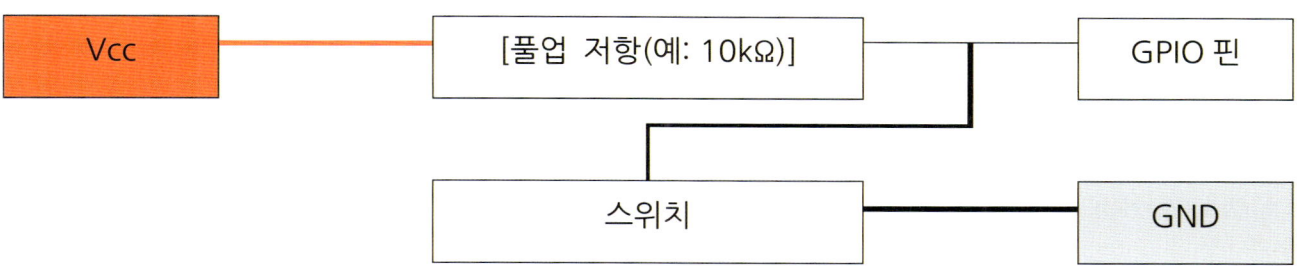

풀업 저항의 저항 값 선택은 저항 값이 너무 작을 경우는 스위치를 누를 때 과전류가 흐를 수 있으며, 저항 값이 너무 클 경우는 신호의 상승 시간이 길어져 고속 신호에 불리해 진다는 것을 고려해야 합니다. 일반적으로 4.7 kΩ ~ 10kΩ을 사용합니다.

2 장 ~ 재료/부품/공구/기계

풀다운(PULL DOWN) 저항

풀업과 반대되는 개념으로 풀다운 저항도 있습니다. 풀다운 저항도 플로팅 상태를 방지하고 신호를 명확하게 Low 전압으로 유지합니다.

1. **스위치가 열린 상태:** 풀다운 저항을 통해 GND 와 연결되어 핀은 Low(0)상태를 유지

2. **스위치가 닫힌 상태:** 핀이 GPIO 와 직접 연결되어 High(1) 상태로 전환(GPIO 핀에 Vcc 와 GND 가 둘 다 연결되지만 GND 는 저항을 거쳐서 연결되고 Vcc 는 저항없이 연결되므로 GPIO 핀은 Vcc 전압이 입력됨)

아래는 풀다운 저항 회로 예시입니다. 기본 상태(스위치가 열린 상태)에서 Low(0)입니다.

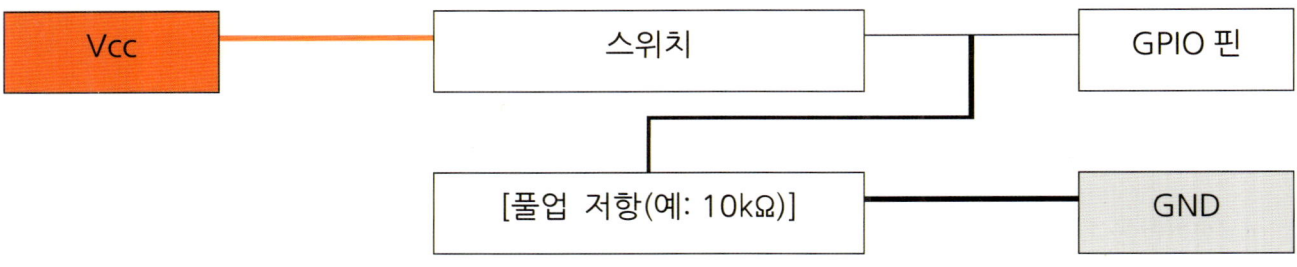

TIP!

내부 풀업 저항의 사용: 내부 풀업 저항은 소프트웨어적으로 활성화할 수 있습니다. 아두이노 IDE 에서 pinMode(pin, INPUT_PULLUP); 형태로 코드를 작성하면 됩니다. 필자가 사용하는 Heltec wifi lora V3 보드는 V3.2(버전 3.2)이고 회로도(아래 링크)를 살펴본 결과 리셋 스위치와 유저 스위치(프로그램)에서 풀업저항으로 10kΩ을 쓰고 있습니다. 풀업 저항 값이 이보다 더 크다면 I^2C 통신과 같은 고속 클럭 환경에서 신호 전달 속도가 따라가지 못할 수도 있습니다.

(출처:https://resource.heltec.cn/download/WiFi_LoRa_32_V3/WiFi_LoRa_32_V3.2_Schematic_Diagram.pdf)

2.12. (심화) MPU9250 9축 센서와 짐벌 만들기

HELTEC WIFI LORA (V3)보드를 이용하면 어떤 것을 만들 수 있을까요? 심화과정으로 조금 어렵지만 이 책에서 소개한 부품들과 소프트웨어를 활용해서 360도 회전 각과 GPS 위치를 구해서 디스플레이에 표시하는 예제를 살펴보겠습니다.

여기서 소개하는 예제와 뒷 부분의 스텝모터 구동의 예제를 결합하여 다듬으면 드론에서 사용하는 짐벌을 만들 수 있으며 GPS 자세 고정이나 리턴투홈을 구현하는 토대가 됩니다.

우선 사용할 부품과 프로그램입니다.

1. 부품

가. 개발보드: HELTEC WIFI LORA(V3)

나. 센서: MPU9250 9축 센서(3축 지자계, 3축 자이로, 3축 가속도계)

> (주의) MPU9250은 많은 위품이 유통되고 있으며 특히 Aliexpress 등 해외 배송 상품을 구매하는 경우 주의가 필요합니다. 구매자 리뷰를 반드시 참고하도록 하며 국내에서 믿을 수 있는 곳의 사이트를 이용하는 것이 좋은 것 같습니다. 필자의 경우 해외 구매한 3개 모듈 모두 지자계가 작동하지 않는 하자품이었으며 국내에서 구매한 1개만 지자계가 정상으로 작동하였습니다.

다. GPS: NEO-M8N with ceramic antenna

| HELTEC WIFI LORA(V3) | MPU9250 | NEO-M8N |

2장 ~ 재료/부품/공구/기계

2. 결선도

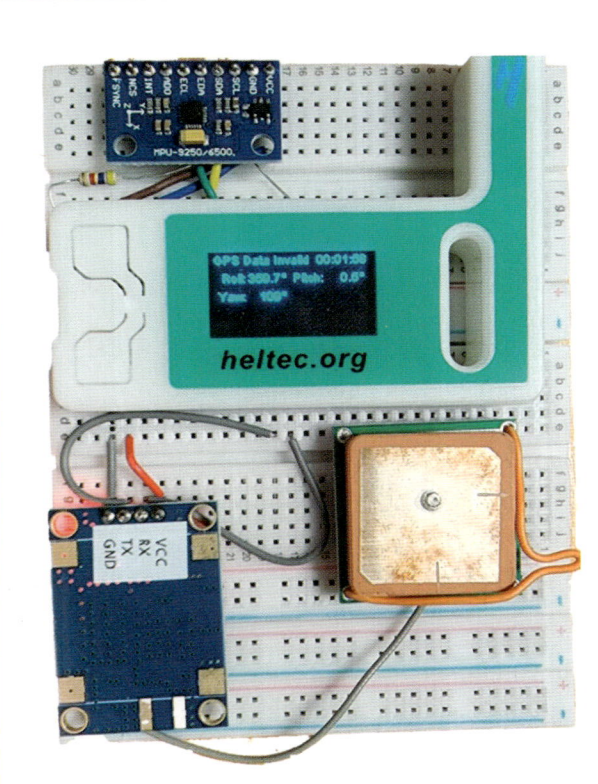

1. MPU9250 과 HELTEC 보드는 I2C 통신으로 연결합니다.
2. SDA(41 번핀), SCL(42 번핀)에 연결합니다.
3. I2C 버스는 오픈드레인 방식으로 동작하기 때문에 SDA, SCL 라인은 풀업저항을 연결해 주어 평상시에 HIGH 상태를 유지하도록 합니다. 앞서 풀업 저항에서 설명하였듯이 플로팅 현상을 방지해줍니다.
4. MPU9250 보드에 내장 풀업을 사용하고 있는지 알아보기 위해서 모듈의 VCC 핀과 SDA(또는 SCL)핀 사이의 저항값을 측정해 봅니다. 필자의 경우는 3.87KΩ이 나왔습니다. 이렇게 수 KΩ(보통 2~10KΩ)이 나오는 것은 보드에 내장 풀업이 달린 것입니다. 따라서 외부에 다시 저항을 달 필요는 없지만 결선도 예시에서는 설명을 위해 풀업저항을 단 것을 보여줍니다.

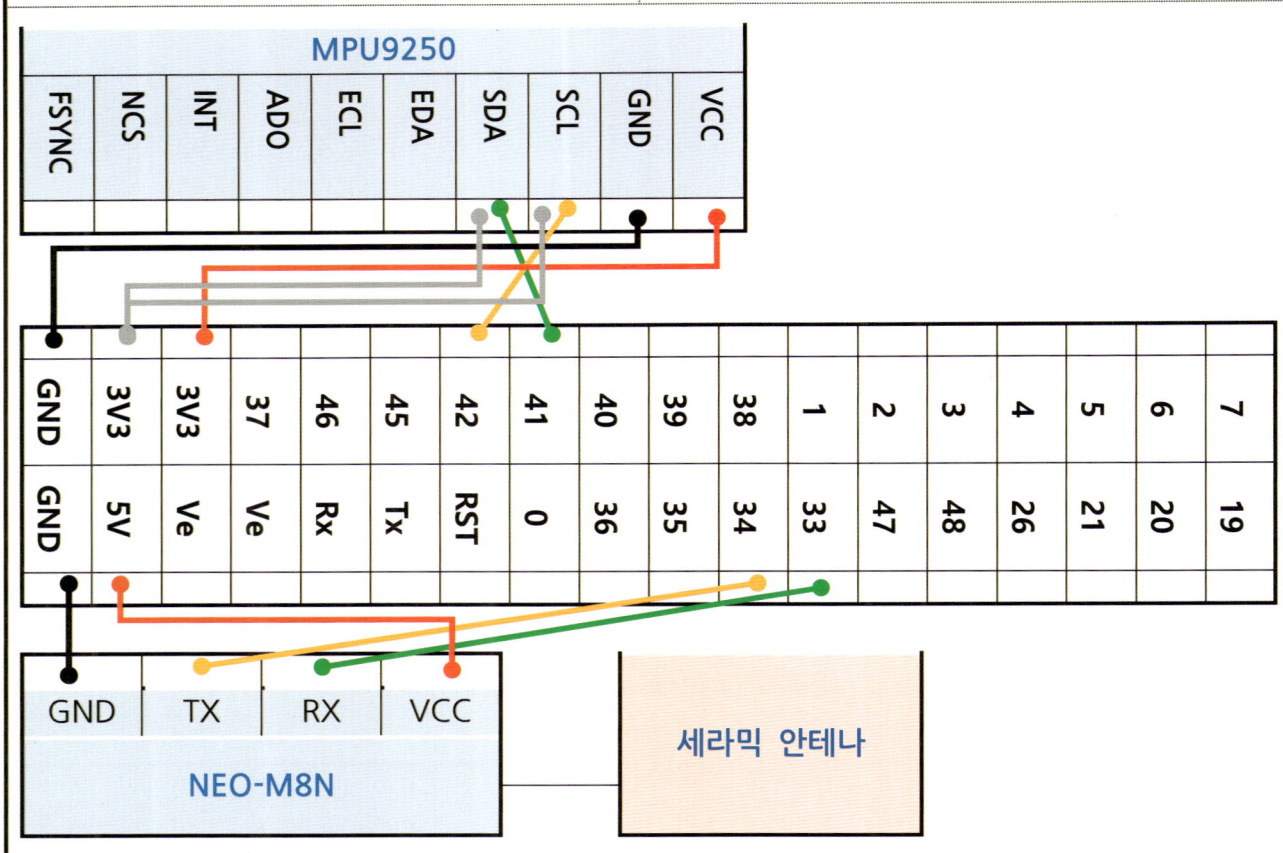

2 장 ~ 재료/부품/공구/기계

3. 코딩 프로그램: 아두이노 IDE

가. 필요한 라이브러리 설치

1) Arduino IDE 에서 스케치 > 라이브러리 포함하기 > 라이브러리 관리를 선택합니다.

2) MPU9250_asukiaaa by Asuki Kono 라이브러리를 설치합니다.(MPU9250 제어)

3) SSD1306 by Alexey Dynda 를 설치합니다.(OLED 제어)

4) TinyGPSPlus-ESP32 by Mikal Hart 를 설치합니다.(GPS 제어)

5) 파일 > 환경설정에서 추가적인 보드 매니저 URLs 에 다음 URL 을 추가합니다.

   https://resource.heltec.cn/download/package_heltec_esp32_index.json

6) 도구 > 보드 > 보드 매니저에서 Heltec ESP32 Dev-Boards 를 검색하고 설치합니다.

4. 코딩

[코딩 구현 및 설명]
왼쪽 QR 코드의 링크를 접속하면 코드를 다운 받을 수 있습니다. 각 코드에는 주석을 달아두었습니다.
이 코드는 캘리브레이션 코드가 적용되어 있습니다. 초기 캘리브레이션 시 가만히 두면 기본 값이 적용됩니다.
(주의) 기본 값 적용 시 롤과 피치는 정확성이 높지만 지자계 센서는 큰 오차를 나타낼 수 있습니다. 지자계 센서는 여러가지 요인으로 옵셋 값이 바뀌므로 작성된 코드에는 이를 보정하기 위한 코드가 삽입되어 있습니다. 2 단계 캘리브레이션(지자계) 시 20 초 이내에 기기를 360 도 회전하여 주면 오차가 보정됩니다.

[작동 영상]
수평 상태에서 롤과 피치는 0.1 도 이내, 요는 1 도 이내에서 오차가 발생하고 있습니다. 보다 정밀한 사용에서는 하드웨어적인 변경 뿐만 아니라 여러가지 수학적인 보정을 검토해야 합니다.

2.13. 드론 낚시

드론 낚시는 '낚싯대 + 릴 + 드론' 조합으로 미끼(혹은 채비)를 해안에서 수백 미터까지 운반·투하해 먼 거리의 어군을 공략하거나, 상공에서 수면을 탐색해 포인트를 찾는 레저 방식입니다. 기본 아이디어는 **"캐스팅 한계를 드론의 비행 반경으로 확장"** 하는 것입니다.

이러한 낚시 방법을 ==원투낚시==라고 합니다. 원투(遠投)는 멀리 던진다는 뜻으로, 긴 로드와 무거운 봉돌을 이용해 80 m ~ 150 m 이상 바다로 장거리 캐스팅한 뒤 바닥층을 노리는 낚시 기법입니다. 영어권의 Surf-casting(서프캐스팅)과 유사하며, 드론으로는 보통 300 ~ 500m 정도의 거리를 노립니다. 밑걸림 방지를 위해 주로 갯벌·모래 해변이나 방파제 외해 측에서 많이 즐깁니다. 루어로는 **메탈 지그**나 **미노우**가 많이 사용되고 있습니다.

제조사에 따르면 **매빅 2 엔터프라이즈**의 의 자체 중량(배터리 무게 포함)은 약 905g(줌 기준)이며 최대 이륙중량은 1,100g 이라고 합니다. 따라서 **최대 적재하중은 195g** 이 됩니다. 커뮤니티에서는 500ml 생수를 드는 영상도 있으므로 실제로는 조금 더 들 수 있다고 보이지만 바람 등의 영향을 고려했을 때 현실적인 안전 하중은 제조사 스펙과 같다고 생각할 수 있습니다. 매빅 3 의 경우에도 이와 비슷한 수준으로 보입니다.

드론 낚시를 할 때는 드롭 장치와 낚시줄, 무게추 등을 끌어가며 날아야 하기 때문에 **부착물을 포함하여 최대 적재하중을 잘 계산하고 안전 범위 안에서 운용**을 해야 합니다.

서보모터와 조도센서를 이용한 드롭 시스템

DJI 매빅과 같은 드론은 자체적으로 드롭 기능이 없기 때문에 드론 낚시와 같은 곳에서 활용하기 위해 드롭 시스템이 고안되었습니다. 크게 2 가지 정도 방식이 사용되고 있습니다.

[BRDRC] Air drop

[Gannet sport] Payload release

서보모터를 사용하는 BRDRC 제품의 경우 직관적인 설계로 광센서를 통해 서보모터를 제어합니다. 장점은 가격이 싸고 원격 투하가 가능해 확실하게 드롭시킬 수 있다는 것이며 단점은 장치의 무게가 무겁고 릴이 갑자기 꼬이거나 해서 줄걸림이 발생했을 때 드론의 추락 위험이 발생한다는 것입니다.

가넷스포츠의 릴리즈 장치는 스프링으로 스틸볼에 척력(텐션)을 주어 동작하는 개념입니다. 장점은 장치가 가볍고 드롭장치에 과도한 힘이 걸리면 자동으로 투하하여 일정부분 안전을 확보할 수 있다는 것입니다. 단점은 투하물의 무게에 따라 스프링의 척력을 세밀하게 조절해야 하며 경우에 따라서는 투하 실패가 있을 수 있다는 것입니다. 또한 원격으로 투하 명령을 내릴 수 없고 당김줄(낚시줄)에 의지하기 때문에 드론낚시용 이외로는 활용도가 떨어진다고 볼 수 있습니다. 가격도 구조에 비해서는 매우 비싼 편입니다.

한편 [국토교통부령 제 1441 호, 2025. 1. 17. 일부개정] 항공안전법 시행규칙 제 310 조(초경량비행장치 조종자의 준수사항)에 따르면 **"초경량비행장치 조종자(드론 조종자 포함)는 인명이나 재산에 위험을 초래할 우려가 있는 낙하물을 투하하는 행위를 하여서는 안된다"**고 명시하고 있으므로 투하 장치를 사용할 때는 위법 사항이 없도록 주의하여야 합니다.

2.14. 다양한 저장매체(SSD, HDD, NAS, 클라우드, SD)

드론에서 생성한 미디어는 현재도 상당한 용량을 차지하고 있으며 날이 갈수록 고화질과 높은 FPS 가 표준화되어 데이터량이 많아지고 있습니다.

예를 들어 4K 30fps mp4 동영상을 3 분 30 초 가량 촬영하였을 때 비트레이트 등 여러 조건에 따라 다르겠지만 원본은 대략 2.7GB(기가바이트) 전후까지 나올 수 있습니다. 한시간 기준으로는 수십 기가에 이르는 용량이 되기 때문에 저장 매체의 선택이 중요해집니다. 아래에서는 우리가 자주 사용하는 저장매체별 특징에 대해 살펴보겠습니다.

1. **SSD(Solid state drive):** 기계적 구동 부위가 없이 반도체를 사용하는 드라이브

- **장점**: 넓은 대역폭(빠른 읽기/쓰기 속도), 빠른 데이터 임의 접근 속도(IOPS), 자기장 내성, 정숙성, 적은 소비전력, 작은 부피와 무게, 내충격성

- **단점**: 용량 대비 비싼 가격, 데이터 손실이 비교적 빠르게 일어나며 복구가 매우 힘듬

- **규격**: 최신 인터페이스는 **PCIe 5.0x4** (피씨아이이는 PCI-Express 의 줄임말) 이며 **폼팩터(외형)**는 **6.4cm**(2.5 인치형: 주로 데스크탑에 사용), **M.2**(2230, 2242, 2280, 22110 : 길이에 따라 구분되면 데스크탑, 노트북에 사용) 등으로 나누어져 있으며 M.2(2280)가 대체적으로 많이 쓰입니다.

[삼정전자] 990 PRO M.2 NVMe (4TB)
PCIe4.0x4 / DDR4 4GB / 읽기 IOPS: 1,600K / 쓰기 IOPS 1,550K / 4TB
498,120 원

[삼성전자] 9100 PRO M.2 NVMe (4TB)
PCIe5.0x4 / DDR4 4GB / 읽기 IOPS: 2,200K / 쓰기 IOPS 2,600K / 4TB
791,740 원

주) 가격은 2025 년 5 월 조사 결과이며 참고 사항입니다.

2. HDD(Hard disk drive): 모터로 **플래터**를 회전시키고 헤드가 데이터를 읽는 구조

- **장점**: 용량 대비 싼 가격. 데이터 손실이 비교적 느리게 발생하며 자기적 특성으로 인해 복구 가능성이 높음.

- **단점**: 소음, 기계식 구조로 충격에 취약, 느린 읽기/쓰기 속도(특히 랜덤속도)

- **규격**: 2.5 인치(보통 휴대용 외장하드, 노트북용), 3.5 인치(보통 PC 데스크탑용) 등

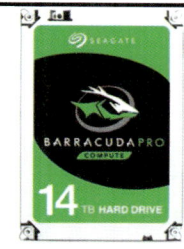

[Seagate] Barracuda Pro 14TB

디스크 크기 8.9cm(3.5 인치) / 인터페이스 SATA3 / 회전수 7,200RPM

버퍼용량 256MB / 전송속도 250MB/s / 기록방식 CMR(PMR) / 플래터 8

269,440 원

TIP!

인터페이스: 메인보드와 연결 방식을 말하며 인터페이스가 다르면 단자 부분이 달라져 호환이 안되기도 하므로 유의

IOPS(Input/output Operations Per Second): 랜덤속도를 나타내는 IOPS 는 일반적으로 가장 많이 사용하는 파일 할당 크기(클러스터)인 4kB 를 기준으로 데이터가 통행한 횟수를 표기하는 것입니다. HDD 보다 SSD 가 훨씬 빠르고 이 때문에 운영체제 프로그램과 동영상 편집과 같은 작업은 SSD 를 사용하는 것이 일반적입니다. IOPS 숫자에 클러스터 크기인 4kB 를 곱하면 속도 환산을 할 수 있습니다. (예: IOPS 1,600K = 1,600,000 × 4kB = 6,250MB)

* **클러스터**: 저장매체 포맷 시 NTFS, exFAT 과 같은 형식과 함께 파일최소크기인 클러스터를 지정할 수 있는데, NTFS 형식 일 시 보통의 경우 볼륨 크기가 16TB 정도까지는 4kB 가 권장됩니다.

플래터(Platter): HDD 에서 데이터가 실제로 기록되는 원판

트랙(Track): HDD 에서 플래터 표면에서 회전축을 중심으로 데이터가 기록되는 동심원

섹터(Sector): 트랙을 일정한 크기로 구분한 부분. 정보의 최소 기록 단위.

2 장 ~ 재료/부품/공구/기계

3. **NAS(Network-Attached Storage):** 네트워크를 통해 연결된 저장장치를 말함

- **장점:** 개인용 파일서버로 사용할 수 있으며 클라우드와 같이 정기 구독료 등이 발생하지 않음. PC 뿐 아니라 휴대폰의 자료도 백업할 수 있어 저장공간이 넉넉해짐. 레이드 구성을 통해 데이터 보관 안정성을 확보 할 수 있음.

- **단점:** 초기 구축비용이 비쌈. 제조사별 운영 프로그램 수준 차이가 많이 남. 기초 지식이 없는 사람은 초기 세팅이 어려울 수 있음. 네트워크 연결 필수. 네트워크 속도에 큰 영향을 받음. 무선으로 구성할 경우는 wifi 7 권장.

- **저장장치:** 저장장치는 대개 SSD 와 HDD 타입을 모두 사용할 수 있으나 NAS 의 특성 상 운용 시간이 길고 읽기/쓰기가 빈번히 이루어지므로 내구성이 높은 NAS 전용 저장매체를 사용하는 것이 좋습니다.

[Synology] DS923+

메모리 4GB / 디스크 크기 8.9cm 콤보(3.5 인치, 2.5 인치)

CPU Ryzen R1600 / 4 베이 / HDD(SATA3) 및 SSD /

2 개의 M.2(2280) NVMe PCIe 3.0x4 SSD

(캐시 사용 가능, 스토리지 사용 시 호환성 검토 필수)

1,028,000 원(저장장치 제외, '25 조사시점 기준)

4. **클라우드 서비스**

- **장점:** 구축 비용이 없으며 일정 용량까지는 무료로 제공하는 경우가 많음. 전용 프로그램 또는 앱이 잘 만들어져 있어 접근이 용이하고 편리함.

- **단점:** 데이터가 플랫폼에 구속되어 있으며 플랫폼 서비스 종료 또는 구독 기간 만료 시 어려움이 발생할 수 있음. 유료 구독 서비스 사용 시 지속적인 비용 발생.

2 장 ~ 재료/부품/공구/기계

5. SD 카드(Secure Digital): 플래시 메모리를 사용한 경량, 소형 저장 매체로 네비게이션이나 드론과 같은 전자기기에 많이 쓰입니다. 많이 사용됨에도 불구하고 규격이 복잡하고 데이터 수명도 짧아서 주의하지 않으면 적절한 제품 선택이 어려운 저장장치이기도 합니다.

- **장점:** 경량, 소형, 저렴한 가격 대비 큰 용량. 발열 소음이 없음. 충격에 강함.

- **단점:** 플래시 메모리의 한계로 짧은 수명(셀 레벨에 따라 많은 차이가 있으나 짧게는 수천번 쓰기/지우기를 반복하면 못쓰게 되는 정도), 지나치게 많은 규격

- **규격:** SD(가로 세로 24*32mm), mini SD(20*21.5mm), micro SD(15*11mm)

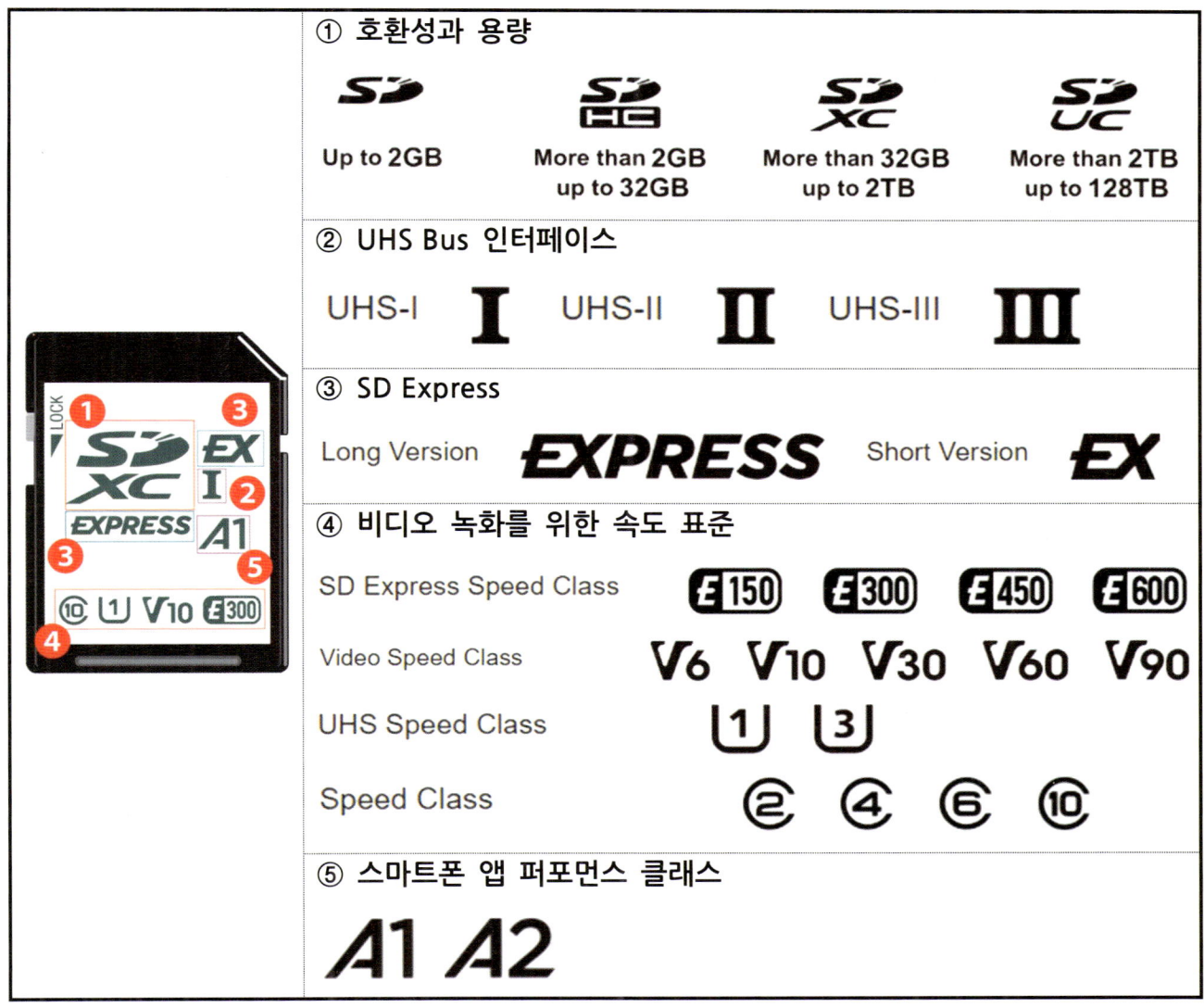

(사진출처) SD Association, https://www.sdcard.org/

2 장 ~ 재료/부품/공구/기계

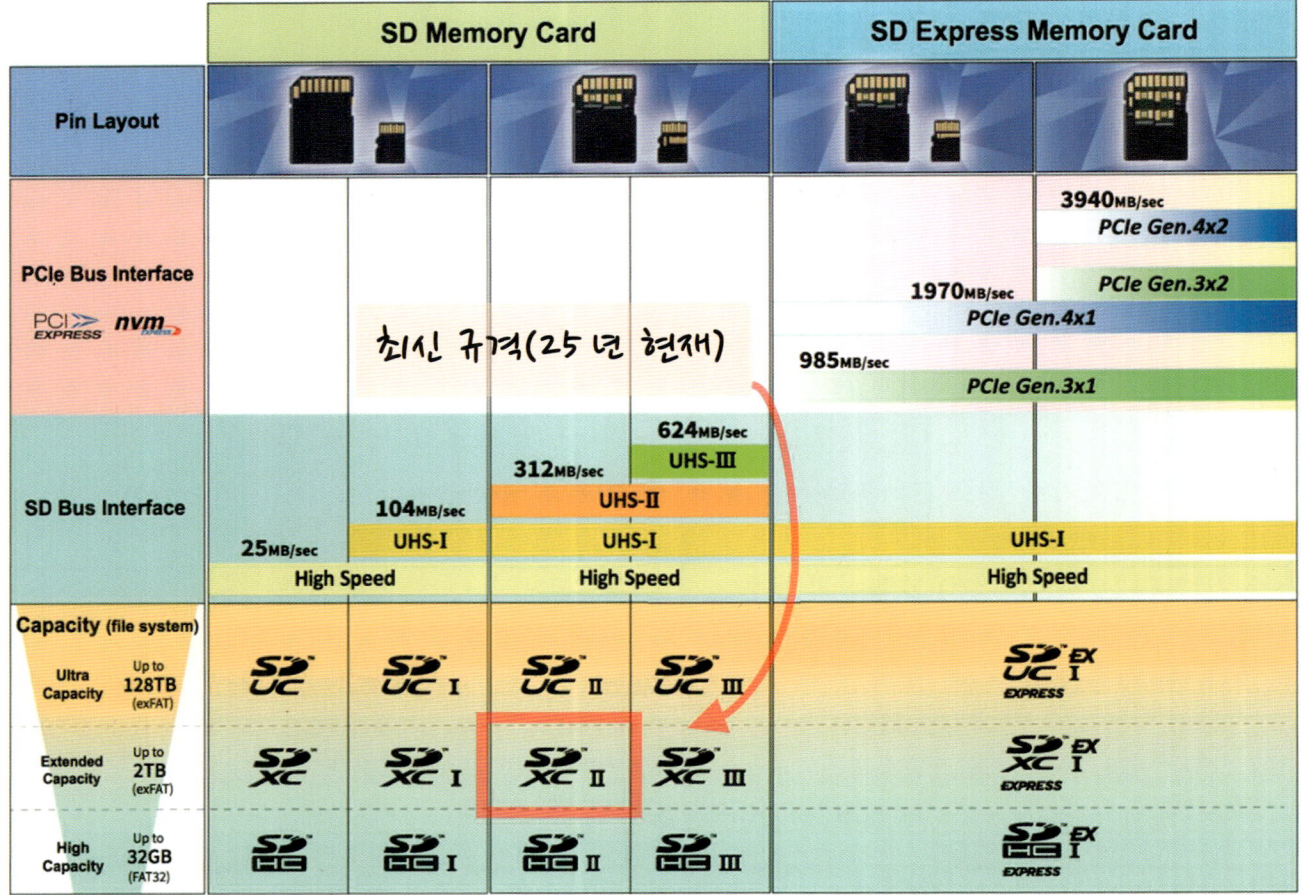

(사진출처) SD Association, https://www.sdcard.org/

실제 사용에 있어서는 드론의 비트레이트를 고려해야 할 것입니다. **매빅 3 프로**를 예로 들면 최대 동영상 비트전송률은 200Mbps(H.264/H.265), 3,772Mbps(ProRes 422 HQ)입니다. 바이트로 환산하면 **25MB/s ~ 471.5MB/s**가 됩니다. 매빅 2 엔터프라이즈 기준은 약 12MB/s 입니다.

제조사에 따르면 매빅 3 프로의 권장 micro SD 카드는 Sandisk high endurance 256GB V30 microSDXC, Samsung PRO Plus 256GB V30 A2 microSDXC 가 있습니다. 삼성 제품의 경우 스펙은 **읽기 180MB/s, 쓰기 130MB/s**, UHS-I(U3) 사양입니다. H.264/H.265 로 촬영하는 데는 무리가 없지만 ProRes 422 HQ 코덱으로는 약간 무리가 있는 속도로 보입니다.

비록 규격은 있지만 '25 년 5 월 현재 SDUC 나 UHS-III, PCIe 인터페이스 규격은 아직 발매되지 않은 것으로 보이며 microSDXC UHS-II(U3) / V60 / 읽기 280MB/s / 쓰기 200MB/s 정도가 구매 가능한 스펙으로 보입니다.

2 장 ~ 재료/부품/공구/기계

Card's Interface	Minimum Sequential Write Speed	Speed Class				Corresponding Video Format Speeds vary by recording/playback device requirements.
		Speed Class	UHS Speed Class	Video Speed Class	SD Express Speed Class	
PCIe/NVMe Interface	600MB/sec				E600	8K Multi Streams & 8K Intra Video* 7680 x 4320 pix
	450MB/sec				E450	
	300MB/sec				E300	4K Multi Streams & 4K Intra Video* 3840x2160pix
	150MB/sec				E150	
SD Interface	90MB/sec			V90		8K Video 7680 x 4320 pix
	60MB/sec			V60		4K Video 3840 x 2160 pix
	30MB/sec		U3	V30		HD/ Full HD Video 1920 x 1080 pix
	10MB/sec	⑩	U1	V10		
	6MB/sec	⑥		V6		Standard Video 640 x 480 pix
	4MB/sec	④				
	2MB/sec	②				

매빅 3 프로 권장 microSD 속도

(사진출처) SD Association, https://www.sdcard.org/

데스크탑이나 랩탑 컴퓨터의 경우 SD 카드 슬롯 유무만 표시되는 경우가 대부분이고 어디까지 호환성을 제공하는지까지는 잘 표시되지 않는 경우가 많습니다. 하위호환(예: SDXC II UHS-II 까지 지원하는 리더기는 SDXC I UHS-I 카드도 읽을 수 있음)이 되며, 상위호환은 사용 가능하나 속도가 하락합니다. 속도가 중요할 때는 꼼꼼히 확인을 해야 할 필요가 있습니다.

2.15. 모터와 변속기

1. 모터의 작동 방식

전동 모터는 **플레밍의 왼손법칙**으로 힘의 방향을 설명할 수 있습니다. 왼손 엄지, 검지와 중지를 각각 90도의 방향으로 펼쳤을 때 검지의 방향인 자계(B)와 중지의 방향인 전류(I) 방향에 따라 엄지인 힘(F)의 방향이 결정됩니다.

- 브러시드 모터: 전기 에너지를 기계적 에너지로 변환하기 위해 회전하는 코일과 고정된 자석을 사용합니다. 코일과 영구자석(Permanent magnets) 사이의 전류 흐름을 제어하기 위해 브러시와 정류자(Commutator)를 사용합니다. 하지만 브러시 마모로 인해 소음, 진동, 유지 관리 필요성이 발생합니다.

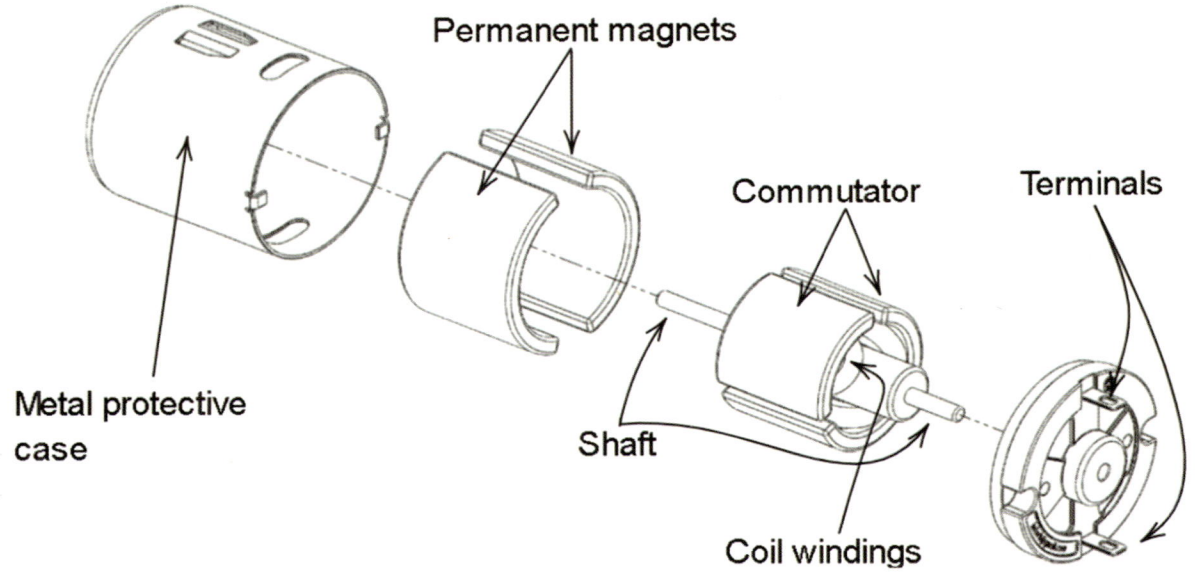

- 브러시리스 모터: 브러시 대신 전자 제어 시스템을 사용하여 코일의 전류 흐름을 제어합니다. 이로 인해 마모가 없고 소음, 진동이 적으며 유지 관리가 용이합니다. 드론의 모터는 상대적으로 고속 회전을 하기 때문에 일부 소형 드론을 제외하고는 발열이 적고 효율이 높은 브러시리스 형을 대부분 채용하고 있습니다.

2. 브러시드·브러시리스 DC 모터의 비교

구분	브러시드 모터(Brushed DC Motor)	브러시리스 모터(Brushless DC Motor)
장점	- 저렴한 제작 비용 - 구조가 단순	- 높은 효율, 낮은 발열 - 소음 및 진동 감소 - 유지 관리 용이, 긴 수명 - 토크와 회전 속도를 정확하게 제어
단점	- 브러시 마모로 인한 소음, 진동, 발열 - 유지 관리 필요 - 노이즈 발생 - 낮은 효율, 짧은 수명	- 높은 제작 비용 - 복잡한 구조 - 전자변속기(ESC) 필요

3. 브러시리스 DC 모터 - 아웃러너와 인러너 방식

브러시리스 모터의 축이 회전할 때 가만히 있는 부분을 고정자(stator)라고 하고 돌고 있는 부분을 회전자(rotor)라고 합니다.

아웃러너(Outrunner) 방식은 코일이 감긴 스테이터가 안쪽에 있고 영구자석이 외부 통쪽에 있으며 이 통이 회전하는 방식입니다. 드론에 많이 쓰이는 방식입니다.

기본적으로 코일이 노출되어 발열을 줄여 주며 회전자가 돌 때 케이싱의 설계 형상을 이용하여 공기의 유동을 좋게 해 발열을 줄여주는 구조를 사용하기도 합니다. 토크가 좋은 반면 상대적으로 속도가 느립니다. 급격한 동작을 빈번히 반복하는 용도에는 부적합합니다.

인러너(Inrunner) 방식은 반대로 코일이 감긴 스테이터가 바깥 통에 붙어 있고 안쪽에는 영구 자석이 붙은 로터가 있는 방식입니다.

주로 밀폐형으로 제작되기 때문에 오염에는 강하지만 발열에 취약합니다. 속도가 빠르고 토크가 약하기 때문에 드론에는 거의 쓰이지 않습니다. 정역 반전을 빈번히 반복하는 용도에 적합하며 제어성이 뛰어나므로 위치결정 장치에 많이 사용됩니다.

4. 모터의 스펙과 성능

모터의 선정을 위해서는 다음과 같은 제원이 고려되어야 합니다.

구분		설 명
1	크기	모터의 크기와 호환 프롭의 사이즈가 기체와 맞는지
2	무게	모터의 무게가 감당 가능한지
3	KV 값	모터의 회전 속도가 적정한지 * **KV 값이란** 무부하시 1 볼트당 RPM(분당회전수)를 나타냄 **예시**: 1,000KV 는 12 볼트에서 분당 12,000 회전
		KV 값이 크면 회전 속도가 빠른 반면 토크가 반비례합니다. KV 값이 높아 회전수가 빠른데 너무 크거나 피치가 큰 프롭을 쓴다면 과부하 상태가 되어 효율이 나빠지며 발열 발생합니다. 따라서 제조사에서 제시하는 데이터 시트가 있다면 원하는 추력과 전력, 효율을 낼 수 있는 적정 프롭 사이즈를 참고하는 것이 좋습니다.
4	정격전압 (Rated voltage)	**모터에 가할 수 있는 최대 전압** 모터에 정격 전압 이상의 전압을 가하면 모터의 속도가 정격 속도보다 빨라지며 설계 속도 보다 빨라진 모터는 냉각이나 베어링 부분 등에 문제가 생기게 됩니다.
5	정격전류 (Rated current) 연속전류 (Continuous current)	**모터를 연속해서 장시간 구동할 수 있는 전류** 일반적인 기계 구동 모터 드라이버에서는 과전류 차단 기능이 달린 경우도 있지만 드론이나 RC 카와 같은 종류에서는 과전류 시 모터나 변속기가 과열로 인해 타버릴 가능성이 높습니다.
6	피크전류 (Peak current)	모터를 가속하거나 감속하기 위해 **짧은 시간(보통 수 초) 동안만 흘릴 수 있는 전류.**
7	추력과 토크 (Thrust & Torque)	**추력**이란 프로펠러와 같은 회전체가 유체를 밀어내거나, 제트엔진과 같은 기관에서 가스를 연소 분사함으로써 그에 대한 반작용으로 얻는 추진력을 말합니다. **토크**는 돌림힘, 비틀림모멘트 등으로도 불리며 단위는 뉴턴미터 N·m 입니다.
8	소모전력(W)	단위는 **와트**(watt = 1J/S)이며 전압(V)X 전류(I) = 전력(W)
9	기타	축(샤프트)의 직경, 프롭과 모터의 고정 방법

5. 전자변속기의 원리와 결선

전자변속기(ESC, Electric speed controller)는 모터의 속도(RPM)를 제어하는 부품입니다. 드론 조종자가 조종기를 통해 신호를 원격으로 보내면 기체의 수신기에서 신호를 받아 변속기로 이 정보를 PWM(Pulse Width Modulation)신호로 전달합니다. 변속기에서는 이 신호에 대응하는 만큼 전력을 모터에 공급하여 모터를 회전시킵니다.

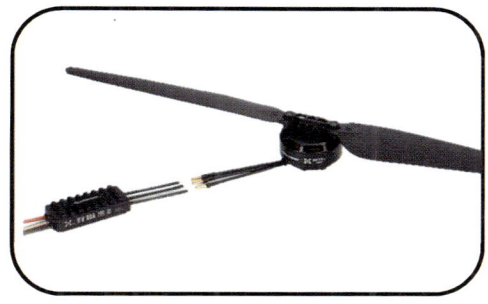

브러시리스 모터 변속기를 살펴보면 입력측에 3 가닥의 선 (배터리로부터 주전원을 공급받기 위한 양극과 음극선 2 가닥과, 수신기로부터 신호를 받기위한 선 한가닥으로 정확히는 BEC 의 내장 유무에 따라 양극·음극·신호선을 포함하여 3 선이 함께 묶여 있거나 음극·신호선 2 선이 함께 묶여 있음)이 있으며 출력측에 3 선이 있습니다. 출력측 3 선은 위 사진과 같이 모터의 ABC 부분에 결선을 해 주면 됩니다.

입력측의 빨간선(양극, +극)과 검은선(음극, -극)은 극성을 틀리게 연결하지 않도록 주의합니다. 잘못 연결 시에는 변속기가 파손될 수 있습니다.

TIP!

1. **변속기와 모터의 결선**: 변속기와 브러시리스 모터를 연결할 때 중간 선은 중간선끼리 결선해줍니다. 좌우 끝단의 선은 모터의 좌우 끝단의 선과 결선을 해 주면 되는데 서로 바꾸어 끼우게 되면 모터의 회전 방향이 반대가 됩니다. 이 때에는 당황하지 말고 결선을 다시 하거나 지상관제 프로그램 세팅을 통해 해결하거나 조종기 자체의 신호 반전 기능을 통해 이를 해결할 수 있습니다.

2. **BEC(Battery eliminator circuit)**: 배터리에서 별도의 전원 공급 장치 없이 수신기와 서보 모터에 전원을 공급하기 위한 회로이며 RC 모델의 무게와 복잡성을 줄이는 데 도움이 됩니다. 일반적인 수신기의 작동 전압은 5V 이므로 BEC 의 출력 전압은 대부분 5V 가 됩니다. BEC 의 최대 출력 전류가 정해져 있으므로 과도하게 서보 모터 등을 연결하지 않도록 주의합니다.

PWM 신호

PWM(Pulse Width Modulation)은 **펄스폭 변조**라고도 불리며, 일정 주기로 ON/OFF 를 반복하는 사각파 신호를 사용하여 아날로그 신호를 나타내는 방식입니다. 쉽게 말하면, **펄스의 폭(넓이)을 조절하여 아날로그 값을 표현하는** 기술이라고 생각하면 됩니다.

예를 들어 보겠습니다. 디지털 신호에서는 0 과 1 밖에 없습니다. 디지털 신호를 통해 전등의 밝기를 변경하려면 어떻게 해야 할까요? 연속적으로 변화하는 값을 나타내기 위한 방법으로 0.01 초 동안 LED 를 켜고 0.09 초 동안 LED 를 끈다면 우리는 LED 가 계속 켜져 있을 때에 비해서 **10%의 밝기**로 느낄 것입니다.

드론의 수신기에서는 이러한 PWM 신호를 각각의 채널로 송출하고 있습니다. 아두이노와 같은 마이컴(micro computer 의 약자로 입출력이 가능한 소형 컴퓨터를 말함)을 통해서도 PWM 신호를 출력할 수 있으며 이를 통해 서보모터나 LED, 변속기의 제어도 할 수 있습니다.

PWM 의 HIGH 신호(1 에 해당하며 아두이노와 수신기에서는 보통 5V 전압에 해당함)와 LOW(0 에 해당하며 아두이노와 수신기에서는 보통 0V 전압에 해당함)신호의 비율을 듀티비(Duty cycle)이라고 하며 이를 조절하여 제어를 합니다. 아래 그림은 25%의 듀티비를 나타내고 있습니다.

TIP!

1. **서보모터 작동**: 서보모터는 대게 50Hz(1 초에 50 번 반복되는 주파수) 신호를 수신합니다. 0.02 초마다 한번 주파수를 수신한다는 말과 같습니다. 밀리초로 단위 환산을 하면 20ms 가 됩니다. 이 주기 안에서 HIGH 신호를 얼마나 길게 보내는지에 따라 서보모터의 작동 범위가 변하게 됩니다. 주로 1ms~2ms 사이에서 결정되게 됩니다. 듀티비로는 5%~10%입니다.

2. **변속기 작동**: 대부분 1,000~2,000 마이크로초(μs) 범위에서 제어하고 있으며 밀리초 단위로 환산을 하면 1~2ms 가 됩니다. 서보모터와 비슷한 범위입니다.

2 장 ~ 재료/부품/공구/기계

서보모터와 스텝모터

DC 서보모터는 DC 전동기에 감속 기어, 제어 회로, 위치 센서(대부분 가변저항)를 결합한 일체형 모터로, 폐쇄 루프(피드백) 제어를 통해 축의 위치를 정확히 제어할 수 있습니다. **RC 용 서보모터는 보통 3 선(전원, 접지, 제어신호)으로 구성되며, 제어 신호로 PWM 펄스를 받아 그 펄스 폭에 따라 목표 각도를 정합니다.** 외부에서 힘이 가해져도 설정된 위치를 유지하려고 저항하며, 이때 버틸 수 있는 최대 힘이 그 서보모터의 **정격 토크**입니다.

장점: 서보모터는 응답 속도가 빠르고 토크가 높아 정해진 각도 범위 내에서 매우 정확한 위치 제어가 가능합니다. 마이크로컨트롤러나 송신기로 간단히 제어 신호만 보내주면 자동으로 목표 위치를 맞춥니다. 외부 충격이 있어도 원래 위치로 복귀하는 자기 보정 능력을 갖습니다. 또한 기어비를 통해 소형으로도 높은 토크를 낼 수 있어 무게 대비 힘이 우수합니다.

단점: 서보모터는 회전 각도가 제한(일반적으로 약 180°) 되어 있어 360° 연속 회전 작업에는 적합하지 않습니다. (특수하게 개조된 연속회전 서보도 있으나, 이 경우 위치 제어 기능은 잃게 됩니다.) 기어 등 기계식 부품을 내장하고 있으므로 오랜 사용 시 백래시(기어 유격)나 마모로 인한 정밀도 저하가 발생할 수 있습니다. 목표 위치 유지를 위해 항상 전력이 소모되고 있어, 특히 강한 힘을 지속적으로 가할 경우 발열이 생길 수 있습니다.

활용 사례

- **RC 자동차**: 스티어링(조향 장치) 제어에 사용되어 바퀴의 방향을 정확히 틀어줍니다.

- **RC 비행기/보트**: 조종면(비행기의 엘러론, 엘리베이터 및 러더 / 보트의 키) 등을 정밀하게 움직이는 데 활용됩니다. 서보모터는 입력 신호에 따라 즉각적으로 날개의 각도를 조절하여 항공기의 자세를 제어합니다.

- **RC 헬리콥터**: 로터 블레이드의 피치를 조절하는 스와시플레이트를 움직이는 데 사용됩니다. 여러 개의 서보모터가 연동되어 미세한 각도 변화로 헬리콥터의 자세와 고도를 제어합니다.

2장 ~ 재료/부품/공구/기계

DC 스텝모터(스테핑 모터)는 내부에 여러 개의 전자석 코일이 있고, 이를 순차적으로 자극하여 일정한 각도씩 회전시키는 방식의 모터입니다. 각 코일에 전류를 끄고 켜는 순서를 전자적으로 제어함으로써 회전자가 한 단계(step)씩 회전하며, 이 단계적 회전각은 모터의 설계(예: 한 스텝당 1.8° 등)에 따라 고정되어 있습니다. 이렇게 한 스텝씩 축을 움직여 360° 풀 회전이 가능하며 스텝 수를 계산함으로써 별도의 위치 센서 없이도 회전량을 추적할 수 있습니다. 필요에 따라 엔코더 등을 부착해 폐쇄 루프 제어를 구현하기도 하지만, RC 취미 분야에서는 주로 개방형으로 운용합니다. 스텝모터를 구동하려면 **전용 드라이버 회로나 컨트롤러**(예: 아두이노 등 마이크로컨트롤러)가 각 코일에 전류를 공급하는 순서를 제어해야 합니다. 모터 종류에 따라 **유니폴라(Uni-polar)** 또는 **바이폴라(Bi-polar)** 방식으로 코일을 제어합니다.

주요 특징 및 장단점

장점: 스텝모터는 구조가 비교적 단순하고 브러시나 복잡한 기어가 없어 내구성이 높습니다. 센서 없이도 정밀한 위치 제어가 가능하며, 서보모터와 달리 여러 바퀴 회전이나 연속 회전에도 제어가 용이합니다. **홀딩 토크(holding torque)**라 불리는 정지 시의 유지 토크가 있어, 전류를 인가한 상태에서는 외력이 가해져도 그 위치를 견고하게 유지할 수 있습니다. 이러한 특성 덕분에 저속 또는 미세 움직임에서는 높은 정확도를 얻을 수 있고, 다축을 동일하게 제어해야 하는 경우 모터 간 동기화가 비교적 쉬운 편입니다.

단점: 스텝모터는 피드백이 없는 개방형 제어 특성상 부하가 지나치게 크거나 갑작스러운 속도 변동 시 스텝이 **탈조**되어 위치 오차가 발생할 수 있습니다. 모터의 토크는 회전 속도가 빨라질수록 급격히 떨어지는 경향이 있어서, 고속 동작에는 한계가 있습니다. 또한 스텝모터는 동작 중 진동과 소음이 발생하기 쉬운데, 특정 속도 영역에서 **공진 현상**으로 인해 모터가 윙윙거리는 소리를 내거나 떨릴 수 있습니다. 이러한 진동은 마이크로스테핑 제어 등의 기법으로 완화할 수 있지만 완전히 없애기는 어렵습니다. 제어를 위해서는 전용 스텝모터 드라이버와 다수의 배선이 필요하고, 제어 신호 생성도 비교적 복잡하여 서보모터에 비해 초기 세팅이 어려울 수 있습니다.

활용 사례

- 정밀 위치 제어 장치: 스텝모터는 3D 프린터, CNC 조각기 등에서 축 이동을 정밀하게 제어하는 데 활용됩니다. 예를 들어, 3D 프린터의 프린트 헤드 위치나 CNC 기계의 테이블 이동에 스텝모터가 사용되어, 입력한 도면대로 미세한 위치 제어를 수행합니다.

- 로봇 및 자동화: XY 플로터, 로봇 팔 등에서 여러 스텝모터가 좌표 이동이나 관절 각도를 정확히 제어하는 데 쓰입니다. 예를 들어, 자작 로봇 팔의 회전 축에 스텝모터를 사용하면 다회전 엔코더 없이도 각 관절의 회전량을 제어할 수 있습니다.

- 카메라 제어 장치: 슬라이더나 파노라마 헤드 같은 카메라 모션 컨트롤 장비에 스텝모터가 활용되기도 합니다. 사용자가 리모컨이나 프로그램으로 명령을 보내면 스텝모터가 일정한 각도로 천천히 회전하여, 시간차 촬영이나 부드러운 패닝 촬영을 가능하게 합니다. 이처럼 연속 회전과 미세 조정이 동시에 필요한 경우 스텝모터의 장점이 부각됩니다.

서보모터(HIGHEST HV HG1000)

스텝모터

TIP!

바이폴라 스텝모터: 코일에 흐르는 전류의 방향을 바꿔주는 방식으로 구동하며 이를 위해 H브릿지라는 드라이버 회로가 필요합니다. 구동회로가 유니폴라에 비해 상대적으로 복잡하지만 효율이 높고 더 큰 토크를 얻을 수 있습니다. 일반적으로 제어선은 4 선식이 많이 쓰이고 있습니다.

2.16. DC 파워서플라이

WANPTEK DPS605U

DC 파워 서플라이는 **직류(DC) 전원을 공급하는 장치**로, 다양한 전자 기기 및 실험 장비에서 안정적인 전압과 전류를 제공하는 역할을 합니다. 범위 내에서 출력 전압 및 전류를 조절할 수 있습니다.

필자의 경우는 좌측 WANPTEK DPS605U 모델을 사용하고 있는데 이 모델을 예로 들어 사용 방법을 알아보겠습니다. 이 제품은 USB-A/Type-C 를 통한 고속 충전 기능을 제공하며 OCP, 단락 보호 기능을 갖추고 있습니다. 전압 2 개 전류 2 개의 노브가 있습니다. 이는 각각 큰폭 조절과 미세 조절을 할 수 있습니다.

상세 스펙

구 분	내 용	구 분	내 용
출력 전력	300W	보조출력	USB 퀵차지 18W
출력 전압	0~60V	입력 전압	AC230V±10% 50Hz
출력 전류	0~5A	작동 온도	0~40℃
C.V (Constant voltage output, 정전압)	전압 안정성 ≤ 0.1%+3mV		
	부하 안정성 ≤ 0.1%+3mV		
	리플 노이즈 ≤ 20mVrms(Effective value)		
C.C (Constant current output, 정전류)	전압 안정성 ≤ 0.1%+3mV		
	부하 안정성 ≤ 0.2%+3mV		
	리플 노이즈 ≤ 5mArms(Effective value)		
보호모드	과전류 보호(OCP), 단락(쇼트) 상황에서 출력 정지 및 자가 복구		
무게	1.8kg	크기(mm)	L225×W90×H145

입력 전압은 제품 후면에 AC230V 와 AC115V 중에 선택할 수 있는 스위치가 있습니다. 국내의 경우 AC230V 로 선택해 줍니다. 전극은 양극과 음극이 올바르게 연결되어야 합니다.

2장 ~ 재료/부품/공구/기계

사용 방법

이 제품에는 두가지 출력 방법이 있습니다. **일정 전압 출력(C.V)**과 **일정 전류 출력(C.C)** 모드입니다. 사용자가 설정하는 값에 따라 이 모드는 자동으로 결정됩니다. 출력 전압이나 출력 전류는 사용자가 설정한 값을 초과하지 않습니다. 일정 전압 모드(C.V)에서는 출력전압이 설정 전압과 같습니다. 일정 전류 모드(C.C)에서는 출력 전류값이 유저가 설정한 전류값과 같습니다.

전압 조절

1. 전압을 대략 원하는 값으로 맞춘 뒤, 미세 조정 노브로 정확한 전압 값을 설정합니다.
2. 일반적으로 전류 조정 노브는 최대치로 설정한 뒤 부하를 연결하여 사용합니다.

전류 조절: 사용자가 제한 전류 출력을 설정해야 할 경우

1. 먼저 전압을 약 5-10V 로 설정한 후, (+)와 (-) 단자를 와이어로 단락시킵니다. 이때 단락 경보 스위치는 C.C 위치에 맞추어야 합니다.
2. 전류 조정 노브를 사용해 대략 원하는 전류 값으로 맞춘 뒤, 미세 조정 노브로 정확한 전류 값을 설정합니다.
3. 단락 와이어를 제거한 후, "전압 조절" 방법으로 필요한 전압을 다시 설정하면 부하를 연결하여 사용할 수 있습니다.

[예시]

전압 값이 5V 로, 전류 값이 5A 로 설정된 경우

1. 전원 스위치를 켭니다.
2. 전압 조절 노브를 5V 로 맞춥니다.
3. (+) 단자와 (-) 단자를 도선으로 단락한 뒤 전류 조절 노브를 5A 로 맞춥니다.
4. 도선을 분리하고 부하를 연결합니다.

> 실제 정전압(CV) 운전 중에 부하 저항이 감소하여 출력 전류가 설정 전류에 도달하면 전원공급장치는 자동으로 정전류(CC) 모드로 전환됩니다. 이후 부하 저항이 계속 감소하면 전류는 설정값을 유지하고 전압이 비례적으로 감소합니다($I = V/R$). 이때 부하 저항을 증가시키거나 전류 설정값을 높여야 다시 정전압 상태로 복귀할 수 있습니다.

2장 ~ 재료/부품/공구/기계

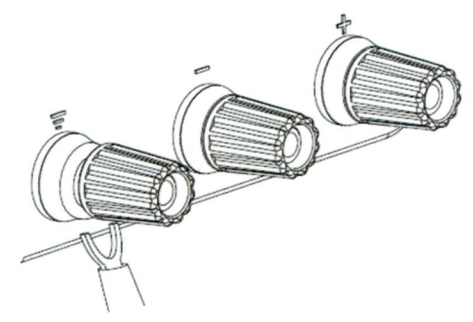
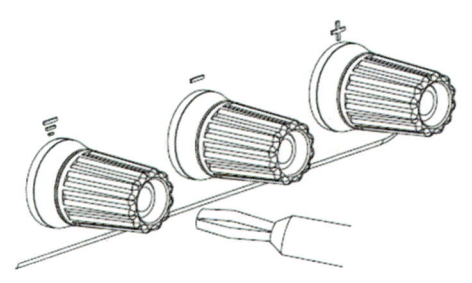

출력 노브를 시계 반대 방향으로 돌리면 포크 터미널을 끼워 넣을 만큼 유격이 나옵니다. 터미널 체결 후에 노브를 시계 방향으로 돌리면 고정시킬 수 있습니다. 다른 방법으로는 바나나 플러그를 구멍에 직접적으로 꽂을 수 있습니다. 전극의 연결은 반드시 올바른 극성에 되어야 하며 잘못된 연결은 파워서플라이와 사용 기기를 손상시킬 수 있습니다.

정전압/정전류 특성

이 전원공급장치 시리즈의 동작 특성은 부하 변화에 따라 자동으로 정전압(Constant Voltage, CV)과 정전류(Constant Current, CC) 모드로 전환되는 방식입니다.

예를 들어, 부하가 전원공급장치를 정전압 모드로 동작시키면 설정된 일정 전압이 출력됩니다. 부하가 증가(소모 전력 증가, 저항이 감소하여 전류가 증가)함에 따라 출력 전압은 안정적으로 유지되고 출력 전류가 점차 증가합니다.

출력 전류가 설정된 전류 한계에 도달하면 전원공급장치는 자동으로 정전류 모드로 전환됩니다. 이때 출력 전류는 설정 값을 유지하고, 저항이 감소함에 따라 옴의 법칙 $V=IR$ 에 따라 출력 전압이 비례하여 감소합니다. 이에 따라 파워 서플라이의 공급 전력은 제품의 스펙인 300W 정도로 항상 일정하게 유지됩니다.

전면 패널의 LED 표시등으로 모드 전환 상태를 확인할 수 있습니다.

- **CV 표시등**: 정전압 모드일 때 점등
- **CC 표시등**: 정전류 모드일 때 점등

파워 서플라이를 통해 다음 페이지에서 소개하는 스텝모터의 전원 공급을 할 수 있으며 소형 DC 모터(브러쉬드)에서는 정전압에서 전류를 제어하여 모터 속도를 제어해 볼 수 있습니다.

2장 ~ 재료/부품/공구/기계

2.17. 스텝모터 구동

서보모터 구동보다는 스텝모터의 구동이 상대적으로 복잡한 편이며 이해하기가 어렵습니다. 따라서 이해를 돕기 위해 실제 제품을 토대로 스텝모터를 구동시키는 과정을 살펴보겠습니다. 우선 사용할 스텝모터와 드라이버는 아래와 같습니다.

1. 제품명: [모터뱅크]바이폴라 / 23.4mm / 스텝모터 / NK241 / 13Ncm(130mN.m) / 4Lead

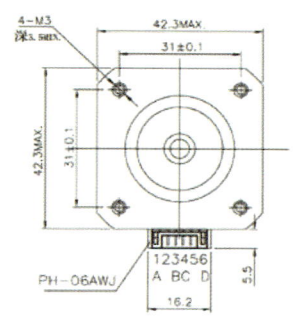

특성	규격	특성	규격
상수	2	스텝각	1.8° ± 0.09°
정격전압	DC 4.1 V	정격전류	DC 1.0 A/상
Resistance/phase	4.1 Ω ± 10%	Inductance/phase	4.1 mH ± 10% (1 kHz 기준)
Holding Torque	≥ 130 mN·m	Detent Torque	20 mN·m (참고치)
방향(샤프트정면)	A-AB-B-시계방향	최대 무부하 시작 주파수	≥ 1,400 PPS
최대 무부하 작동 주파수	≥ 2,500 PPS	절연저항	≥ 100MΩ(DC500V)
절연내압	AC 600 V, 1 mA, 1 초	절연등급	B 급
로터관성	30.8 g·cm²	중량	132g(참고치)

TIP!

토크란 회전하려는 물체에 회전축을 중심으로 작용하는 회전력을 말하며 **물체를 회전시키는 힘과 그 힘이 작용하는 축까지의 길이의 곱으로 정의**됩니다. SI단위는 뉴턴X미터 (N·m)입니다. 1,000 mN·m = 1 N·m, 9.807 N·m = 1 kgf·m

2장 ~ 재료/부품/공구/기계

2. 제품명: [모터뱅크] SBC-10 2상 바이폴라 16분주 스테핑모터 컨트롤러 드라이버 일체형

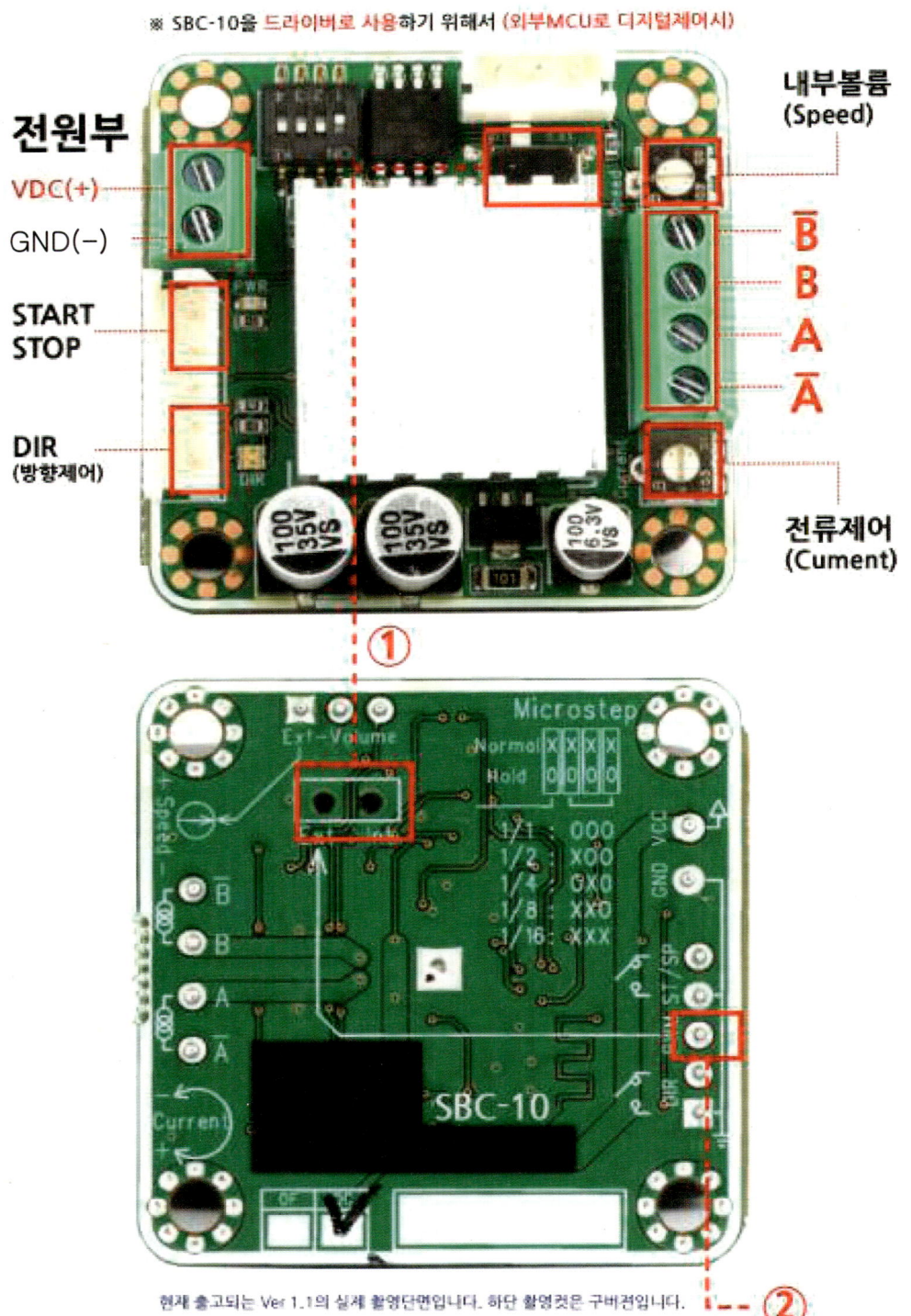

(사진 출처: 모터뱅크 www.motorbank.kr)

구분	내용	구분	내용
사용전압	DC 8~28V	정격출력	30W
소켓(3 핀, 5 핀)	MOLEX 5267	커넥터(핀)	MOLEX 5264
MOLEX 5264 용 클림프	2.5mm pitch, 22~28AWG		
정격전류	1.84A at DC12V 1.33A at DC24V		
참고사항	※ 드라이버로 사용: PCB 앞면의 ① S/W 를 EXT 로 하고 PCB 뒷면의 ② 단자에 클락(clock)을 넣어준다 ※ 급가속·감속 시 탈조 위험이 있으므로 가감속 코드도 넣어야 함 ※ 발열이 꽤 있음		

이제 두 제품을 가지고 결선과 코딩을 통해 제품을 구동시켜 보겠습니다. 결선에 앞서 실수가 없도록 스텝모터와 드라이버의 스펙을 토대로 기본 개념을 상기해 보겠습니다.

3. 기본 개념의 이해

바이폴라 스텝모터에서 풀스텝은 4 스텝으로 이루어져 있습니다. 스텝각이 1.8 도일 때 풀스텝 한 주기에는 7.2 도가 회전합니다. 따라서 **스텝각이 1.8 도인 스텝모터는 200 스텝일 때 한 바퀴 회전**합니다. 하프스텝일 때는 0.9 도 단위로 회전하고 400 스텝일 때 한 바퀴 회전합니다.

스텝모터의 분해능을 끌어올리고 정확도를 확보하기 위해서는 **마이크로 스텝(1/16)**을 사용합니다. 이는 한스텝을 16 개로 쪼개어 제어하는 것이며 16 분주라고도 합니다. 이 때에는 3,200 스텝일 때 한바퀴 회전을 하게 되며 스텝당 0.1125 도 회전하게 됩니다. 이는 회전 반경이 50mm 일 때 원주에서 약 0.1mm 를 이동하는 정밀도에 해당합니다.

시작주파수 1,400pps 이상, 작동 주파수 2,500pps 이상입니다. 이 때 PPS 란 Pulse per second 의 줄임말로 초당 펄스의 수를 말합니다.

스텝모터의 토크는 회전이 빠를수록 감소하는 경향을 보입니다. HIGH 레벨 신호는 3.3/5V 를 모두 지원하는 것으로 추정됩니다.

해당 스텝모터 드라이버는 전원(8~28v)만 넣으면 모터가 구동이 되고 내부 볼륨과 토글 스위치로 스피드와 방향(cw/ccw) 제어가 가능합니다. 딥스위치를 외부제어 모드로 변경하여 제어기 펄스 입력 방법으로 위치제어가 가능합니다.

스텝 드라이버의 DIP-스위치에 표시된 "Normal"과 "Hold"는 IDLE(모터가 멈춰 있는) 상태에서 코일에 걸리는 전류 동작 모드를 정하는 설정입니다.

가. Normal 모드

- **동작**: 모터가 회전 중이든 멈춰 있든, 드라이버에 설정된 전류를 그대로 유지합니다.
- **특징**:
    - **최대 유지 토크**: 멈춰 있을 때도 최대 전류가 흐르기 때문에 최고의 "홀딩 토크" 확보
    - **발열↑·소비전력↑**: 코일에 항상 높은 전류가 걸려 있어 열과 전력 소비가 증가

나. Hold 모드

- **동작**: 모터에 펄스가 들어오지 않는(Idle) 상태가 지속되면, 자동으로 전류를 일정 비율(예: 50~70%)로 낮춥니다.
- **특징**:
    - **발열↓·전력↓**: 멈춰 있을 때 전류를 줄여 열 발생과 소모 전력을 크게 줄임
    - **유지 토크↓**: 낮아진 전류만큼 홀딩 토크도 줄어듦

TIP!

실제 전류 저감 비율(예: 50% 또는 70%)과 전환 지연 시간(IDLE TIMEOUT)은 드라이버별로 다르니, 사용 중인 모델의 매뉴얼에서 "IDLE CURRENT REDUCTION" 항목을 반드시 확인하세요.

4. 결선

해당 드라이버의 경우 별도의 기술자료를 제공하지 않아 결선 방법을 알기 어려웠기 때문에 비슷한 제품을 토대로 결선을 유추해 보도록 하겠습니다. 아래 결선 방식은 같은 제조사의 다른 제품(MSD-245C)기술자료를 발췌하였습니다. ENA 란 Enable 의 줄임말로 드라이버의 출력을 켜고 끄는 제어 신호선입니다.

결선방식

외부 펄스 모드 시 입력신호는 두가지 연결방식이 있습니다.
사용용도에 따라 공통음극 혹은 공통양극을 선택해주시면 됩니다.

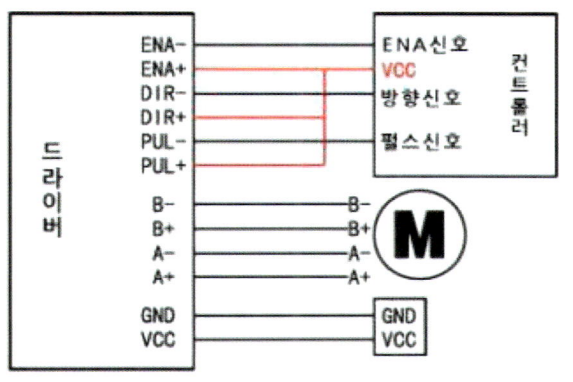
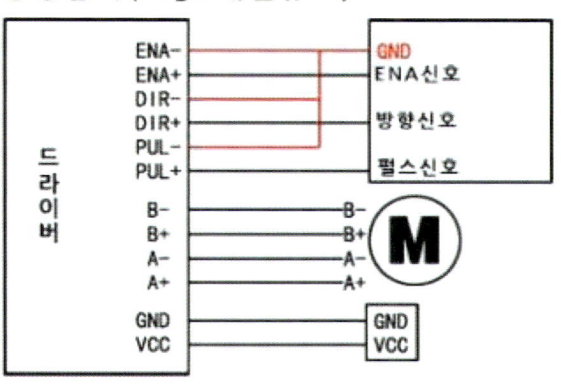

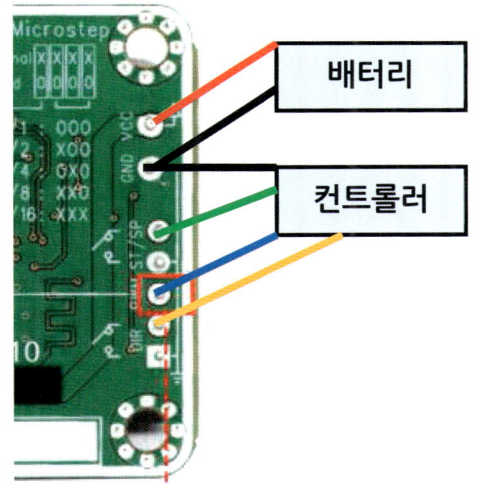

돌아와서 드라이버 사진을 보면 GND 와 ST(start, ENA)중 한쪽, DIR 중 한쪽은 PCB 회로도상 연결되어 접지되고 있습니다(테스터기로 확인). 따라서 **드라이버의 GND 와 배터리의 GND, 컨트롤러의 GND 를 연결시킵니다(공통 음극). HIGH 레벨 신호를 통해 나머지 핀 3 개(시작/정지, 방향, PWM 핀)를 제어**해 나갑니다.

Clock 입력은 드라이버의 PWM 핀입니다. Clock 입력이란 논리값 L>H>L 로 바뀌는 펄스 하나를 입력받을 때마다 딥스위치에 설정된 값만큼 모터가 회전하는 기능을 갖는 입력 핀을 말합니다.

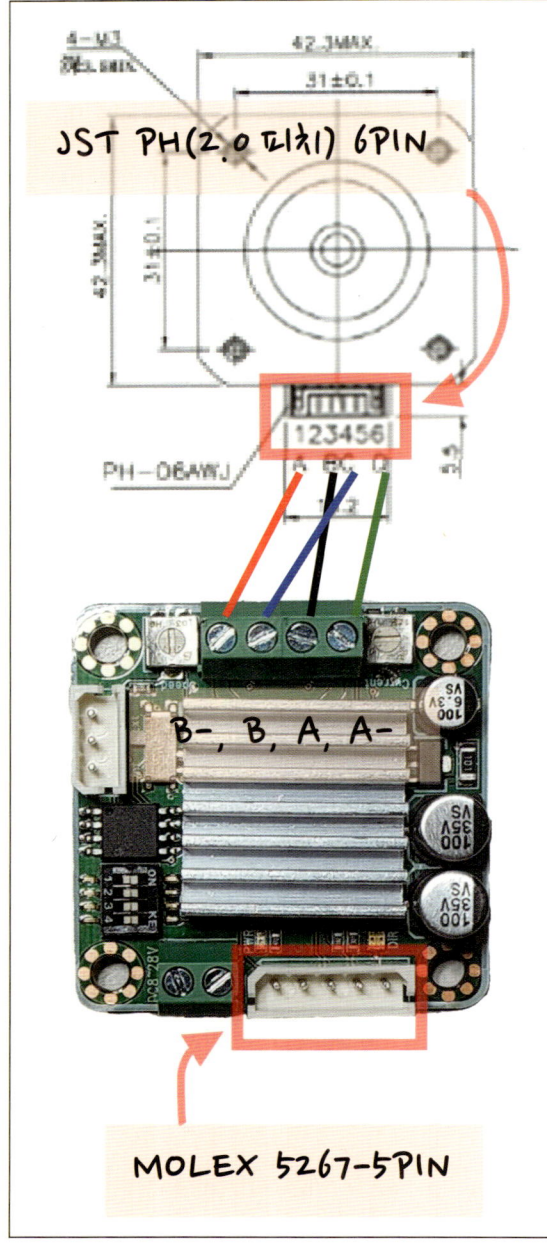

스텝모터와 드라이버의 결선입니다. 스텝모터의 소켓 규격은 'JST PH 시리즈(2.0 피치) 6pin'이며 드라이버 소켓은 'MOLEX 5267-5pin'을 쓰고 있습니다.

스텝모터의 소켓은 6 핀짜리이나 실제로는 4 선(A,B,C,D)만을 쓰고 있습니다. 그러나 드라이버에서는 A, $\bar{A}$, B, $\bar{B}$를 표기하고 있으므로 어떻게 결선할지 고민이 필요합니다.

스텝모터의 네 가닥은 두 개의 코일(Phase)이 각각 두 가닥씩 연결된 형태입니다. 따라서 ① A, $\bar{A}$(A 바 혹은 A-) ② B, $\bar{B}$가 한쌍으로 볼 수 있습니다.

스텝모터에서 이러한 한쌍을 찾기 어렵다면 **테스터기의 저항 측정을 통해 확인**할 수 있습니다. 모터의 네 가닥 중 임의의 두 단자 간 저항을 재보고 수옴에서 수십옴 정도로 낮게 나오는 두 가닥이 한 코일을 이룹니다. 실제로 측정해보면 이 모터의 코일은 **A 와 C, B 와 D 가 각각 한 코일을 이루고 있음**을 알 수 있습니다.

스텝 모터 구동 시 방향이 반대로 움직인다면 한 코일의 +/-를 뒤집어 주면 됩니다. 코일 쌍만 맞으면 A, $\bar{A}$ ↔ B, $\bar{B}$ 를 뒤바꿔도 문제는 없습니다. 소프트웨어적으로 방향(DIR)이 바뀌거나 구동 초기 위치가 달라질 뿐 기계 손상은 없습니다.

그러나 맞지 않는 코일의 쌍(위 예제를 기준으로 예로 들면 스텝 모터의 선 A 와 B 를 드라이버의 A, $\bar{A}$ 한 쌍으로 연결한 경우 등)을 연결하면 토크가 급감하거나 드라이버가 과전류로 손상될 수 있으므로 반드시 코일의 짝을 확인한 뒤 결선해야 합니다.

2장 ~ 재료/부품/공구/기계

TIP!

디지털 멀티미터(멀티 테스터기) 사용법:

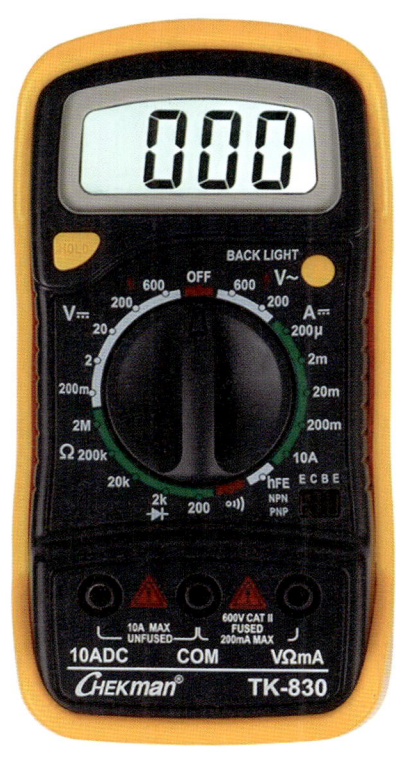

[참조 제품: 태광전자정밀 TK-830]

- **주의사항**

1. 최대 입력 전압 이상 측정하지 마십시오.
2. 테스트리드가 손상되면 사용하지 마십시오.
3. 리드의 손가락 손상 방지턱 윗부분을 잡고 사용하십시오.
4. 젖은 손으로 사용하지마십시오.
5. 고전압 환경에서는 감전사고의 위험이 있으니 특히 주의합니다.
6. 항상 높은 범위에서 우선 측정을 한 후에 낮은 범위로 변환하면서 사용합니다.

- **ACV(교류 전압), DCV(직류 전압) 측정**

1. 기능 스위치를 ACV 또는 DCV 범위의 필요한 레인지를 선택합니다.
2. 흑색 테스트리드는 COM 단자에, 적색테스트리드는 VΩmA 단자에 연결합니다.
3. 리드를 측정할 회로(배터리 등)에 연결합니다.
4. 화면에 수치가 표시됩니다. 수치값이 1로 나올 때는 높은 레인지로 전환합니다.

- **저항(Ω) 측정:** 측정할 회로의 전원을 끄고 위와 같은 방법으로 측정합니다.

- **통전테스트:** 기능 스위치를 소리 모양 표시로 위치합니다. 두 리드를 통전 시험(전기가 통하는지 확인) 대상에 가져다 댑니다. 소리가 나면 두 리드간에는 전기가 통하는 도체로 연결이 된 상태입니다. 대부분의 테스터기는 이와 유사한 작동법을 가지며 자세한 것은 사용하고 있는 제품의 제조사 매뉴얼을 참고합시다.

5. 주의사항

가. 컨트롤러와 드라이버는 가능한 한 개의 전원으로 사용하지 말 것

나. 펄스(PWM)와 방향신호선은 노이즈 감소를 위해 전원 케이블 등과 같이 묶으면 안좋음

다. 방향 신호를 펄스 신호보다 5μs 정도(구체적인 값은 데이터시트를 확인해야 하며 여유를 둔 값임) 빠르게 주어 유지하고, 스텝이 이동한 후에도 최소한 같은 시간동안 방향신호가 유지되도록 합니다. 이를 setup/hold 시간이라고 하며 신호의 노이즈를 줄일 수 있습니다.

선행 5μs + 스텝 이동 후 5μs 유지 = 10μs 가 되므로 STEP 주기는 10μs(0.01ms)이상, 즉 100kHz 이하로 제한됩니다. 더 높은 펄스 주파수를 쓰려면 이 선행, 유지 시간을 같이 줄여야 합니다.

라. 컨트롤러 내부 풀업저항 등을 이용해서 신호가 플로팅 되는 것을 방지

마. 급격히 주파수를 변동하면 관성 등으로 스텝을 잃기 때문에 가속, 감속 설계 필요

바. 전류를 높이면 토크도 올라가지만 과열 위험이 있으므로 조절 필요

TIP!

마이크로세컨드(μs, microsecond) 는 100 만분의 1 초를 말합니다. 0.000001 초와 같습니다. 헤르츠는 1 초에 한번 주기가 반복하는 것이므로 마이크로세컨드를 헤르츠로 환산하면 1,000,000Hz(1,000kHz)와 같습니다. 즉 10μs = 0.00001=100,000Hz=100kHz 가 됩니다.

밀리세컨드(ms, millisecond) 는 천분의 1 초를 말합니다. 1,000 μs=1ms

pps(Pulse per second): 초당 펄스 수

무부하 최대 주파수: 모터가 충분한 토크를 내며 멈추지 않고 회전을 시작하고 유지할 수 있는 최대 입력 펄스 속도

Setup/hold 시간: 드라이버 칩이 방향(DIR)신호 변경 후 STEP 펄스를 정확히 읽기 전에 요구하는 최소 시간 간격

6. 테스트(코딩) 환경 조성

[메카솔루션]아두이노 프로미니 5V
아두이노 호환보드로 로직레벨 5V, 디지털 입출력핀 14 개, 아날로그 입력 및 8 개, PWM 출력핀 6 개(3, 5, 6, 9, 10, 11), TX/RX/UART 통신지원, SPI 통신 지원, I2C 통신 지원, AREF 핀 지원

컴퓨터와 USB 연결

USB TO TTL FT232RL
TTL 은 Transistor-Transistor Logic 의 약자로 반도체 논리 회로의 일종입니다. 5 V(혹은 3.3 V) 전압 레벨의 시리얼(UART) 신호를 처리해 MCU(Micro controller unit) 개발·통신에 활용됩니다.

[메카솔루션]아두이노 프로미니는 메인칩으로 ATmega328 을 사용하는 보드입니다. 아두이노 IDE 에서 **업로드시 보드 선택은 (Arduino Uno)**로 합니다. 별도의 핀맵은 제공되지 않으나 IDE 에서 핀번호는 실크스크린 D2(IDE 2 번)~D13(13 번), 실크스크린 A0(IDE 14 번)~A7(21 번) 으로 추정됩니다.(전수검사는 못해봄) 핀번호가 일치하는지는 다음 예제를 통해서 몇 개의 핀을 샘플로 사용해 보겠습니다.

USB TO TTL 보드는 컴퓨터와 USB 를 연결하여 아두이노 보드에 코드 업로드 및 전원공급을 할 수 있게 도와주는 **역할**을 합니다.

아두이노와 USB TO TTL 보드 간에는 **6 핀(DTR, RX, TX, VCC, CTS, GND)**으로 연결합니다. 연결은 제조사의 핀맵을 참고하여 합니다. 필자가 예시로 사용하는 두 제품의 연결은 좌측 그림과 같습니다.

2 장 ~ 재료/부품/공구/기계

7. 코딩

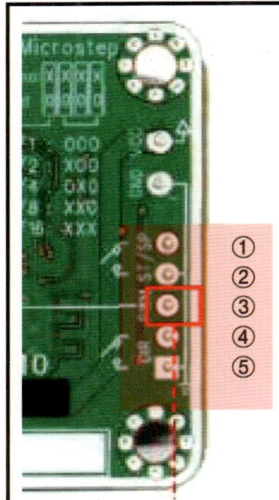

[아두이노와 스텝모터 드라이버의 결선]

1. 아두이노의 **D2 핀**(IDE 2 번)을 스텝모터의 **①번** 핀과 연결합니다.
2. 아두이노의 **D3 핀**(IDE 3 번)을 스텝모터의 **③번** 핀과 연결합니다.
3. 아두이노의 **D4 핀**(IDE 4 번)을 스텝모터의 **④번** 핀과 연결합니다.
4. 아두이노의 **GND 핀**을 스텝모터의 **⑤번** 핀과 연결합니다.

   이 핀은 배터리의 GND 와 연결됩니다.

* 왼쪽 사진은 스텝모터 드라이버의 뒷면입니다. 실크스크린(기판 표면에 정보 등을 표시하기 위해 인쇄된 층)은 핀에 대한 많은 정보를 담고 있습니다.

- **A 방법 : 아두이노 HIGH/LOW 신호를 이용해서 스테핑모터 ON/OFF, CW/CCW 제어**

  - 스텝모터 드라이버의 **INT/EXT 스위치를 INT 쪽으로 옮겨줍니다.** 이는 드라이버 내부에서 펄스 신호를 제어하기 위함이며 이 드라이버가 제공하는 기능 중 하나입니다.

  - 아래 코드를 아두이노 IDE 에서 입력하고 아두이노에 업로드 합니다. 아두이노 IDE 의 설치 방법은 3 장에서 소개하고 있습니다. 참고를 바랍니다.

```
//스텝모터 내부제어 예제 코드(정회전 3 초 역회전 3 초 정지 1 초 반복)

int on_off = 2;

int cw_ccw = 4;

int step = 3;


void setup()
{
pinMode(on_off, OUTPUT);
```

```
pinMode(cw_ccw, OUTPUT);
pinMode(step, OUTPUT);
}


void loop()
{
digitalWrite(on_off, HIGH);
digitalWrite(cw_ccw, LOW);
delay(3000);
digitalWrite(on_off, HIGH);
digitalWrite(cw_ccw, HIGH);
delay(3000);
digitalWrite(on_off, LOW); // LOW 는 완전히 사용하지 않을 때만 사용하는 것이 좋음
delay(1000);
}
```

☞ 위 코드에서 선 3 개를 사용하였으며 3 번 핀이 출력으로 정의되었으나 초기값 정의가 없으므로 초기값은 LOW 상태로 유지됩니다. 본 예제에서는 드라이버가 INT 모드이므로 자체적으로 펄스를 생성하여 이 핀은 사용하지 않는 상태가 됩니다.

☞ 2 번 핀은 ST(START), 4 번 핀은 방향을 결정하는 DIR 핀에 연결됩니다.

☞ 사용하고 있는 모터 드라이버에는 속도와 전류를 조절할 수 있는 노브가 2 개 있습니다. **속도가 빠르면 홀딩토크가 다소 감소하는 모습을 보이며, 전류를 증가시키면 홀딩토크가 상당히 강력해 지는 것을 느낄 수 있습니다.** 이 때 정격소비전력은 스텝모터의 스펙으로 계산해 보면 두 상이 모두 활성 상태일 때 8.2W 로 계산이 되며 발열 관리를 위해 여유분을 두고 운용을 해야 할 것입니다. 필자의 경우는 1/16 마이크로 스텝을 사용하고, 무부하 작동 시 소비 전력을 1.5W 수준으로 세팅을 잡았으며 운용하면서 출력을 서서히 올려가며 조절을 하는 것이 좋겠습니다.

2 장 ~ 재료/부품/공구/기계

☞ 2 번 핀을 LOW 로 하면 홀딩토크가 급격히 약해집니다. 운용중에는 HIGH 를 유지합니다.

● **B 방법 : 아두이노로 펄스를 입력하여 스테핑모터 위치제어**

(정회전 360 도 역회전 360 도 정회전 90 도 역회전 90 도 정지 1 초 반복)

- 스텝모터 드라이버의 **INT/EXT 스위치를 EXT 쪽으로 옮겨줍니다.** 이는 아두이노에서 펄스 신호를 제어하기 위함입니다.

- 아래 예제 코드를 아두이노 IDE 에서 입력하고 아두이노에 업로드 합니다.

```cpp
const uint8_t EN_PIN = 2;        // 드라이버 Enable 핀: HIGH 일 때 모터 활성화

const uint8_t STEP_PIN = 3;      // STEP(PWM) 입력 핀

const uint8_t DIR_PIN = 4;       // 방향 제어 핀: HIGH=CCW, LOW=CW

const uint16_t MICROSTEPPING = 16;   // 마이크로스텝 분주비 설정 (1/16)

const uint16_t STEPS_PER_REV = 200 * MICROSTEPPING; // 풀스텝 200 스텝 × 분주비

const uint32_t PULSE_DELAY_US = 500;

// 펄스 폭 제어 (HIGH 500µs + LOW 500µs = 1kHz 스텝 주파수)


void setup() {

  pinMode(EN_PIN,   OUTPUT);    // 각 제어 핀을 출력으로 설정

  pinMode(STEP_PIN, OUTPUT);

  pinMode(DIR_PIN,  OUTPUT);

  digitalWrite(EN_PIN, HIGH);   // 드라이버에서 모터 전류 인가 시작

}
```

```
void stepMicro(uint32_t steps) {

  // steps 횟수만큼 STEP_PIN 을 토글하여 정해진 마이크로스텝 수를 회전시킴

  for (uint32_t i = 0; i < steps; ++i) {

    digitalWrite(STEP_PIN, HIGH);              // STEP 핀 하이: 펄스 시작

    delayMicroseconds(PULSE_DELAY_US);         // 펄스 폭 유지 시간 (마이크로초 단위)

    digitalWrite(STEP_PIN, LOW);               // STEP 핀 로우: 펄스 종료

    delayMicroseconds(PULSE_DELAY_US);         // 다음 펄스 전 휴지 시간

  }

}

void loop() {

  // 1) 반시계방향(CCW)으로 90 도 회전 → 전체 마이크로스텝 수의 1/4 만큼 실행

  digitalWrite(DIR_PIN, HIGH);                 // CCW 방향 설정

  stepMicro(STEPS_PER_REV / 4);                // 3200/4 = 800 스텝 → 90 도

  delay(1000);                                 // 동작 후 1 초 대기


  // 2) 시계방향(CW)으로 180 도 회전 → 1/2 회전

  digitalWrite(DIR_PIN, LOW);                  // CW 방향 설정

  stepMicro(STEPS_PER_REV / 2);                // 3200/2 = 1600 스텝 → 180 도

  delay(1000);                                 // 동작 후 1 초 대기

}
```

2.18. 전기회로와 LED의 연결(직렬, 병렬)

전기회로도 부호(SYMBOL)

우리나라에서 전기 회로도를 그릴 때는 보통 국제표준인 IEC 60617 을 기반으로 한 KS 규격인 KS C IEC 60617을 참조하여 심벌을 사용합니다. 이 규격은 e나라표준인증 홈페이지(https://www.standard.go.kr) 에서 고시원문을 볼 수 있으며 1,166 페이지나 되는 방대한 양으로 정의되어 있습니다.

이러한 전기 다이어그램(전기 회로도) 그래픽 기호를 숙지해야 하는 이유는 드론 제작을 위해 다양한 PCB 보드들을 사용하게 되는데 이러한 보드의 전기적 특성을 보다 쉽게 이해할 수 있으며 실제 제작에 있어서도 LED 나 가변저항, 스위치 연결, 접지 등 많은 전자부품을 다루어야 하기 때문입니다.

아래는 많이 사용하는 회로도의 심벌과 개념에 대해 조금만 소개하도록 하겠습니다.

모양(심벌)	●	○	┬•┬
분류번호	S00016	S00017	S00020
이름	접속점	단자	T-결선

모양(심벌)	∼	↗	┥
분류번호	S00073	S00081	S00125
이름	교류(주파수 범위 표시: 낮음)	조절 가능성, 일반 기호	반도체 효과

모양(심벌)	↗↗	⏚	⏚
분류번호	S00127	S00200	S00202
이름	비전리성 전자기 복사 (예: 전파 또는 가시광선)	접지, 일반기호	보호 접지 (감전사고 방지 목적)

모양(심벌)	▯	▭	▭↗
분류번호	S00362	S00555	SS00557
이름	퓨즈, 일반 기호	저항기, 일반 기호	조절 가능한 저항기

모양(심벌)	─┤├─	⌒⌒⌒	⌒⌒⌒ (with bar)
분류번호	S00567	S00583	S00585
이름	커패시터, 일반 기호	코일, 권선, 인덕터	자극 철심이 있는 인덕터
모양(심벌)	─▷├─	─▷├─	(M)
분류번호	S00619	S00641	S00820
이름	정류 접합부	반도체 다이오드	선형 전동기(Linear motor)
모양(심벌)	(M)	⌒⌒	─┤├─
분류번호	S00821	S00879	S00898
이름	스테핑 전동기	변압기	일차 전지(긴 선이 양극)
모양(심벌)	⊗	∪	─ ─ ─
분류번호	S00965	S00973	S01401
이름	램프	버저	직류(DC)
모양(심벌)	∩	▷▏LED	▷▏포토
분류번호	S01417	S01919	S01920
이름	음향 신호 장치(경적, 벨)	발광 다이오드(LED)	포토다이오드

우리나라에서 전기에 대한 그래픽 기호를 사용함에 있어 때때로 일본의 구 기호(JIS C 0301)가 사용되는 경우도 있으며 일본 교과서에서는 2004년부터 국제 표준인 IEC 60617을 기반으로 한 신기호(JIS C 0617)가 사용되고 있다고 합니다. (출처: https://cega.jp/jis/jis-c-0617)

특히 저항, 커패시터, 코일 인덕터의 모양이 변경되었으며 저항의 경우에는 모양의 변화가 심하므로 숙지해 두어야 할 필요가 있습니다. 아래는 표에서 좌측은 구 기호, 우측은 신 기호입니다.

모양(심벌)	─\/\/\─	─▭─	─┤├─	─┤├─	⌒⌒⌒	⌒⌒⌒
구분	구 기호	신 기호	구 기호	신 기호	구 기호	신 기호
이름	저항기		커패시터		코일 인덕터	

2장 ~ 재료/부품/공구/기계

LED의 직렬 연결과 병렬 연결

LED와 같은 부품을 직렬연결하거나 병렬 연결할 때 어떤 점을 고려해야 할까요? 우선 LED란 'Light Emitting Diode'의 약자로서 다이오드의 한 종류입니다. 전기를 순방향으로 흘려줄 때 광(빛)을 방출하도록 설계된 특수 다이오드라고 할 수 있습니다. 다이오드 특성을 가지므로 순방향(+)로 전압이 걸려야만 전류가 흐르고 빛을 내며, 역방향(-)으로 전압이 걸리면 전류가 흐르지 않는 특징을 가집니다.

직렬 연결에서는 모든 LED에 동일한 전류가 흐르므로, 각 LED의 허용 전류를 만족해야 합니다. 이를 위해 적절한 저항을 설치하거나, 일정 전류를 공급해 주는 정전류 회로를 이용해야 합니다.

LED 중 한 개에 이상이 생기면 전체가 꺼지므로, LED의 신뢰성이 중요한 곳에서는 병렬로 구성하는 방식을 쓰기도 합니다. LED는 다이오드이므로 극성이 반대로 연결되면 제대로 동작하지 않고 심할 경우 손상될 수 있습니다. LED에 다리가 두개 달려 있는 경우 긴 쪽이 양극(+), 짧은 쪽이 음극(-)입니다.

아래는 직렬연결 예시입니다. 직렬연결에서는 회로의 도선에 동일한 전류(10A)가 흐르며 LED 3개의 전압의 합(10V+20V+30V)은 전원 전압(60V)과 같음을 알 수 있습니다.

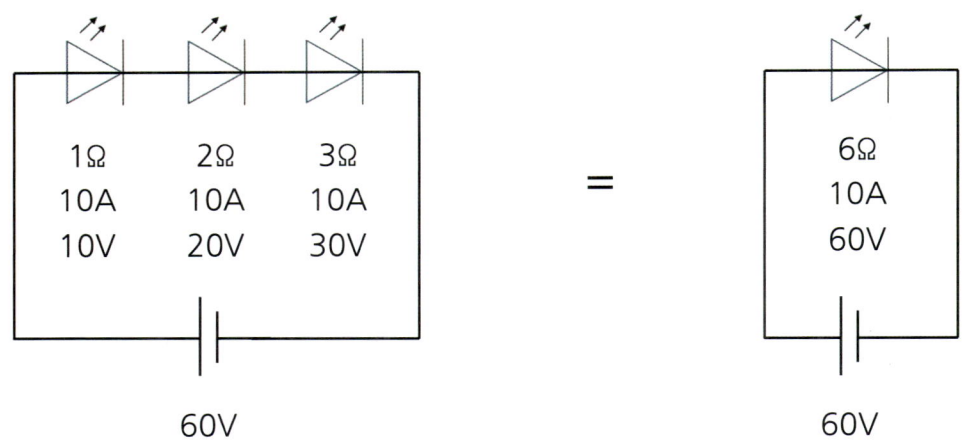

그러나 실제 5파이 정도 직경의 작은 LED를 사용함에 있어서는 정격전압이 2~3.3V, 최대 전류가 30mA 전후 정도로 매우 작은 수치이므로 회로에 저항을 추가해서 과전류로 LED가 파손되지 않게 조절하게 됩니다. 그렇다면 이 저항값은 어떻게 계산해야 할까요?

다수의 동일한 LED 가 직렬로 연결되었을 때, **저항에 걸리는 전압**은 아래와 같이 계산됩니다.

저항에 걸리는 전압 = 전원 전압 - (직렬 연결된 LED 개수 × **LED 1 개의 순방향 전압**)

저항 R 에 흐르는 전류는 LED 가 흐르는 전류와 동일(직렬 연결이므로)합니다. 이를 I_f 라 할 때, 옴의 법칙에 따라 다음과 같이 계산합니다.

$$\text{저항}(R) = \text{저항에 걸리는 전압} / \text{전류}(I_f)$$

$$= \frac{\text{전원 전압} - (\text{직렬 연결된 LED 개수} \times \text{LED 1 개의 순방향 전압})}{\text{전류}(I_f)}$$

예시)

- **전원 전압**: V_s = 12 V
- **LED 한 개당 순방향 전압**: V_f = 2.0 V
- **직렬 연결 LED 개수**: N = 3
- **설계 전류**: I_f = 20mA = 0.02A

1. **직렬로 연결된 3 개의 LED 순방향 전압 합계**

    N × V_f = 3 × 2.0 V = 6.0 V

2. **저항에 걸리는 전압**

    V_R = V_s − 6.0 V = 12 V − 6 V = 6 V

3. **저항값 계산**

    R = V_R / I_f = 6V / 0.02A = 300Ω

4. **저항의 전력 소모 확인**

    저항이 소모하는 전력은 다음 공식으로 계산 가능합니다.

    소모전력(P) = I_f^2 × R = V_R × I_f = 6 × 0.02 = 0.12W

따라서 소형(1/4W, 0.25W) 저항이면 충분하며 더 높은 정격 소비전력의 저항을 쓰면 발열 면에서 안정적일 수 있습니다. 그러나 일반적으로 직렬보다는 병렬연결이 권장됩니다.

다수의 동일한 LED 가 **병렬로 연결**되었을 때, 각 가지(branch)는 전원 전압(Vs)과 같은 전압을 가지므로 **저항에 걸리는 전압**은 아래와 같이 계산됩니다.

저항에 걸리는 전압(R1, R2, R3) = 전원 전압(Vs) - LED 1 개의 순방향 전압(Vf)

저항 R 에 흐르는 전류를 I_f 라 할 때, 옴의 법칙에 따라 다음과 같이 계산합니다.

$$저항(R) = 저항에\ 걸리는\ 전압\ /\ 전류(I_f)$$

$$= \frac{전원\ 전압(V_s)\ -\ LED\ 1개의\ 순방향\ 전압(V_f)}{전류(I_f)}$$

예시)
- **전원 전압**: V_s = 9 V
- **LED 한 개당 순방향 전압**: V_f = 2.0 V
- **병렬 연결 LED 개수**: N = 3
- **설계 전류**: I_f = 20mA = 0.02A

1. **저항값 계산**: R(R1, R2, R3 동일) = V_R / I_f = 7V / 0.02A = 350Ω
2. **저항의 정격 전력**(P) = $I_f^2 \times R = V_R \times I_f$ = 7 × 0.02 = 0.14W
3. **전체 전류**: 전원은 60mA(20mA × 3)를 공급할 수 있어야 합니다.

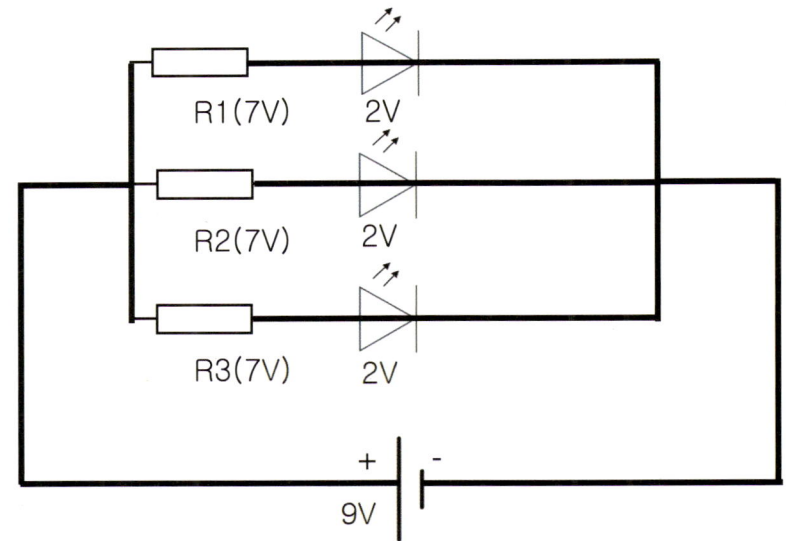

LED 의 색(주광색, 주백색, 전구색)

LED 를 구입하거나 설치할 때, 흔히 **주광색, 주백색, 전구색**이라는 용어를 접하게 됩니다. 이 용어들은 LED 가 내는 빛의 색온도(Color Temperature)를 기준으로 분류한 것입니다. 각 색온도는 조명의 분위기나 용도에 큰 영향을 주므로, 아래와 같이 구분해볼 수 있습니다.

주광색   주백색   전구색

1. 주광색 (Daylight White)

- **색온도**: 보통 6000K ~ 6500K 전후
- **빛의 특징**: 청색기가 도는 가장 밝고 차가운 느낌의 흰색 빛입니다.
- **분위기**: 사물의 색상이나 디테일을 선명하게 보여줄 수 있어 집중도가 필요한 공간(독서실, 공부방, 작업실 등)에 자주 쓰입니다.

2. 주백색 (Neutral White / Cool White)

- **색온도**: 보통 4000K ~ 5000K 전후
- **빛의 특징**: 전구색보다 차갑고, 주광색보다는 조금 더 부드러운 느낌의 빛을 냅니다.
- **분위기**: 자연스러운 화이트 톤으로, 딱딱하거나 너무 차가운 느낌보다는 부드럽고 깔끔한 느낌을 원할 때 적합합니다. 거실이나 사무실등에 범용적으로 쓰입니다.

3. 전구색 (Warm White)

- **색온도**: 보통 2700K ~ 3000K 전후
- **빛의 특징**: 붉은빛(노란빛)에 가까운 따뜻한 색감을 냅니다.
- **분위기**: 아늑하고 편안한 느낌을 주어 휴식 공간(침실, 카페, 거실 등)이나 감성적인 연출이 필요한 장소에 많이 사용됩니다.

DIP, SMD, COB

DIP(Dual In-line Package) LED

가장 전통적이고 흔히 볼 수 있는 형태의 LED 패키지 방식입니다. 가느다란 금속 다리가 양쪽으로 뻗어 있는, 우리가 일반적으로 "전구 모양 LED"라고 부르는 형태가 대부분 DIP 타입이라고 할 수 있습니다. 전구 직경에 따라 3파이, 5파이 LED 등으로 불리기도 합니다.

SMD LED(Surface Mount Device LED)

납땜 시 기판을 관통하지 않고 표면에 부착하는 형태로 만들어진 LED 입니다. 전통적인 DIP LED 가 양쪽 리드가 길게 뻗어 있는 형태라면, SMD LED 는 리드가 짧아 표면 실장에 최적화되어 있습니다.

COB LED(Chip On Board LED)

다수의 LED 칩(Die)을 한 기판(보통 금속 기판 또는 세라믹 기판) 위에 직접 실장하여, 하나의 큰 발광 소자처럼 동작하도록 만든 형태의 LED 패키징 방식입니다. 소규모 칩을 각각 패키지화해서 배열하는 것이 아니라 기판에 직접 집적하기 때문에 광 밀도(광량/면적비)가 높고, 열 방출(방열)도 용이하다는 장점이 있습니다.

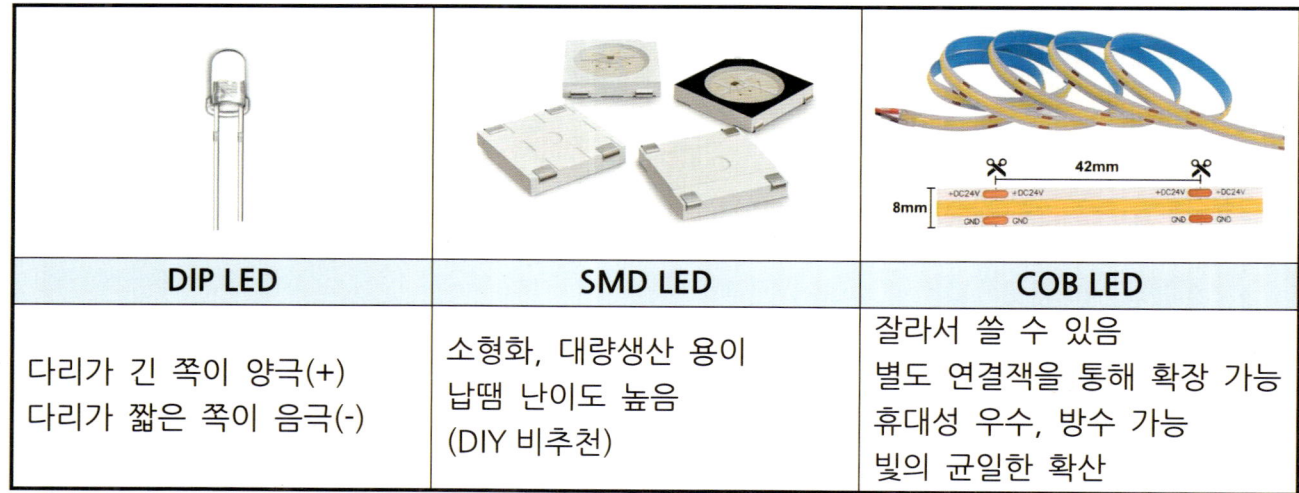

DIP LED	SMD LED	COB LED
다리가 긴 쪽이 양극(+) 다리가 짧은 쪽이 음극(-)	소형화, 대량생산 용이 납땜 난이도 높음 (DIY 비추천)	잘라서 쓸 수 있음 별도 연결책을 통해 확장 가능 휴대성 우수, 방수 가능 빛의 균일한 확산

2.19. 전선과 발열

전선은 전류를 전달하기 위해 금속 도체를 절연 재료로 감싸 제작한 선을 말합니다. 사용 목적과 특성에 따라 여러 종류로 나뉩니다. 주요 전선의 구분법과 종류는 다음과 같습니다.

1. 선의 개수에 따른 구분

구분	단선	연선
사진		
특징	단선은 하나의 굵은 선으로 만들어져 있으며, 주로 가정용 등기구와 같은 고정 설치용으로 사용됩니다. 소켓에 꽂아 쓰기 좋습니다.	연선은 여러 가닥의 얇은 구리선을 꼬아서 만든 전선으로, 유연성이 뛰어나 주로 이동이 많은 장치에 사용됩니다.

2. 사용 용도에 따른 구분

옥내용, 옥외용, 통신·신호선, 절연전선, 전력케이블, 난연케이블, 소방용 케이블 등 전선 재질과 절연 피복 등에 따라 매우 다양한 전선이 있습니다만 드론 전원선과 같은 목적으로 사용하는 전선으로 한정하면 주로 **연선에 실리콘 피복인 전선을 많이 사용**합니다.

실리콘 피복을 선호하는 이유는 전선을 쉽게 구부릴 수 있도록 유연성이 좋음과 동시에 180~200도 정도의 높은 내열성을 가져 고출력 전기 기기에 사용하기 적합하기 때문입니다.

한편 옥내용 케이블의 경우는 드론에 비해 상대적으로 고압(220V)을 사용하고 있기 때문에 더 작은 전류로 같은 출력을 낼 수 있고 발열이 적어 수십도 범위에서 내열성을 확보하는 것이 일반적입니다.

기기의 무게를 줄이고 원가를 절감하려면 되도록 짧고 얇은 전선을 쓰는 것이 유리하겠지만 전선의 굵기가 굵어질수록 발열관리에 유리하며 더 많은 전류를 흘려 보낼 수 있습니다.

2장 ~ 재료/부품/공구/기계

3. 전선의 굵기와 허용전류

기기 제작에 있어서 정확히 어느 정도의 전선 굵기를 사용해야 적절한가에 대한 답을 하기는 매우 어려우며 제조사의 권장사항과 경험을 토대로 유추하여 현장에 적용하는 경우가 많습니다. 이는 전선의 외부환경(온도와 냉각 등)과 전류의 변동, 피크 전류 시간, 배터리 내부 저항의 증가, 구동부 피로도 증가로 인한 부하 증가, 접합부위 내열성 등의 변수가 생기기 때문입니다.

==실리콘 피복 구리 연선 전선의 굵기별 허용전류값==을 조사한 결과 아래와 값은 권장값을 제시하고 있습니다. 설계 시 참고하면 좋겠습니다.

제품 1 (출처: 미스미)		제품 2 (출처: Aliexpress)	
단면적(mm^2)	2	단면적(mm^2)	2
AWG 사이즈 기준	14	AWG 사이즈 기준	13
마감외경(mm)	9.8(2 심)	마감외경(mm)	4(1 심)
허용전류	35A	허용전류	25A
단면적(mm^2)	1.25	단면적(mm^2)	1.47
AWG 사이즈 기준	16	AWG 사이즈 기준	16
마감외경(mm)	9(2 심)	마감외경(mm)	3(1 심)
허용전류	27A	허용전류	13A

TIP!

- **전선의 발열량:** 발열량은 전기 에너지가 저항에 의해 열로 변환된 에너지를 의미합니다.

$$Q = I^2Rt \text{ (저항이 일정할 때를 가정)}$$

(Q: 발열량, 단위 Joule / I: 전류, 단위 암페어 / R: 전선의 저항, 단위 옴 / t: 통전 시간, 단위: 초)

- **줄(Joule):** 열 에너지를 표현하는 단위로 칼로리(cal)도 있지만, 국제표준단위계(SI)에서 사용하는 에너지와 일의 단위는 줄(J)을 기본으로 하고 있습니다. 1 줄(J)은 1 뉴턴(N)의 힘으로 물체를 1 미터(m) 이동시키는 데 필요한 일(에너지)입니다.

- **줄(J)과 와트(W)의 관계:** 1 와트는 1 초당 1 줄(J)의 에너지를 사용하는 전력입니다.(1W = 1J/s)

    예) 1kWh = 1,000 × 1Wh = 1,000 × 1J/s × 3,600s = 3,600,000 J

2장 ~ 재료/부품/공구/기계

전선의 굵기(AWG, SQ)

AWG (American Wire Gauge) 숫자가 작을수록 굵은 전선을 의미합니다. (예: AWG 10 은 AWG 20 보다 훨씬 두꺼움)

SQ(Square, mm²) 값은 도체 단면적의 값이며, 전선의 구조(연선/단선)에 따른 빈공간이나 피복 두께를 제외한 실제 전선 단면적의 값을 말합니다.

다음은 전선의 두께에 따른 허용전류를 나타내는 표입니다.

AWG	d(mm)	SQ(mm^2)	허용전류(A)
18	1.02	0.82	14
16	1.29	1.31	18
14	1.63	2.08	25
12	2.05	3.31	30
10	2.59	5.26	40
8	3.26	8.37	55

출처: 2017 미국 NEC(National Electrical Code, NFPA 70) Table 310.15(B)(16)

*주: 설치 환경(공기 중 노출, 관로 내 배선, 지중 매설 등), 전선 다발 수 , 실제 사용 온도 등에 따라 추가적인 보정이 필요하며 절연 타입에 따라 달라질 수 있습니다. 위 표는 **최대 90℃ 절연재, 구리전선 기준**입니다. 2,000 볼트 이하, 주변온도 30℃기준.

수축튜브와 열풍기

전선의 연결 후에는 절연을 위해 수축튜브를 많이 사용합니다. 간단한 작업은 열풍기 없이 라이터나 헤어드라이기도 가능하지만 납땜 기능이 있는 경우(아래 중간 사진)는 열풍기 필수.

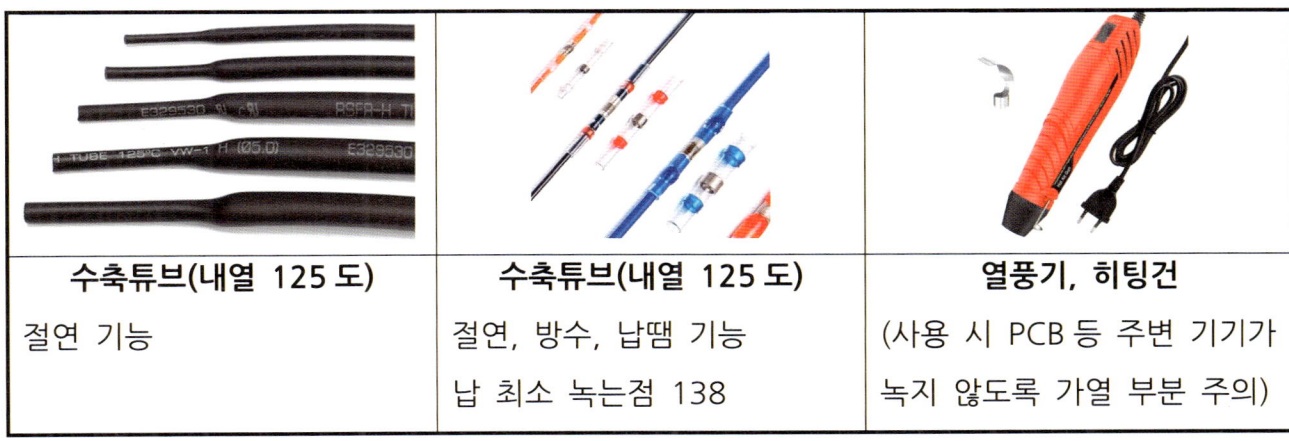

수축튜브(내열 125 도)	수축튜브(내열 125 도)	열풍기, 히팅건
절연 기능	절연, 방수, 납땜 기능 납 최소 녹는점 138	(사용 시 PCB 등 주변 기기가 녹지 않도록 가열 부분 주의)

2 장 ~ 재료/부품/공구/기계

실제 사례를 통해 살펴보는 발열량

Q = I^2Rt 인가? 아니면 옴의 법칙을 적용해서 Q = VIt 인가?

Q = I^2Rt 공식에서 옴의 법칙을 이용하면 전압(V) = 전류(I) × 저항(R)이므로 이를 대입하면 다음과 같이 변형됩니다. Q = I^2Rt = VIt

그러면 공식만을 보았을 때, 발열량이 전류의 제곱에 비례하는 것 같이 보이기도 하고 전류에 비례하게 보이기도 해서 혼동이 생기는데 왜 이런 혼동이 생길까요? 두 공식은 모두 맞지만 각 공식이 적용되는 조건(기준)이 서로 다르기 때문입니다.

1. **저항이 일정할 때(Q=I^2Rt): 발열량은 전류의 제곱에 비례해 증가합니다.**

전선, 전열기, 전구 등 대부분의 전기기기는 저항이 정해져 있습니다. 이때 전류(I)를 증가시키면, 전압은 V=IR 공식에 따라 함께 증가합니다.
예를 들어 저항이 일정할 때,
- 전류가 2 배로 증가하면 전압도 2 배로 증가합니다(V=IR)
- 그러면 발열량은 Q=VIt=(2V)×(2I)t=4VIt, 즉 4 배로 증가합니다.
- 따라서 이 상황에서는 전류의 제곱에 비례한다는 I^2Rt 표현이 더 적합합니다.

2. **전압이 일정할 때(Q=VIt): 발열량은 전류에 비례해 증가합니다.**

이번에는 전압이 일정한 전원(예: 콘센트, 배터리 등)을 생각해봅시다. 이때 전류(I)가 증가하려면 저항(R)이 줄어야 합니다. 왜냐하면 옴의 법칙에서 전류(I) = 전압(V)/저항(R) 즉, 전류가 커지면 반대로 저항은 작아져야 합니다.
이 경우를 좀 더 풀어보면
- 전압(V)은 고정된 값입니다.
- 전류가 2 배로 증가하려면, 저항(R)은 절반으로 줄어야 합니다.
- 따라서 발열량은 Q=VIt 에서 전류가 2 배 증가하면, 단순히 2 배로 증가하게 됩니다. 왜냐하면 전압이 일정하니까요.
- 이때 Q = I^2Rt 공식을 쓰면 저항이 절반으로 줄었기 때문에 발열량 Q = $2I^2 \times \frac{R}{2}t$ = $4I^2 \times \frac{R}{2}t$ = $2I^2Rt$가 되어 2 배만 증가합니다. 즉, 전압이 고정된 상태에서는 전류 증가에 따라 발열량은 전류(I)에 비례하는 형태로 나타납니다.

3. (사례) 전압이 일정한 배터리로 부하가(출력이) 달라지는 모터를 구동할 때 발열량 계산

> **(상황의 이해)** 모터를 구동할 경우 배터리 전압은 일반적으로 일정합니다. 모터의 속도와 부하(토크)에 따라 전류가 달라지므로, 다음과 같은 조건이 형성됩니다.
>
> - **전압(V)** → **일정**(배터리 전압으로 가정, 실제로는 사용함에 따라 전압 강하 발생)
> - **전류(I)** → **변동**(부하에 따라 달라짐)
> - **모터의 저항(R)** → **일정**(모터 권선의 저항은 고정적임)
>
> 이때 발열은 모터 코일의 저항에서 주로 발생하며, 저항(R)은 일정하다고 가정할 수 있습니다. 그러면 발열량을 계산할 때 모터 코일에서 발생하는 열은 결국 모터 권선의 저항에서 소비되는 열에너지이기 때문에 저항(R)을 기준으로 보는 게 보다 정확합니다. 결국 아래 저항이 일정할 때를 가정한 공식이 적합하다고 볼 수 있습니다.
>
> **(권장 발열량 계산 공식)** $Q = I^2Rt$ **(저항이 일정할 때를 가정)**
> 이유는 모터의 실제 발열원인은 권선에서 발생하는 저항성 발열(줄 열, Joule heating)이기 때문입니다. BLDC 모터의 경우 PWM 등으로 출력을 제어하는 경우도 많아 평균 전압은 상황에 따라 달라질 수 있지만, 권선 저항은 고정된 특성으로 유지되므로 $Q = I^2Rt$ 방식이 가장 정확하게 발열량을 표현합니다.
>
> **(다른 계산 방법)** $Q=VIt$ **(전압이 일정할 때를 가정)**
> 전압(V)과 전류(I)의 곱으로 표현하는 방식($Q=VIt$)도 에너지 계산 자체는 가능합니다. 하지만 BLDC 모터를 사용하는 회로에서 이 공식을 쓰려면 주의할 점이 있습니다.
>
> - 모터에 인가되는 전압(V)과 전류(I)는 실제로 모터에서 기계적 에너지(토크와 회전력)로 변환되는 에너지가 포함되어 있습니다.
> - 이때 발열(열손실)은 전체 투입된 전력 중에서 기계적인 출력으로 변환되지 못하고 저항성으로 소비되는 부분만을 의미하므로 모터의 효율(η)을 고려하여 손실량을 따로 계산해줘야 합니다.
> - 이 경우 투입전력(VI) 중 손실분만이 실제 발열량이 됩니다.
> - 즉, 발열량 계산 시 효율을 고려해서 다음과 같이 계산해야 합니다.
>
> $$Q=(1-\eta)\cdot VIt$$
>
> 하지만 이 경우 모터의 효율(η)을 정확히 알고 있어야 하므로 더 복잡해집니다.
>
> **(결론)** 실무적으로 모터의 효율을 고려하지 않아도 되는 $Q = I^2Rt$ 공식이 편리합니다.

2.20. 전선 커넥터(터미널)와 압착기

전선 커넥터와 터미널의 종류는 엄청나게 많습니다. **커넥터(connector)**는 플라스틱 하우징 안에 금속 접속부가 내장되어 전선과 전선을 서로 연결하거나 분리하기 쉽도록 하는 부속을 말하며 **터미널(terminal)**은 전선 끝단을 특정 형태(링, 포크, 블레이드 등)로 처리해 주로 볼트나 나사 등으로 고정하는 부속을 말합니다. 자주 혼용하고 있습니다.

드론 등 무선 조종 장치를 만들 때에는 주로 납땜을 통한 직접 결선이나 전원선을 위한 커넥터를 사용하게 되며 건축 등의 전기 공사에서는 터미널 형태의 부속을 많이 사용합니다.

아래는 자주 사용하는 커넥터와 터미널입니다. **같은 것으로 써야 할 경우는 비슷한 모양에 주의가 필요하며, 정격 전류와 순간 전류는 참고값**이므로 구매 시 제원표를 확인 바랍니다.

구분	사진	명칭	비고
1		(제조사)AMASS (제품명)**XT30U** M/F(수/암)	정격 전류 15A 순간 전류 30A **추천 케이블 18AWG**
2		(제조사)AMASS (제품명)**XT60** M/F(수/암)	정격 전류 60A 순간 전류 100A **추천 케이블 12AWG**
3		(제조사)AMASS (제품명)**XT90** M/F(수/암)	정격 전류 45A 순간 전류 90A **추천 케이블 10AWG**
4		(제조사)AMASS (제품명)**XT90S** M/F(수/암)	정격 전류 90A 순간 전류 120A **추천 케이블 10AWG** *안티 스파크 기능
5		(제조사)AMASS (제품명)**XT120(2+4)** M/F(수/암)	정격 전류 60A(신호핀 5A) 순간 전류 120A **추천 케이블 8AWG** *신호선 4개 추가
6		(제조사)다수 (제품명)**바나나플러그 또는 총알 커넥터** M/F(수/암)	규격(mm): 2, 3, 3.5, 4, 5, 6, 8 전류는 사용 전선과 절연 피복에 따름

2장 ~ 재료/부품/공구/기계

구분	사진	명칭	비고
7		(제조사)AMASS (제품명)Deans Plug with cover M/F(수/암)	정격 전류 36A 순간 전류 60A **추천 케이블 12~14AWG**
8		(제조사)JST (제품명)RCY connector M/F(수/암)	정격 전류 3A(22AWG) 순간 전류: 미표기 **추천 케이블 28~22AWG**
9		(제조사)JST (제품명)SM 2~6P M/F(수/암)	정격 전류: 미표기 순간 전류: 미표기 **추천 케이블 22AWG**
10		(제조사)JST (제품명)PH1.25mm M/F(수/암)	정격 전류: 2A 순간 전류: 미표기 **추천 케이블 28AWG**
11		(제조사)다수 (제품명)ZH1.5mm 2~12P M/F(수/암)	정격 전류: 미표기 순간 전류: 미표기 **추천 케이블 28AWG**
12		(제조사)JST (제품명)XH2.54 2~10P M/F(수/암)	정격 전류: 미표기 순간 전류: 미표기 **추천 케이블 24AWG**
13		(제조사)다수 (제품명)포크 터미널	파란색 기준, 나사 8# 최대 전류: 27A **와이어 범위 16~14AWG**
14		(제조사)다수 (제품명)링 터미널	구매 시 링 직경과 AWG 규격 확인 필요 포크, 링 터미널은 압착기 사용
15		(제조사)다수 (제품명) Ferrule terminal, 펜홀단자, 핀터미널 등	구경에 맞는 펜홀 전용 압착기 필요 전선 끝단에 처리하여 연선을 단선처럼 꼽기 좋게 만듦
16		(제조사)다수 (제품명)터미널블록 ● 펜홀단자 등과 같이 사용	정격 전류: 15A **와이어 범위 22~14AWG** 나사를 돌려 전선을 쉽게 꼽을 수 있는 부속

2장 ~ 재료/부품/공구/기계

터미널 압착기(Terminal crimper)

터미널 압착기는 전선의 단자를 터미널에 견고하게 고정하기 위해 사용되는 도구입니다. 이 장비는 납땜 없이도 신뢰성 높은 전기 접속을 제공할 수 있어, 자동차, 전자기기, RC 장비, 통신 설비 등 다양한 분야에서 널리 사용됩니다.

압착기를 구매할 때는 작동 범위와 형태를 확인하도록 합니다. 너무 큰 제품은 얇은 전선을 압착할 수 없고, 너무 작은 제품은 큰 전선을 물릴 수 없습니다. 주로 터미널 부품을 사용할 때 압착기를 사용합니다.

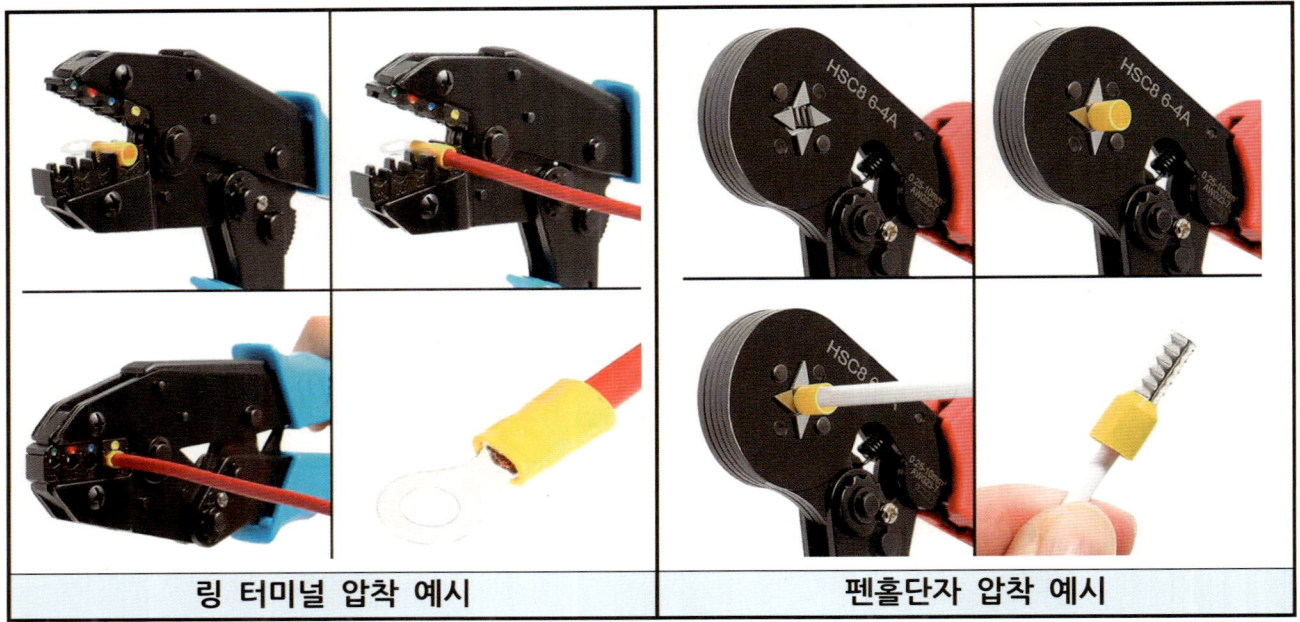

사진출처: JONOW Store

커넥터와 터미널의 종류가 다양한 만큼 압착기도 많은 종류가 있습니다. JST RCY, 몰렉스 커넥터 같은 경우는 다른 압착기를 사용하여 핀을 압착할 수 있습니다.

압착기와 함께 커넥터의 암, 수와 각 핀들을 구비해 두는 것은 다소 번거롭고 비용이 많이 발생하는 일이지만 한 번 구비해 놓으면 원하는 길이대로 전선을 제작하기 용이하기 때문에 제작에 있어서는 유용한 툴이라고 생각합니다.

2.21. 배터리와 충전

우리의 일상은 다양한 전기 제품으로 둘러쌓여 있습니다. 전기자전거에서는 리튬이온배터리가, 자동차에서는 납축전지가, 청소기에는 리페배터리가 들어 있을 수도 있습니다.

드론의 전원에 있어서 일부에서는 태양광, 수소, 휘발유와 같은 전원 공급원을 쓰기도 하지만 대부분 연구 목적이나 특수 목적을 위한 용도로 쓰이며 상업용 드론에 있어서는 대부분 **리포배터리**를 통해 전원을 공급받고 있습니다. 가격과 방전율, 에너지 집적, 무게와 충방전 사이클 등 많은 부분에서 이점을 가지고 있기 때문입니다.

취미용 RC 충전기는 대부분의 배터리 타입에 대한 충전을 지원하고 있습니다. 각각의 배터리 특성과 충전 방법, 관리 방법을 안다면 사고를 예방하면서 배터리를 보다 효율적으로 사용할 수 있을 것이므로 배터리 종류별 특징을 살펴보겠습니다.

리포배터리 충전 및 관리법

리튬폴리머 배터리는 약칭 리포, LiPo, Li-poly, lithium-poly 등으로 불립니다. 오른쪽 사진은 1 셀(3.7 볼트) 1,000mAh 용량의 리포배터리 사진입니다.

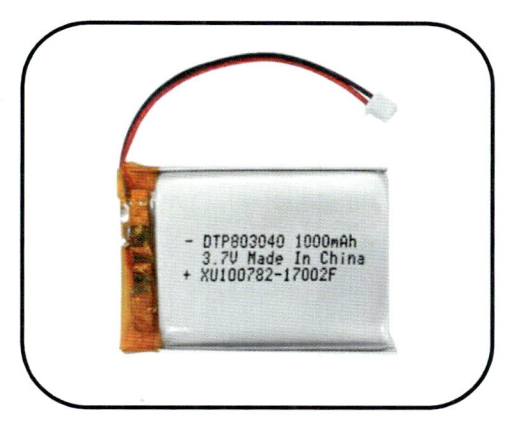

가. 완전방전(셀당): 2.7 ~ 3.0 V

- 완전방전 전압 이하로 내려가면 배터리 회생이 불가능하므로 주의합니다.

나. 완전충전(셀당): 4.2 V

- 정격전압 및 용량은 배터리 겉면에 스티커 등으로 표기되어 있습니다.
- 최근에는 하이볼티지 High voltage 리포배터리도 나오고 있으므로 주의합니다.

다. 충전: 2 셀이상 직렬 연결된 배터리는 반드시 밸런스 충전을 합니다.

- 충전 전류는 1C 충전이 기본. 5000mah 용량의 배터리라면 5000ma=5A 로 충전하는 것입니다.
- 일반 충전이 안되는 것은 아니나 안전이나 관리상의 문제가 발생할 수 있습니다.
- 전용 충전기를 이용할 시 아래와 같은 세팅값이 있을 수 있는데 의미는 아래와 같습니다.

1) **CC (Constant Current)** 정전류 단계 동안 충전기는 셀당 전압 한계에 도달할 때까지 지속적으로 증가되는 전압으로 배터리에 정전류를 인가합니다.

2) **CV (Constant Voltage)** 정전압 단계 동안 충전기는 배터리의 최대 전압으로 충전하면서 전류가 점점 감소하게 되는데 초기 정전류값의 약 3%까지 전류가 감소할때까지 충전하게 됩니다.

라. 위험성: 과충전, 과방전, 과열, 단락, 찌그러짐 등이 폭발, 전해액 누출, 화재 등 치명적인 고장의 원인이 될 수 있습니다.
- 한여름에 과열된 차 안에 리포배터리를 방치하는 것은 위험을 초래할 수 있습니다.

마. 보관: 전용 충전기에는 보관모드(storage mode)가 있습니다. 이는 셀당 전압을 약 3.7 V 로 만들어주는 기능입니다.
- 완전충전하여 보관하지 않습니다. 배부름 증상을 발생시킬 수 있고 위험을 초래합니다.
- 완전방전 전압 근처에서 보관하지 않습니다. 자연방전으로 인하여 배터리가 회생 불가하게 영원히 죽을 수 있습니다.
- 내화 소재가 적용된 리포배터리 전용 보관 팩 등을 이용하는 것을 추천합니다.

바. 자연방전률: 배터리는 연결되지 않더라도 점차 자가 방전됩니다. 일반적으로 월 1.5-2% 자가 방전율을 가지고 있다고 합니다.

필자의 경험상 보관모드로 보관해서 1 년 정도가 지나도 사용이 가능했지만 주기적으로 다시 보관모드 충전을 권합니다. 배터리는 반드시 기기에서 탈거하여 따로 보관합니다.

사. 수명: 수명은 충방전 전류, 온도, 방전 전압 등 많은 요인이 영향을 끼칩니다.

필자의 경험상 아무리 최상급 배터리라도 격하게(20 분 내로 방전) 사용했을 때 약 50 회 충방전 사용 후에는 배터리 상태가 그리 좋지 못했습니다. 즉 배부름 증상이나 단자의 과열로 인한 융해, 내부저항의 증가, 발열 증가 등을 볼 수 있었습니다. 배터리의 상태는 내부 저항 측정(충전기에서 지원하는 경우가 있음)을 통해 알 수 있습니다. 처음 사용 시 보다 내부저항이 많이 증가하였고 평소보다 많은 발열이 보인다면 배터리를 폐기합니다.

니카드, 니켈 카드뮴 배터리 충전 및 관리법

니켈 카드뮴 대터리(Ni-cd) 배터리는 약칭 니카드 배터리로 불립니다. 충전하여 재사용이 가능하고 일반적으로 1회용 건전지를 대체하여 쓰는 경우가 많습니다. 메모리효과가 큰 단점을 가지고 있습니다.

가. 공칭전압(전압의 변화가 있는 경우 그 대표 전압): 1.2V

- 일반적인 건전지(알카라인)는 1.5V 이지만 이는 초기 전압일 뿐 사용함에 따라 전압 강하가 심합니다. 그러나 니카드 전지는 방전시에도 전압강하가 크지 않습니다. 대부분의 전자장치들은 셀당 1V 정도에서도 작동하도록 설계되므로 니카드전지는 1회용 건전지(알카라인)를 충분히 대체할 수 있습니다.

나. 충전: 충전은 제조사의 권장사항을 따라야 하겠으나 예외적인 경우가 아니라면 다음과 같습니다. 전용 충전기를 사용하면 이러한 값들은 계산을 안해도 되겠으나 RC용 충전기 등 다른 충전기를 사용하는 경우에는 이 기준 값을 참고하는 것을 권장합니다.

- **완속충전**: 14~16시간동안 배터리 용량의 1/10의 전류를 흘려 충전하는 방법입니다.
  예를들어 2,000mah 용량이라면 200ma=0.2A로 충전을 합니다.
- **고속충전**: 약 1시간 동안 충전하는 것으로 1C 충전을 합니다. 2,000mah 용량의 배터리라면 2,000ma=2A 충전을 하는 것입니다.

다. 위험성: 안전온도 범위는 -20°C~45°C 입니다.

충전 중에는 일반적으로 배터리 온도가 주변 온도와 거의 동일하고 배터리가 완전 충전에 가까워질수록 온도가 45-50°C 까지 상승합니다. 일부 배터리 충전기는 충전을 차단하고 과충전을 방지하기 위해 이 온도 증가를 감지합니다.

- Ni-Cd 배터리는 6%~18%의 카드뮴을 함유하고 있는데, 이는 유독성 중금속이므로 배터리 폐기 시 각별한 주의가 필요합니다.

라. 보관: 완전방전 혹은 용량의 40%이하로 충전상태에서 보관합니다.

마. 자연방전률: 배터리는 연결되지 않더라도 점차 자가 방전됩니다. 일반적으로 월 10% 자가 방전율을 가지고 있다고 합니다.

바. 수명: 수명은 충방전 전류, 온도, 방전전압 등 많은 요인이 영향을 미칩니다.
- 약 2,000 회라고 하지만 일상적으로 사용하면서 대부분의 사람들은 이정도까지 사용할 수 없습니다.

사. 메모리효과: 있음
- 기본적으로 **완전 방전 충전**을 시켜주어야 합니다. 조금만 사용하다가 충전하게 되면 사용량이 점차 줄어드는 메모리 효과가 있습니다.

납축전지 자동차배터리 충전 및 관리법

일반적으로 자동차용(RC 용 자동차가 아닌 실차)으로 많이 사용되고 있는 납축전지는 납산전지, 자동차배터리, 납배터리 등으로 불리고 있고 1859 년 프랑스의 물리학자 가스통 플란테가 발명한 이후로 지금까지 널리 사용하고 있는 유형의 배터리입니다.

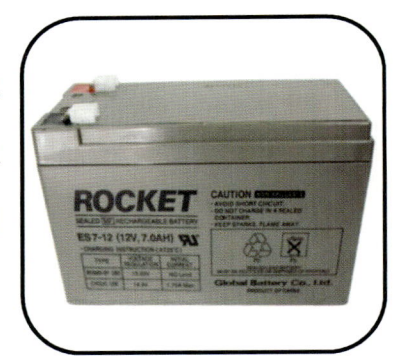

가. 무게당 출력: 약 180W/kg

나. 자가방전율: 월 3~20%

다. 공칭전압: 셀당 2.1V
- 셀당 전압은 배터리 종류별로 조금씩 다른데 1.8~2.27V 가 될 수 있습니다.
- 충전시 전압은 셀당 2.67~3V 가 됩니다.

라. 특징: 이 배터리는 기본적으로 딥사이클(한계까지 전기를 뽑아쓰고 충전하는 것을 말함)을 위해 설계되지 않았기 때문에 반복적으로 딥사이클을 실행할 시 용량 손실과 같은 영구적인 손상 및 고장을 일으킬 수 있습니다.

또한 완전 충전 상태로 유지되면 전극 부식으로 인한 고장을 발생시킬 우려가 있습니다. 그러나 일반적으로 자동차는 계속 시동을 켜서 충전상태를 유지하지는 않습니다. 배터리는 주기적으로(최소 2주에 한 번 이상) 충전해야 합니다.

시동용 배터리는 같은 크기의 딥 사이클 배터리보다 무게가 가볍습니다.

최근 자동차의 옵션을 추가하여 220V 플러그를 사용할 수 있게 되었다고 하더라도 권장사항(몇 와트 이상의 소비전력을 가진 제품을 사용하면 안되는지 숙지)을 잘 지키고 납축전지에 무리가 가지 않는 범위 안에서 사용하여야 합니다.

필자가 자동차를 구입할 때 드론 등을 차량의 220V 플러그를 이용하여 충전시켜도 될지 영업사원에게 물어보았는데 별로 권하지는 않았습니다. 노트북 정도의 사용을 권장하였습니다.

차량의 플러그에는 드론 충전에 필요한 전력보다 훨씬 넉넉한 용량으로 표기되어 있지만 문제는 배터리의 특징입니다. 자동차에 표기된 스펙을 과신했다가는 배터리를 1년 안에 교체할 수도 있다고 경고했습니다.

실제로 자동차 시동을 켜고 급할 때 몇 번 DJI 사의 매빅 2 드론을 충전해 보기는 했습니다만 큰 문제는 못 느꼈습니다. 그래도 납축전지의 특성을 고려하면 영업사원의 말은 어느정도 신빙성이 있는 이야기 같으니 주의할 필요가 있을 것 같습니다.

의외로 전기자동차에도 이 납축전지가 시동용으로 들어가 있으며 때때로 방전이 됩니다. 전기 자동차의 주 전원 전압이 매우 고압이고 이를 전압 강하시켜 12V로 동작하는 자동차의 많은 부품(계기판, 라이트, 워셔펌프, 히터 및 에어컨 블로워 모터, ECU, 윈도우 모터 등)에 공급하면서 접지, 절연 기준을 충족하는 설계가 까다로운 것이어서 그런지 모르겠지만 향후에는 개선이 되면 좋겠습니다.

겨울철 시동이 안 걸리거나 블랙박스 등으로 방전되어 곤란했던 경험이 있는 사람이라면 납축전지의 관리가 얼마나 까다로운지 공감할 만한 이야기일 것입니다.

니켈 수소 배터리 충전 및 사용법

약칭 NiMH 또는 Ni-MH 로도 불리는 니켈 수소전지는 니켈-카드뮴(Ni-Cd) 전지의 카드뮴(Cd)을 금속수소화물(Metal Hydride)로 대체하여 중금속 오염을 개선한 배터리입니다. 일반적으로 니켈-카드뮴보다 무겁지만 에너지 밀도가 커서 통상 같은 크기의 NiCd 배터리보다 2~3 배의 용량을 가질 수 있습니다. 이는 리튬이온배터리에 근접한 수치입니다. **공칭전압은 1.2v** 입니다.

NiMH 셀은 내부 저항이 낮아 순간적으로 **고전류**를 흘릴 수 있기 때문에 디지털 카메라와 같이 순간 소비전력이 많은 장치에 자주 사용되며 1 회용인 알카라인 배터리보다 성능이 뛰어납니다. 알카라인 배터리는 방전율이 높지 않아서 순간적으로 전기를 뽑아 쓰게 되면 표시된 용량을 다 쓰지 못하고 열손실 등이 많이 발생하게 됩니다.

[충전]

충전 전압은 셀당 1.4~1.6v 입니다. 일반적으로 정전압 충전 방식은 자동충전 시 사용할 수 없습니다. 급속충전시에는 전용 충전기를 이용하여야 과충전을 방지하여 배터리 손상을 예방할 수 있습니다.

[트리클 충전]

완충상태를 유지하기 위하여 전지에 나쁜 영향을 주지 않는 범위에서 미세한 전류를 흘려 연속 충전하는 것을 말합니다. 보상충전, 세류충전이라고도 합니다. 이 충전이 필요한 이유는 정전이 된 비상시에만 켜져야 하는 비상등이나 비상전원장치 등이 있습니다. 일부 충전기에는 충전이 완료된 후 이 모드에 진입하여 자연방전을 방지해 주기도 합니다.

안전한 충전 방법 중 가장 간단한 것은 타이머가 있든 없든 고정된 저전류를 사용하는 것입니다. 대부분의 제조업체는 0.1C 미만의 매우 낮은 전류에서 충전을 추천합니다. 여기서 **C 는 배터리의 용량을 1 시간으로 나눈 전류**입니다. 예를 들어 2,000mah 용량의 배터리가 있다면 C=2,000ma 이고 0.1C 는 200ma=0.2A 가 되는 것입니다. 트리클 충전 전류는 제조업체에 따라 1/30C, 1/40C 등 권장사항이 다른 편입니다.

[ΔV 델타볼트]

급속충전기는 셀 손상을 방지하기 위해 과충전이 발생하기 전에 충전 주기를 종료해야 하는데 이 때 전압의 변화를 감지하여 이 역할을 수행합니다. 배터리가 완전히 충전되면 단자의 전압이 약간 떨어지는데 충전기는 이것을 감지하고 충전을 중지할 수 있습니다. 이 방법은 최대 충전 시 큰 전압 강하를 나타내는 니켈-카드뮴 전지에 자주 사용됩니다. 그러나 NiMH 의 경우 전압 강하가 훨씬 덜하며 낮은 충전 속도에서는 존재하지 않을 수 있으므로 이 접근법은 신뢰성이 떨어집니다.

[ΔT 델타티, 델타템퍼러쳐]

온도변화법은 원칙적으로 ΔV 법과 유사합니다. 셀이 완전히 충전되지 않을 때 충전 에너지의 대부분은 화학 에너지로 전환됩니다. 그러나 전지가 최대 충전에 도달하면, 대부분의 충전 에너지는 열로 변환됩니다. 이를 열감지 센서로 감지하여 충전 종료 시점을 판단합니다. ΔT 와 ΔV 충전 방법 모두 급속 충전 후에는 트리클 충전을 권장합니다.

[용량 손실]

반복 방전으로 인한 전압 강하가 발생할 수 있지만, 완전 방전/충전 사이클로 되살릴 수 있습니다.

[방전, 과방전]

완전 충전된 셀은 시작 전압이 약 1.4V 이며 방전 중에 평균 1.25V/셀을 유지합니다. 전압은 사용함에 따라 점차적으로 감소하여 약 1.0~1.1V/셀로 감소하는데 그 이상 사용하게 되면 다중 셀 배터리에서 극성 반전이 발생하여 영구적인 손상을 가져올 수 있습니다. 그래서 대부분의 전자장치에는 NiMH 배터리의 파손을 막기 위해 저전압 방지 회로가 있지만 완구류에는 없는 것도 있으니 주의가 필요합니다.

[자기방전 self discharge]

자기방전률이 높은 편이던 니켈수소전지는 점차 개선되어 브랜드나 상품별로 다르겠지만 20 도 환경에서 1 년 보관 시 약 80%의 용량을 유지합니다.

2장 ~ 재료/부품/공구/기계

RC 충전기의 사용법

무선조종장치(드론이나 알시카 등)를 충전하기 위해서 상용품은 전용 충전기를 제공하는 경우가 많으나 전용 충전기는 제조사의 특정 배터리 소켓에만 사용할 수 있게 설계가 되어 있다보니 제작 드론에 있어서는 범용 충전기를 사용하게 됩니다.

범용 충전기(취미용 RC 충전기)는 보통 1~6셀(완충 기준 약 24V 까지) 지원을 하며 대부분의 배터리 타입을 충전할 수 있습니다. 최근에는 고용량 배터리를 사용하는 농업용 드론에 대응하기 위해 6~14(완충기준 약 56V 까지)셀까지 지원하는 고용량 충전기가 따로 나오기도 합니다.

높은 전압을 사용하는 이유는 전력의 손실은 전압의 제곱에 반비례(줄의 법칙)하기 때문입니다. 또한 같은 소모전력을 사용하기 위해서는 전력을 높인 만큼 전류를 줄일 수 있기 때문에 전선의 굵기도 얇게 쓸 수 있습니다.

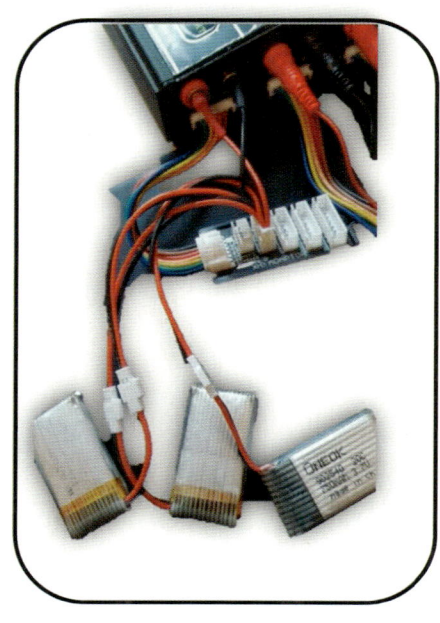

왼쪽 그림은 소형 드론용 리포배터리 3개를 동시에 충전하는 모습입니다. 밸런스 충전을 통해 각 셀의 전압을 맞추어 줍니다. 이 때 충전기는 리포 3셀 밸런스 충전모드로 놓고 충전을 하면 됩니다.

이 사진에서 주의해서 보아야 할 점은 빨간색은 빨간색끼리, 검은색은 검은색끼리 연결이 되어 있고 충전기에도 빨간색 소켓에 빨간선을 꽂았다는 것입니다. 이것은 상식이면서 안전상 매우 중요한 것입니다. **빨간색**선은 **+단자(VCC)**이고 검은선은 **-단자(GND)**입니다. 이렇게 약속이 되어 있습니다.

따라서 드론을 제작할 때에도 되도록 선의 색과 극성을 일치시키도록 합니다. **반대로 꽂을 경우 배터리가나 충전기가 고장이 날 수 있으며 화재 등 매우 위험한 상황을 초래할 수 있기**

때문입니다. 이러한 상태를 **합선(合線)** 또는 **단락(短絡)** 이라고 하며 영어로는 **쇼트(short)** 라고도 합니다. 회로는 닫혀 있으나 저항이 거의 없어져 큰 전류가 흐르는 경우입니다.

다음으로 충전기의 주요 사양을 보는 방법을 살펴보겠습니다.

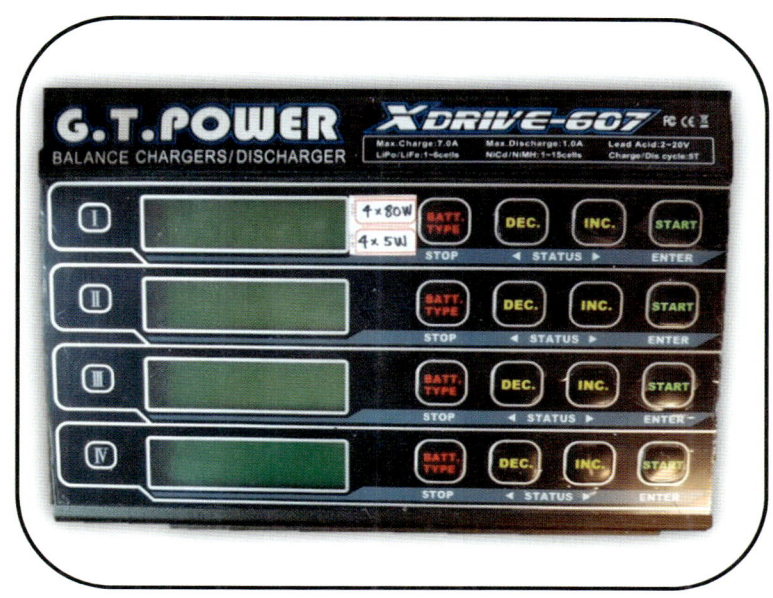

왼쪽 사진은 범용 충전기 사진입니다. 이 충전기는 단독으로 사용할 수 없고 파워서플라이(전원 공급 역할)가 필요합니다. 우선 명시된 스펙을 보면 최대 충전은 7 암페어, 최대 방전은 1 암페어이고 리포 / 리페 배터리는 1~6 셀까지 지원이 된다고 쓰여 있습니다. 니카드와 니켈수소 배터리도 대응 가능합니다.

4 개를 동시 충전할 수 있는 것이 장점인데 메뉴얼을 보면 각각의 소켓은 80 와트의 충전을 지원합니다. 이 때 중요한 개념이 나오는데 와트라는 것입니다. **와트는 전압 x 전류입니다. 수식으로 표현하면 W=VA 라고 할 수 있습니다.**

TIP!

와트(watt): 와트란 전력의 단위로서 W 로 표시합니다. 일의 양을 나타낼 때는 1 초에 1J(줄, N·m)의 일을 하는 일률을 1W 라고 정의합니다. 전력을 나타낼 때에는 1 볼트의 전압으로 1 암페어의 전류가 흐를 때의 일률을 1W 라고 합니다. 자동차의 출력을 표현할 때 쓰고 있는 마력(horse power, HP)은 약 746W 에 해당합니다. PS 라고 표기되는 독일 마력을 참조할 때는 약 735 와트로 환산하기도 합니다. 전력량을 표시할 때에는 와트에 시간을 곱해 표현하며 와트시(Wh)나 킬로와트시(kWh) 단위를 많이 쓰고 있습니다.

2 장 ~ 재료/부품/공구/기계

다음은 폴라론 충전기+파워서플라이 세트 구성에서 살펴봅시다. 폴라론 충전기는 타워형으로 충전기와 파워 서플라이를 분리하여 쓸 수도 있으며 사진과 같이 붙여 쓸 수도 있습니다. 공간 활용도가 좋게 나온 제품입니다. 왼쪽이 서플라이 오른쪽이 충전기입니다.

왼쪽 서플라이를 보면 흰 글자로 12V DC MAX 25A 라고 쓰여진 것이 보일 것입니다. 이 말은 12 볼트 직류 전기로 최대 25 암페어 전류를 흘릴 수 있다는 의미입니다. 즉 최대 소비전력을 나타내고 있습니다. 와트로 계산하면 300W (12V X 25A = 300W)입니다.

이 파워서플라이로 공급할 수 있는 최대 전력은 300W 이니 이 범위 내에서 충전을 해야 합니다.

마찬가지로 가정의 전원도 이보다는 훨씬 크긴 하지만 허용 전력이 정해져 있습니다. 한국 가정의 전압은 220Vdc 로 고정되어 있기 때문에 여러 가전제품 등을 사용하여 한쪽 선에 전류를 과다 사용하는 부하가 걸린다면 누전차단기가 내려가 전원 공급이 끊길 수 있습니다. 앞서 팁으로 설명했던 합선의 경우에도 과전류가 흐르게 되며 마찬가지로 누전차단기가 내려갑니다.

전원을 넣은 사진입니다. 왼쪽 파워서플라이 화면을 보면 12 볼트로 0.6 암페어가 대기전류로 흐르고 있고 온도는 18 도임을 알 수 있습니다. 오른쪽 충전기 화면은 각각의 기능을 나타내고 있는데 터치스크린을 지원합니다. 하이볼티지(HV)리포를 충전할 수 있습니다.

필자가 가지고 있는 지티파워 충전기 화면으로 돌아가서 본격적으로 사용법을 알아보도록 하겠습니다. 대부분의 범용 충전기는 비슷한 인터페이스를 가지고 있습니다.

현재 화면은 리포배터리 기본충전모드 1 암페어 충전, 7.4 볼트 2 셀 배터리임을 나타내고 있습니다. 이 화면을 배터리에 맞게 바꾸어서 충전을 시켜야 합니다.

자동으로 배터리 종류를 감지해서 자동으로 완전충전을 시켜주고 관리해주는 것이 아니므로 사용자는 배터리 특성성을 정확하게 알고 사용할 필요가 있습니다. 배터리 타입을 누릅니다.

위 사진은 메뉴를 바꾸어 납 배터리를 선택한 것이다.

위 사진은 니카드 배터리용 모드입니다.

위 사진이 알씨에서 가장 많이 사용하는 리포배터리 충전모드입니다. 이 화면에서 엔터 버튼을 누릅니다.

다음 단계에서는 충전 방법과 전류, 전압을 설정해주어야 합니다.

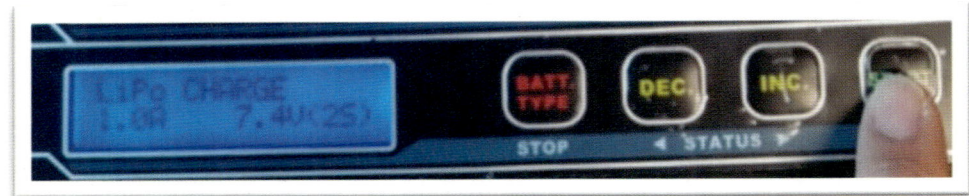

리포배터리를 잘 연결하고나서(밸런스 잭을 잊지 말고 꽂습니다) 이 화면처럼 충전한다면 2 셀짜리 리포배터리를 1 암페어로 충전하는 경우입니다.

그러나 이 경우 2 개의 셀이 밸런스 충전되는 것이 아니라 총 전압 기준으로 충전을 시키기 때문에 일부 셀에서는 과충전이 되거나 과소 충전이 될 수 있습니다. 이런 충전은 배터리에 무리를 주게 되므로 1 셀 배터리를 사용하는 경우가 아니라면 되도록 지양하도록 하고 2 셀 이상의 배터리인 경우는 다음과 같은 밸런스 충전을 하도록 합시다.

위 화면은 리포배터리를 밸런스 충전 모드로 0.3 암페어 충전하는 것입니다. 배터리는 3 셀입니다. 11.1V 는 **공칭전압**을 나타내고 있습니다.

밸런스 충전이라는 것은 밸런스 잭을 통해 전압을 측정하여 각 셀별로 전압을 일정하게 충전하는 기능입니다. 밸런스 충전을 하지 않으면 배터리 수명에 안좋은 영향을 끼칩니다.

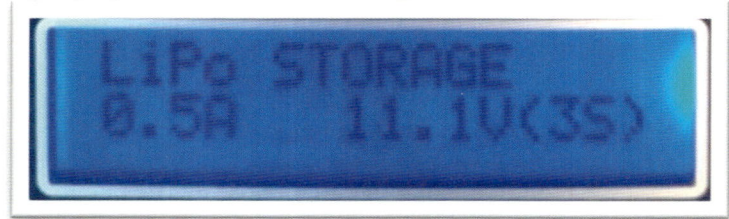

위 사진은 리포 보관모드를 보여줍니다. 리포배터리는 관리가 중요합니다. 완충상태로 보관하면 안되고 다 방전시키면 배터리는 회생 불가능하게 됩니다. 그래서 셀당 약 3.7 볼트가 되도록 충방전을 해서 보관합니다.

2 장 ~ 재료/부품/공구/기계

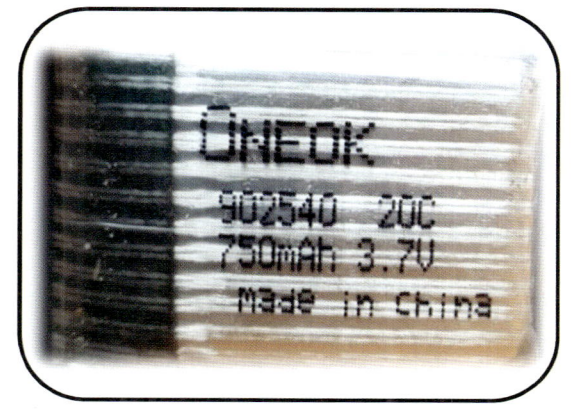

배터리는 종류는 어떻게 알아볼까요? 왼쪽 사진은 방전율 20C 용량은 750mah 전압은 3.7 볼트 (1 셀) 리포배터리입니다. 완충 상태에서는 4.2 볼트가 됩니다.

전압을 높일 때는 셀을 적층하여 직렬연결하여 높이게 되므로 3.7 의 배수로 전압이 증가하게 됩니다.

배터리의 용량인 전력량은 750mAh(밀리암페어시)로 표기되어 있습니다. 1,000 밀리암페어는 1 암페어와 같습니다. 리포충전은 보통 1C 충전을 하는데 앞서 배터리의 특성 부분에서 설명을 한 바와 같이 1C 충전은 배러리의 양 만큼을 한시간에 충전한다는 말과 같습니다. 예를 들어 사진의 배터리는 750 미리암페어이므로 0.7 암페어 정도로 충전을 하는 것입니다.

실제로는 밸런스 충전을 할 때 충전기의 충전 로직에 의해 완충과 가까워진 구간에서 전류를 조금씩 흘리면서 전압의 증가 등을 체크하게 되므로 한시간 보다는 긴 시간이 소요됩니다.

20C 라고 표기된 것은 다르게 말하면 방전률이라고도 합니다. 한시간에 배터리 용량을 다 쓰는 것을 1C 라고 한다면 20C 라는 것은 한시간에 배터리의 용량 만큼을 20 개 소모시키는 속도로 방전 능력을 지녔다는 말과 같습니다. 즉 3 분에 이 배터리 한 개를 방전시킬 수 있다는 것입니다. 미니 드론의 경우는 3~4 분의 비행 시간을 가진 것들이 많으므로 적절한 방전 능력을 지녔다고 볼 수 있습니다.

방전 능력을 초과하여 전력을 빠르게 소모시키면 배터리에 무리를 주게 되며 내부 저항의 증가, 배부름이나 발열, 화재의 원인이 됩니다. 일반적으로 같은 전력량이라면 방전률이 높은 전지가 비싼 편이나 100C 이상으로 표기되는 전지들도 많이 판매되고 있는 상황으로 표기된 수치가 신빙성이 있는지는 생각해볼 문제입니다.

TIP!

공칭전압(Norminal Voltage): 전압이 변화하거나 허용 오차가 있는 경우 대표적인 값을 나타내는 전압값으로 리포배터리의 경우 1 셀 3.7 볼트를 통상 사용하고 있음

2 장 ~ 재료/부품/공구/기계

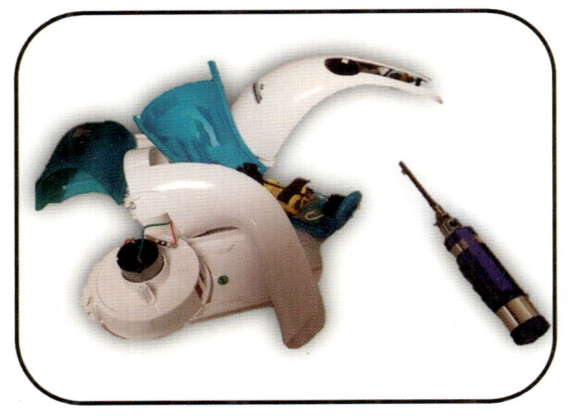

[다른 전자 기기의 충전] RC 충전기가 지원하는 배터리 종류가 많기 때문에 가정에서 사용하는 대부분의 배터리도 충전 단자만 맞다면 충전할 수 있습니다. 단 배터리의 종류를 정확히 알아야 할 것입니다. 왼쪽 사진은 보풀제거기를 분해해 본 모습입니다. 어떤 배터리인지 살펴봅시다.

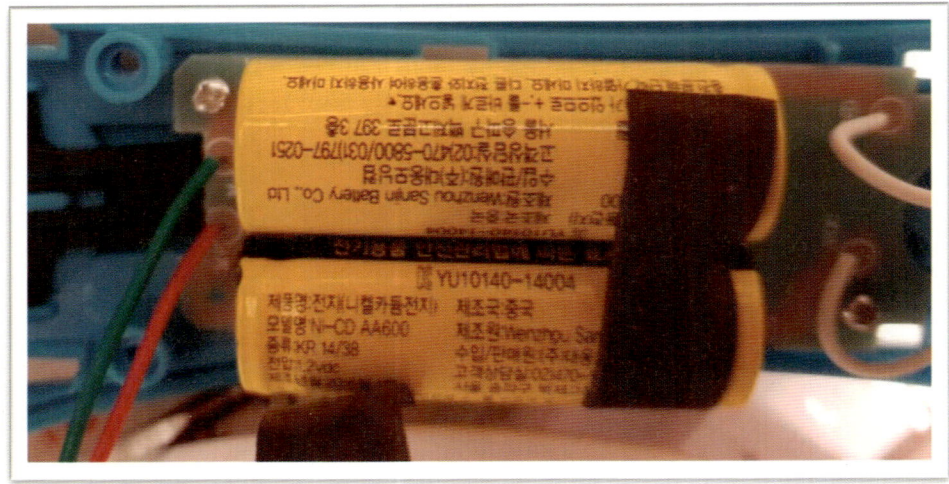

니카드(NICD) 라는 글자가 보이고 모델명은 AA600 인 것으로 보아 니카드 전지인 것은 확실하고 600 밀리암페어시 용량으로 추정됩니다. 전압은 1.2 볼트 직류(Vdc)라고 쓰여져 있습니다.

악어 클립 등을 이용하여 니카드 충전모드로 충전하면 사용할 수 있습니다. 전자기기의 전용 충전기를 잃어버렸거나 파손된 경우 도움이 될 것입니다.

충전 단자가 안 맞는 경우는 납땜 작업을 추가로 하여 커넥터 변환을 시켜 줄 수 있습니다.

2.22. 납땜

필요한 공구 및 재료

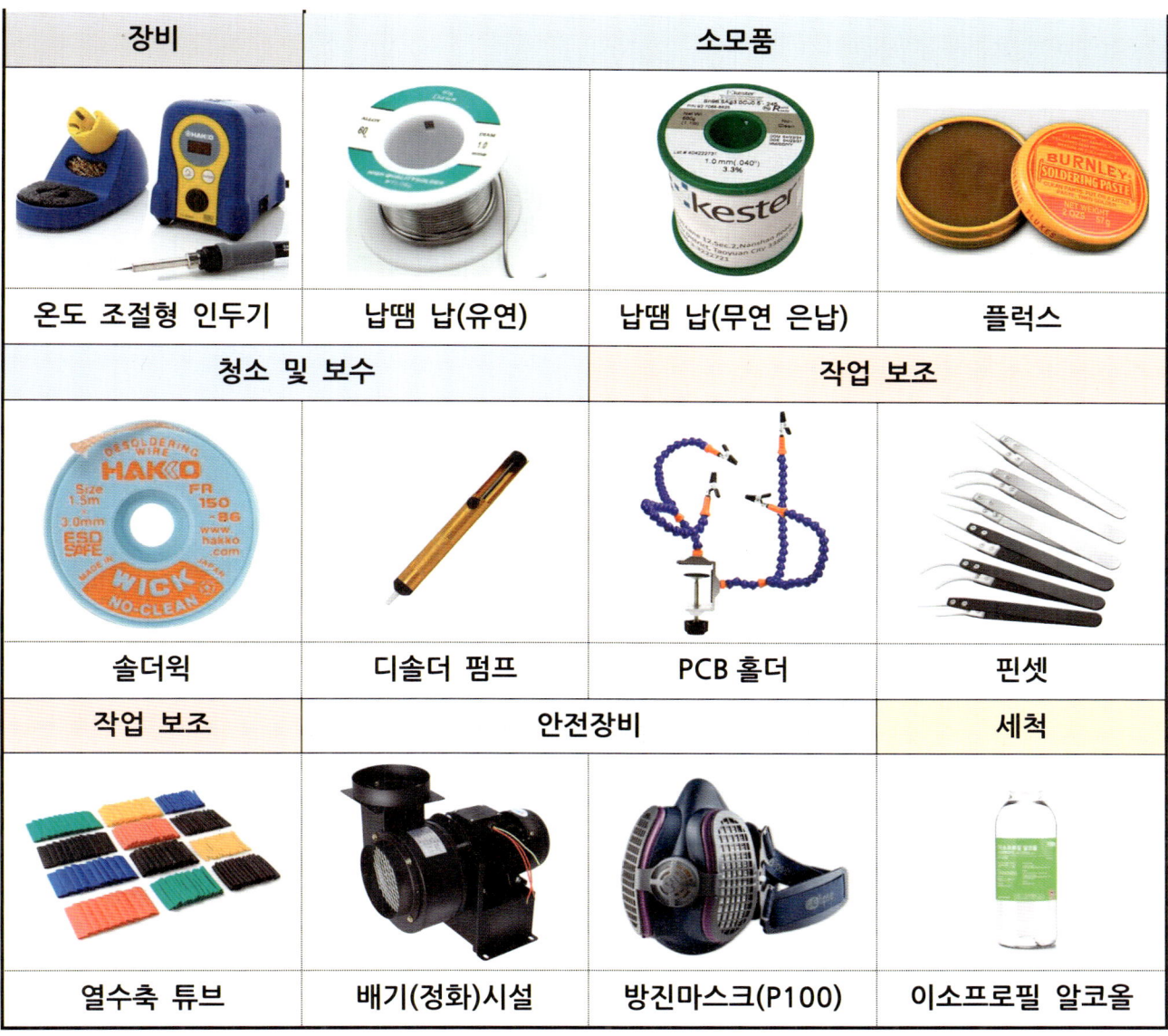

납땜 작업은 유해 물질이 많이 발생하기 때문에 환기와 안전에 신경을 써야 합니다. 취미용 소규모 납땜에서는 KF94 ~ KF99 정도의 규격이 추천되며 작업량이 많거나 안 좋은 환경일 때에는 KF99 나 특급(P100)을 권장합니다. 작업 후에는 손을 씻도록 합시다.

2장 ~ 재료/부품/공구/기계

TIP!

땜납: 납땜 작업의 재료가 되는 것을 땜납이라고 하며 크게 유연납과 무연납으로 구분됩니다.

1. **유연납(有鉛鑞):** 납이 함유된 땜납으로 녹는점이 낮아 작업이 쉬운 편입니다. 주석/납의 비율이 63:37 정도가 됩니다. 작업온도는 대략적으로 300℃ 이상입니다.

2. **무연납(無鉛鑞):** 납이 함유되지 않은 땜납으로 가격이 상대적으로 비싸고 녹는점이 높습니다. 주석을 주성분으로 하고 미량의 구리가 함유되는 경우가 많으며, 미량의 은을 첨가하면(은납으로 불림) 전기전도도가 좋아집니다. 작업온도는 대략적으로 350℃ 이상입니다. 400도 이상은 퓸(fume)이 발생할 수 있어 유해성이 증가하니 유의합니다.

솔더링페이스트(플럭스): 납땜을 원활하게 도와주는 보조재로 필수 소모품으로 불 수 있습니다. 유동을 좋게 하며 납이 모재에 더 잘 붙도록 도와줍니다. 특히 전선을 이어 붙일 때 미리 전선에 플럭스를 찍어 바르고 납을 골고루 스며들도록 올려둔 후 두 전선을 붙이게 되면 잘 붙기 때문에 이 방법을 알아두면 전선 납땜 작업에 큰 도움이 됩니다.

이소프로필알코올(IPA: isopropyl alcohol): 무색이며 인화성을 가지는 물질로 휘발성이 높아 반도체, LCD 등 IT 부품 세정액으로 많이 활용(면봉이나 면에 묻혀 사용). 페인트, 잉크 등의 용제로도 사용되며 강한 알코올향이 있음. 기름을 분해하는 능력이 뛰어나 페인트나 접착제 제거 등 탈지 용도로 사용됩니다. 의료용 소독제로도 많이 사용됩니다. 피부에 건조함과 가려움 등 자극을 줄 수 있으며 유해하므로 먹으면 안됩니다.

* 명칭: 아이소프로필 알코올이라는 이름과 혼용 사용되고 있으나 화학물질안전원 화학물질종합정보시스템에 따르면 이소프로필알코올로 표기하고 있으므로 본 도서에서는 이를 따르겠습니다.

냉납: 불충분한 열 전달로 인해 납땜이 제대로 붙지 않은 경우를 말합니다.

수축튜브: 라이터나 열풍기, 헤어드라이기 등으로 수축시킬 수 있으며 절연이 주된 목적으로 사용되나 글자를 프린팅하거나 색을 구분하는 방법으로 작업성 향상을 도모하기도 합니다.

2장 ~ 재료/부품/공구/기계

방법

- **준비**

    ① PCB · 부품 리드 · 팁 표면을 IPA로 탈지합니다.

    ② 인두 예열 → 팁에 납 소량 발라 Tinning(팁 표면에 납땜 층을 얇게 입혀 은색 거울처럼 매끈한 상태를 만드는 것으로 산화방지, 열 전달 향상 효과가 있습니다.)

- **솔더링페이스트(플럭스) 도포**

    · 납땜 대상에 플럭스를 얇게 바릅니다. (**No-Clean** 이면 잔사 최소)

- **열 전달**

    · 솔더링 팁을 두 모재(예: 패드+리드) 동시에 1-2 초 접촉 → 합쳐진 면이 충분히 가열될 때까지 기다립니다.

- **납 공급**

    · 솔더를 가열된 접합부에 접촉하여 녹입니다. 적정량은 패드 직경을 커버하는 반구의 은색 볼이 형성될 정도입니다. 전선의 경우는 전선 가닥에 충분히 스며들 정도입니다.

- **팁 제거(열전달 차단 및 땜 모양 잡기)**

    · 납이 퍼지는 동안 0.5 초 정도 더 유지 후 팁을 부드럽게 빼서 원추형 모양 완성.

- **검사·세척**

    · 광택, 과열 변색, 완만한 필렛 등 확인 → 플럭스 잔사는 IPA로 세척합니다.

    · **브릿지** · 냉땜(매트 표면·광택 無) 발견 시 재가열 또는 솔더윅을 사용합니다.

TIP!

플럭스에 **No-clean 표시**가 있으면 잔사(殘渣, residue)를 세척하지 않아도 전기 화학적 신뢰성에 문제가 없도록 설계된 플럭스로 대부분의 경우 세척을 생략해도 무방합니다.

브릿지(Bridge): 인접한 두 단자 사이에 땜납이 다리처럼 이어져 단락을 일으키는 불량 현상

2.23. 측정 공구(버니어캘리퍼스, 피치게이지)

버니어캘리퍼스

역설계나 특정 치수에 맞추어서 설계를 해야 할 때 치수를 정밀하게 측정하기 위하여 **버니어캘리퍼스**를 많이 사용합니다. 버니어캘리퍼스는 어미자와 아들자로 이루어져 있으며 **외경, 내경, 깊이, 단차 4가지를 측정**할 수 있습니다.

어미자와 아들자를 움직여 어미자의 표시와 아들자의 0 눈금이 위치한 곳의 대략적인 눈금을 읽고(예: 31.x) 아들자의 눈금이 어미자와 정확하게 위치하는 곳을 읽어서 소수점 이하의 눈금을 확인합니다.(예: 아들자의 9 눈금이 어미자의 특정 눈금과 정확히 일치한다면 31.9mm)

보통 아들자의 정밀도(눈금 간격)는 0.05 짜리가 많이 쓰이고 있으며 0.02 짜리도 있습니다. 0.01mm 까지 정확히 알고 싶을 때는 전자식 버니어캘리퍼스를 사용하면 좋습니다.

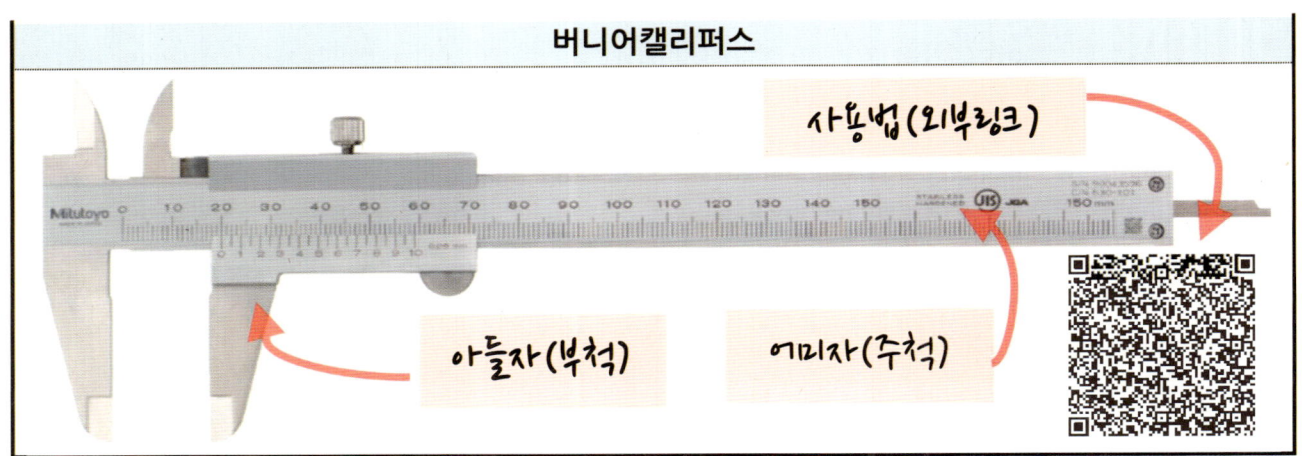

* 사진출처: Mitutoyo

TIP!

버니어캘리퍼스(vernier callipers): 현장에서 '노기스'라고 불리기도 하는데 이는 일본어(ノギス).

정밀도: 더 정밀한 측정에는 마이크로미터를 사용하기도 하지만 3D 프린터 등을 사용하여 제작을 하는 일반적인 영역에서는 0.05mm 정도의 공차를 허용하며, 상업용 제품의 경우라 하더라도 대개 0.01mm 정도의 공차이므로 0.01mm 이하의 측정까지는 사용이 적은 편입니다.

피치 게이지

볼트와 너트는 체결을 위해 겉에 나사산을 가지고 있는데 이 나사산 간 거리를 피치라고 합니다. 우리나라에서는 미터보통나사 규격을 많이 사용하고 있지만 나사의 종류가 워낙 다양하다 보니 때때로는 호환성 확인이나 추가 구매를 위해 나사 규격을 알아야 할 때가 있는데 이런 때 **피치 게이지**가 있으면 큰 도움이 됩니다.

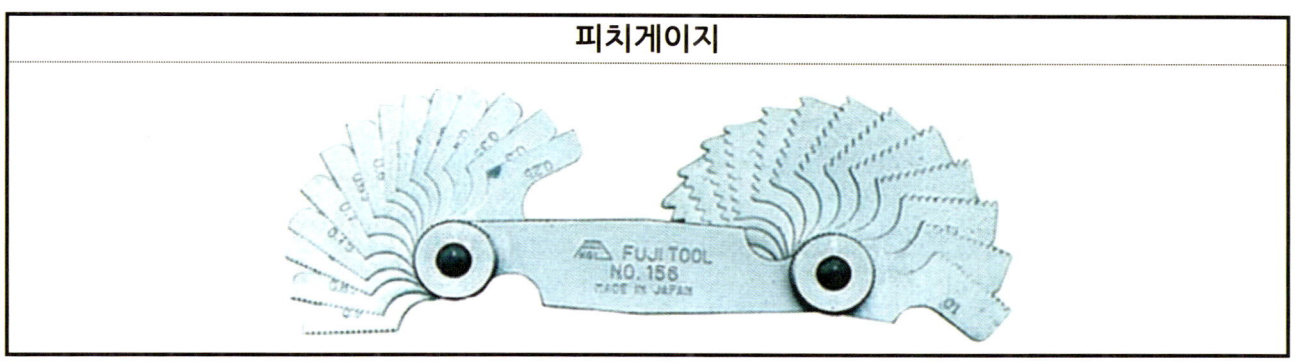

피치게이지

나사의 종류는 크게 **미터나사(M), 위트나사(Whitworth), 유니파이 보통나사(UNC), 유니파이 가는 나사(UNF)** 등이 있습니다. 우리나라의 KS 규격은 국제표준화기구(ISO)에서 채택한 미터나사를 사용하고 있으며 가장 호환성이 높다고 볼 수 있습니다. 아래는 표기별 뜻입니다.

(미터나사 예시) M2 × 0.4 × 8	(유니파이 나사 예시) No. 4-40 UNC
수나사의 외경이(암나사의 골지름이) 2mm 이며 0.4mm 피치를 가진 길이 8mm 나사	1 인치(25.4mm)에 40 개의 나사산(TPI, Thread per inch)이 있는 유니파이보통나사

유니파이 나사의 'No.' 는 뒤따르는 숫자가 미국식 표준 게이지 규격에 따라 분류한 번호임을 나타내는 것입니다. No. 와 #은 동의어로 제품에 따라 둘 중 하나를 사용하며 인치 단위로 실제 치수를 쓰기 어려운 작은 나사에 대해 표식이 붙습니다. 이 표식이 있으면 유니파이 나사임을 알 수 있습니다.

각 나사산은 규격에 따라 고유의 피치를 가지므로 피치게이지를 나사산에 맞추어 보아 유격이 없이 딱 들어맞으면 해당 게이지에 표기된 규격이 나사의 규격이 됩니다.

드론 제작에 한정해서 보자면 주로 사용하는 규격은 미터나사 기준으로 M2 ~ M5 까지가 많이 사용되며 길이나 머리모양 등에 따라 다양하게 구비해둘 필요가 있습니다.

2.24. 볼트, 너트, 와셔

볼트, 너트, 와셔의 모양

● 볼트의 모양

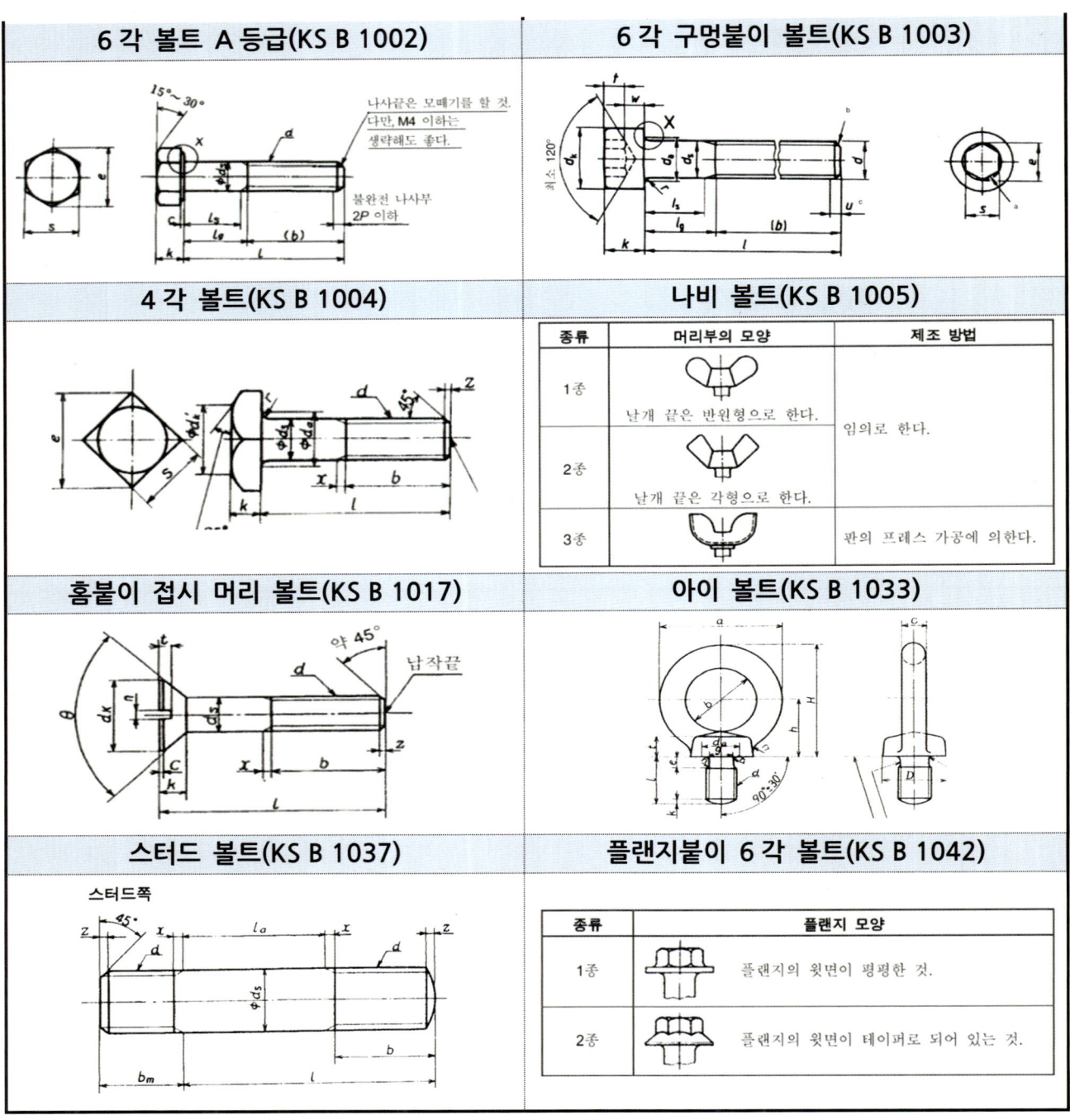

* 출처: e 나라표준인증(https://standard.go.kr)

** 표준명 뒤의 괄호() 안의 번호는 표준번호입니다. **구체적인 규격은 KS 규격을 참조**합시다.

● 너트의 모양

6 각 너트(KS B 1012)

6 각 낮은 너트(KS B 1012)

4 각 너트(KS B 1013)

나비 너트(KS B 1014)

종류		모양	제조방법
1종		날개 끝은 반원형으로 한다.	임의로 한다.
2종		날개 끝은 각형으로 한다.	
3종	높은형	나사부길이(S)에 따라 높은 형과 낮은형으로 구분한다.	판의 프레스 가공에 따른다.
	낮은형		
4종		오목부 날개부의 오목부는 붙이지 않아도 좋다.	다이캐스팅에 따른다.

6 각 캡 너트(KS B 1026)

1형

2형

아이 너트(KS B 1034)

● 와셔의 모양

평 와셔(KS B 1326)

스프링 와셔(KS B 1324)

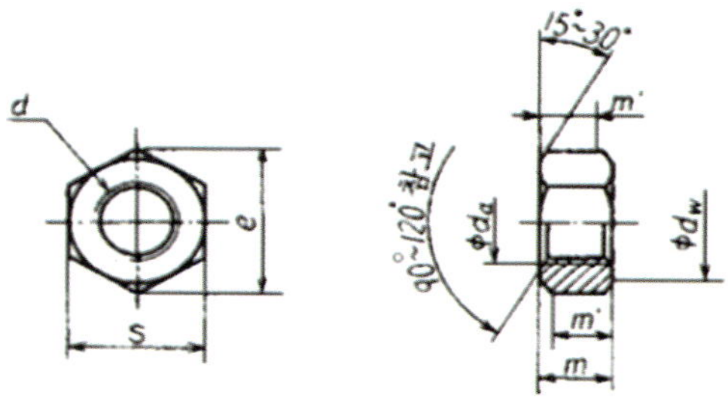

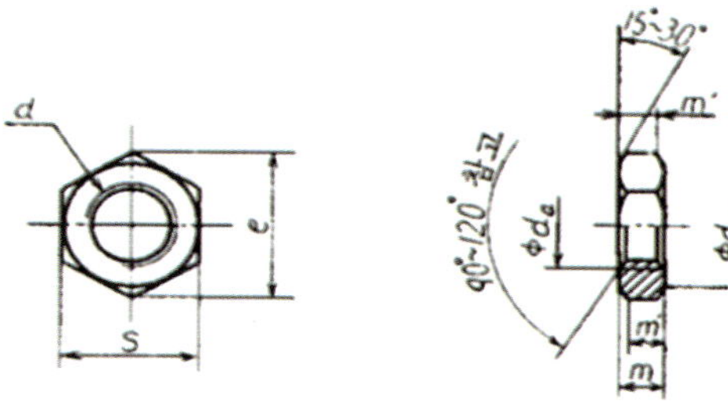

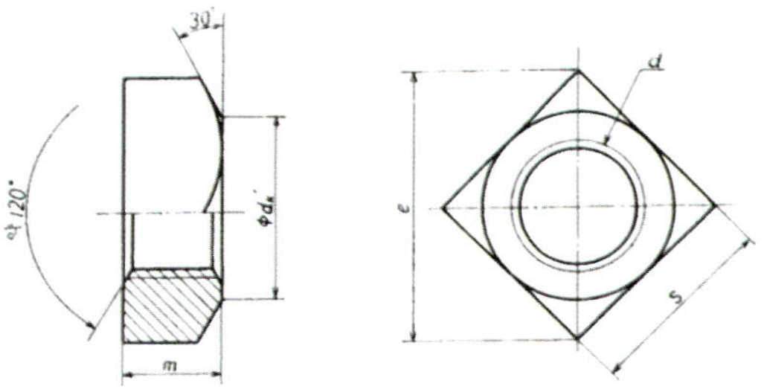

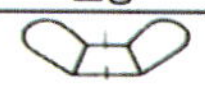

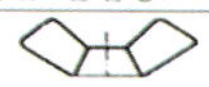

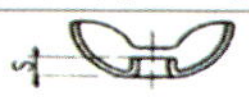

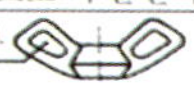

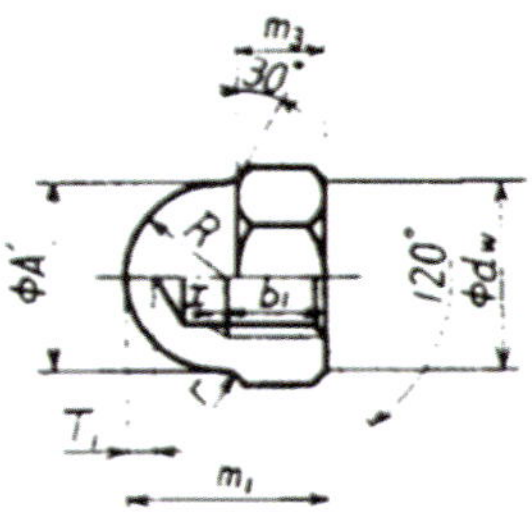

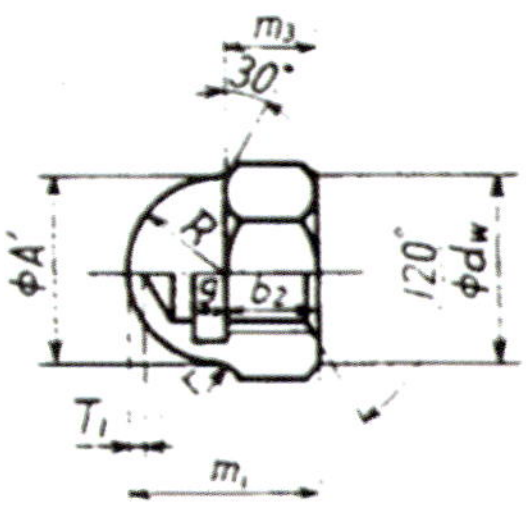

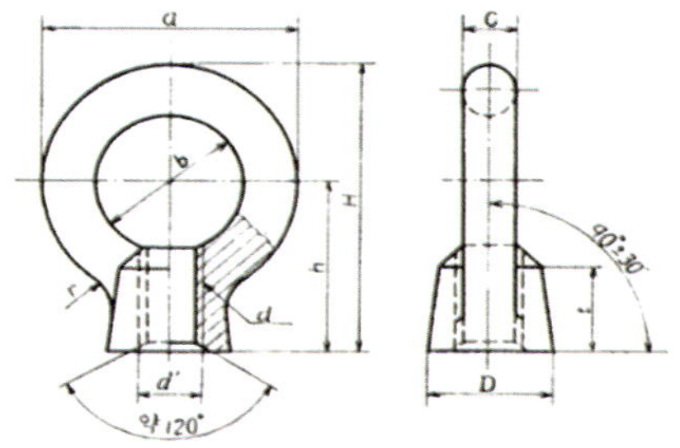

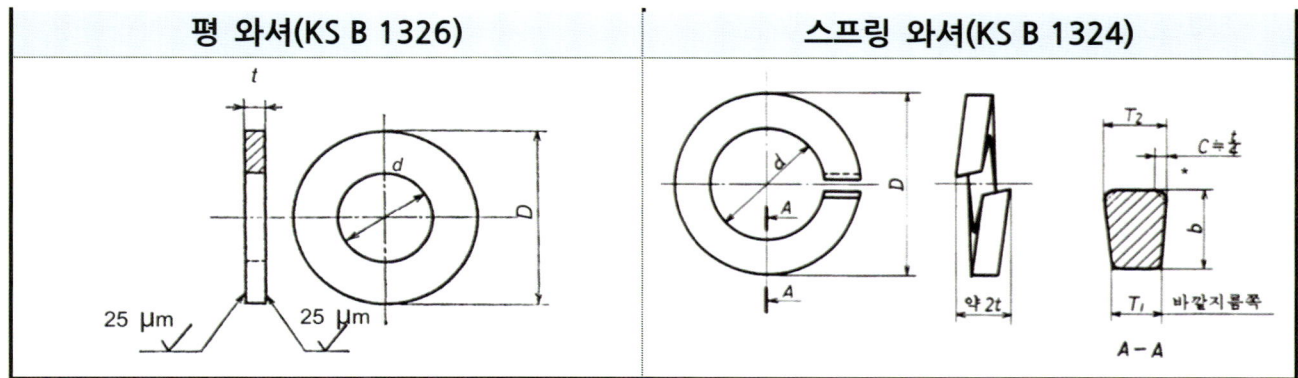

2장 ~ 재료/부품/공구/기계

● 드론 제작 시 많이 사용하는 볼트(제품 사진)

육각 홀붙이 볼트	육각 홀붙이 버튼 볼트	육각 홀붙이 접시 볼트	고정 나사 (무두볼트, 번데기나사)

* 사진 및 명칭 출처: 한국미스미(https://kr.misumi-ec.com)

인서트, 퀵서트

인서트란 암나사의 보강 목적으로 사용하는 부품입니다. 파손된 암나사나 부드러운 소재에 탭 작업 후 박아넣어 볼트의 체결을 원활하게 도와줍니다. 일반적으로는 텅(Tongue: 코일 끝에 인서트를 잡아 돌려 넣기 위한 구부러진 부분)을 전용공구로 돌려서 넣은 후, 다시 전용 절단 공구로 텅을 잘라내는 작업을 하는데 작업 효율을 높이기 위해 텅리스 제품도 나오고 있습니다.

퀵서트는 별도의 탭 작업 없이(구멍을 만들기 위해 드릴작업 등은 필요) 주철, 청동 등의 합금류와 플라스틱, 목재에 사용가능한 나사 보강재입니다. **3D 프린팅 제품에 활용하기 용이하다는 장점**이 있고 인서트에 비해 사용이 편하면서 가격도 저렴한 편입니다. 삽입공구가 있지만 전용 공구 없이도 머리붙이 볼트 등을 통해 삽입할 수 있습니다.

[아큐레이트] 텅리스 인서트	[아큐레이트] 텅리스 인서트 삽입 공구	[커브코너스] 퀵서트	[커브코너스] 퀵서트 삽입공구

* 사진 출처: 한국미스미(https://kr.misumi-ec.com)

2 장 ~ 재료/부품/공구/기계

2.25. 탭과 다이스

탭은 암나사를 가공하기 위한 공구로 전동공구 등에 물려 사용할 수 있습니다. **다이스**는 다이스 핸들에 장착하여 수동으로 사용할 수 있으며 수나사(볼트 등의 나사산)를 가공할 수 있습니다. **3D 프린팅 결과물을 정밀하게 다듬는데 도움이 되는 공구**입니다.

아래 제품과 같은 것들은 수공구 특성 상 축의 흔들림에 주의하여야 하며, 가능하면 가공 시에 볼트 또는 구멍의 축과 일치하는 방향으로 힘을 주어야 합니다. 테이블 바이스나 드릴링 머신 등이 있으면 일정하게 축을 유지할 수 있어 좋습니다.

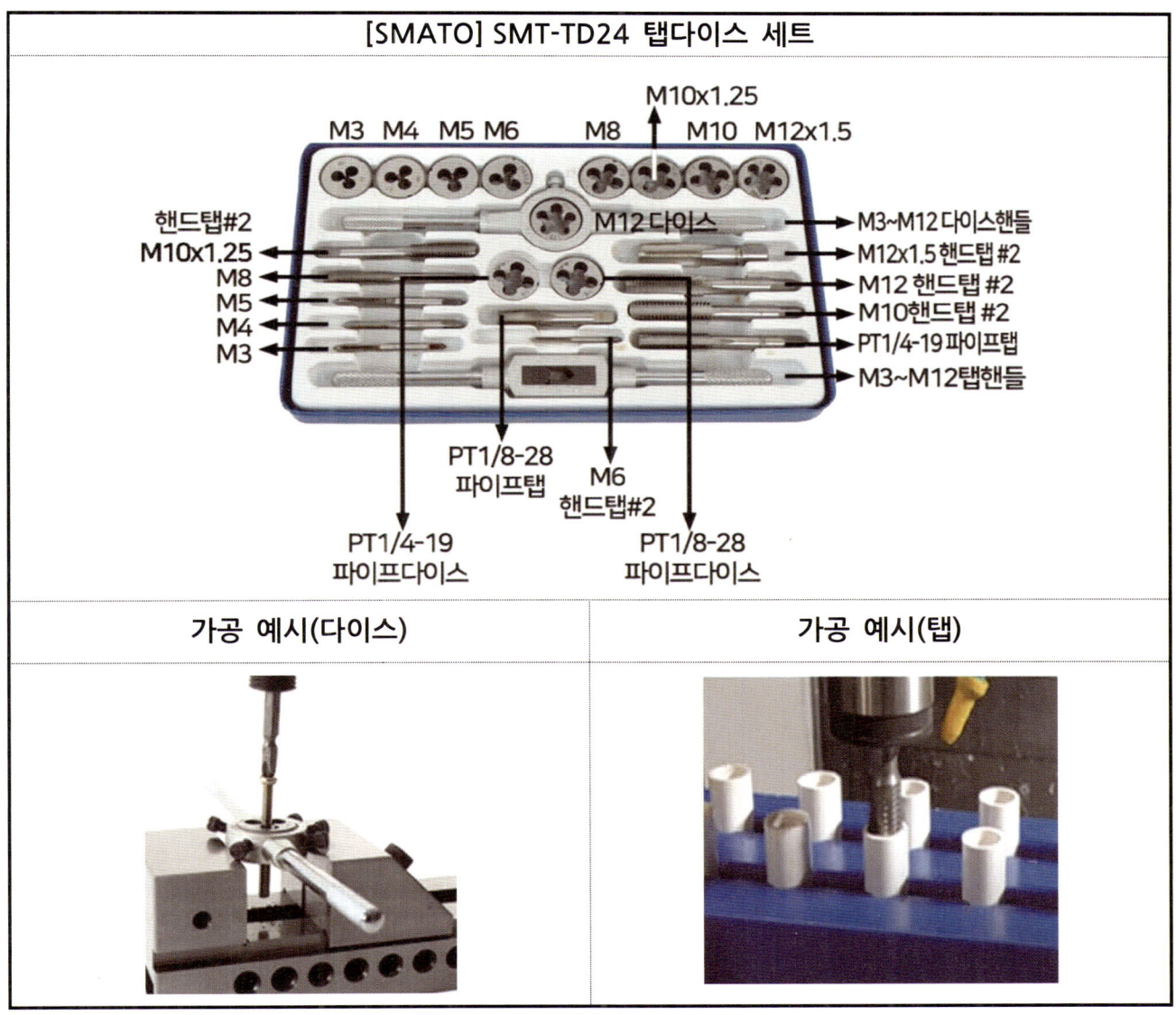

*사진출처: TS 산기(https://tssanki.com)

2.26. 리벳

리벳(Rivet)이란 체결용 헤드(머리)와 체결 후 절단되어 버려지는 부분인 샤프트(축)로 구성된 금속을 말하며, 샤프트를 잡아당기면서 헤드를 변형시켜 두 부품을 압착 결합하는 제품입니다.

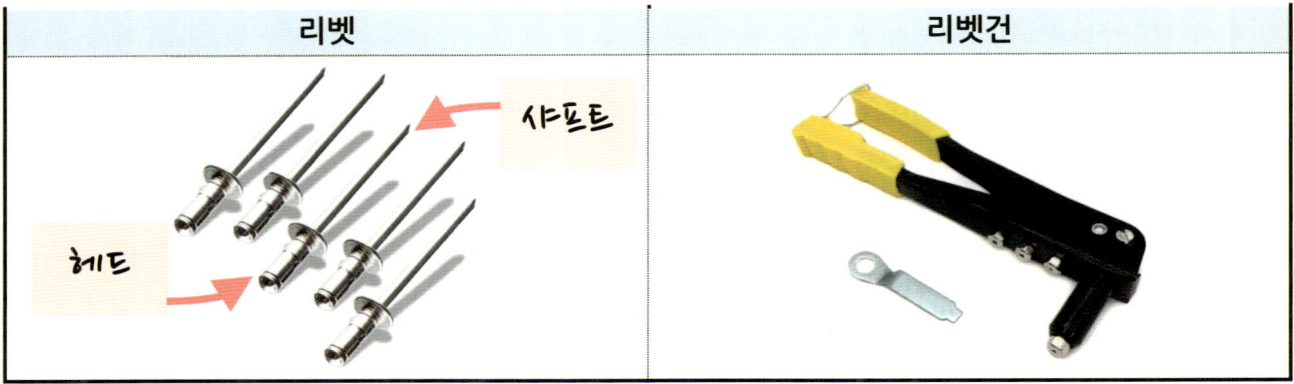

- **장점**: 체결부위에 너트가 불필요하여 무게를 줄일 수 있습니다. 협소한 공간에서도 작업이 가능합니다. 진동에도 나사 풀림이 없어 비교적 위험이 낮습니다. 대량 작업에 특화되어 있으며 빠르게 작업이 가능합니다. 외관이 매끈하고 돌출부가 적어 미관이 우수합니다. 뒷면으로 접근이 불가능한 상황에서도 체결이 가능합니다.

- **단점**: 분해 시 리벨 머리를 그라인더 등으로 제거해야 하는데 번거롭고 고난이도의 작업입니다. 대구경, 고하중 체결에는 불리합니다. 체결 후 클램프 압력이나 간격 조절이 불가능합니다. 리벳건과 같은 전용 장비가 필요합니다. 연결재의 두께 범위나 재질이 제한됩니다.

정리하자면 **유지보수나 분해가 거의 필요하지 않고 경량화와 미관이 중요할 때, 진동이 많은 사용 환경일 때, 내부 작업면으로의 접근이 힘들 때에는 볼트 너트 체결보다 리벳이 유리**하다고 볼 수 있습니다.

2.27. 기어

개념

기어는 바퀴 가장자리에 돌출된 이(치, gear teeth)를 가진 기계 요소로, 두 기어의 이가 서로 맞물리며 회전 운동과 동력을 한 축에서 다른 축으로 전달합니다. 이를 통해 한 기어의 회전속도와 토크(회전력)를 다른 기어로 전달하거나 변환할 수 있습니다.

예를 들어, 큰 기어와 작은 기어를 맞물리면 큰 기어는 회전 속도는 느려지는 대신 토크가 증가하는 등 기어비에 따라 속도와 힘을 조절할 수 있습니다. 이러한 특성 때문에 기어는 자동차, 산업기계, 시계와 같은 다양한 장치에서 동력 전달과 속도/토크 변환을 위한 핵심 부품으로 쓰입니다.

기어의 호환성 판단 기준

서로 맞물려 정상적으로 동작할 수 있는 기어들은 몇 가지 호환성 조건을 만족해야 합니다. 가장 중요한 기준은 이 크기 규격의 일치, 즉 뒤에서 설명하는 **모듈 또는 피치 값이 같아야 한다**는 것입니다. 모듈이 다른 기어들은 이빨 간격이 서로 맞지 않아 제대로 맞물릴 수 없으며, 결국 동력전달이 불가능합니다. 실제로 ==표준 인벌루트 치형의 기어에서는 압력각과 모듈(이 크기)이 동일해야만 두 기어를 맞물려 사용할 수 있습니다.== 아래에 주요 호환성 조건을 정리합니다.

- **모듈 일치:** 서로 맞물리는 두 기어는 동일한 모듈 값을 가져야 합니다. 예를 들어 모듈 2 기어는 반드시 모듈 2 기어와만 짝을 이뤄야 하며, 모듈 1.5 기어와는 호환되지 않습니다. 모듈은 기어 이의 간격을 결정하므로, 모듈이 다르면 피치원의 크기와 원주피치가 달라 기어 이가 제대로 맞물리지 않습니다.

- **치형 각도(압력각) 일치:** 기어 이가 서로 미끄럼 없이 힘을 전달하려면 이의 프로파일 각도가 같아야 합니다. 대부분의 근대 기어는 인벌루트(involute) 치형을 사용하며 표준 압력각(Pressure Angle)이 보통 20°로 정해져 있습니다. 따라서 두 기어의 압력각이

동일해야 치면끼리 전체 접촉면에서 고르게 힘을 주고받으며 굴러갈 수 있습니다. 압력각이 다른 기어를 맞물리면 접촉이 한 점으로만 이루어지거나 아예 걸리지 않아서 마찰, 마모 또는 헛돎이 발생합니다.

- 이 밖에도 이맞춤 정밀도, 페이스 폭(이 폭), 나선각(헬리컬 기어의 경우) 등의 기하학적 조건도 맞물림 성능에 영향을 줍니다. 그러나 이러한 상세 요소들은 기본 조건(모듈과 압력각)이 맞을 때 제대로 고려할 수 있는 사항들입니다. 요컨대 기어 호환성의 첫 관문은 같은 모듈이며, 그리고 같은 치형 규격(압력각 등)을 가져야 합니다. 이 조건 아래에서 기어의 재질, 열처리, 정밀도 등이 추가로 적절해야 비로소 한 시스템에서 원활히 구동되는 기어 조합이 완성됩니다.

모듈과 피치

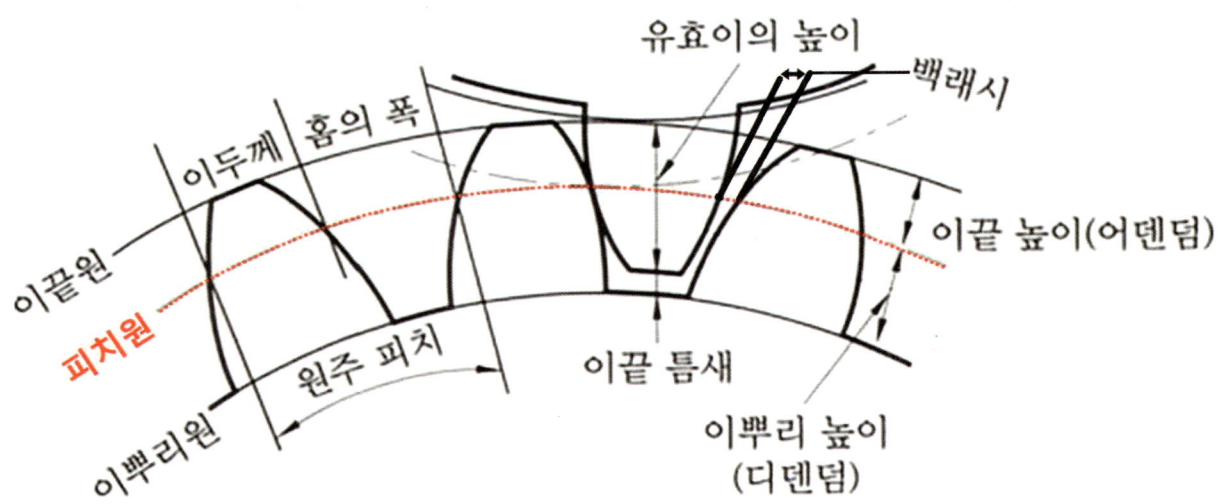

모듈(module)은 기어 이의 크기를 나타내는 표준 단위로, 기어의 피치원 지름(PCD)을 이빨 수(Z)로 나눈 값으로 정의됩니다. 여기서 피치원은 두 기어가 맞물려 구를 때 서로 접촉하는 가상 원으로, 기어의 중심을 기준으로 이가 표준적으로 맞물리는 위치를 나타냅니다.

모듈 값이 크다는 것은 이빨 하나하나가 그만큼 크고 서로 간격이 넓다는 뜻이며, 반대로 모듈이 작으면 이빨이 작고 촘촘함을 의미합니다. 예를 들어, 모듈 2mm 인 기어의 이빨은 모듈 1mm 인 기어의 이빨보다 두 배 정도 큰 간격으로 배열되어 있습니다. 일반적으로 맞물려 회전하는 두 기어는 동일한 모듈을 가져야 하며, 모듈이 다른 기어들은 이 크기와 간격이 서로 맞지 않아 제대로 맞물릴 수 없습니다.

한편 **피치(pitch)**는 문맥에 따라 약간 다르게 쓰이지만, 기어에서는 주로 **원주 피치(circular pitch)**를 가리킵니다. 원주피치란 피치원 둘레를 따라 인접한 두 이 사이의 거리(호의 길이)를 뜻하며, 기어 이들의 간격을 길이로 나타낸 값입니다. 원주피치는 모듈과 밀접한 관계가 있는데, 수학적으로 **원주피치(p) = 피치원주(πD)/잇수(Z) = 모듈(m)×파이(π)** 로 표현됩니다. 즉 모듈이 2 인 기어는 원주피치가 2π(약 6.28)mm 이고, 모듈 1 인 기어는 원주피치가 π(약 3.14) mm 인 식입니다. 위 그림에서 빨간 점선으로 표시된 원이 두 기어의 피치원이며, 두 이빨 사이의 호 거리(원주 피치)가 표시되어 있습니다.

기어 모듈과 피치의 관계

모듈과 피치는 기어 치형 설계의 핵심 관계를 이루며, 가장 기본은 앞서 언급한 모듈 계산식으로, 기어의 모듈(m)은 피치원 지름(D)을 잇수(Z)로 나눈 값이기 때문에 수식으로 표현하면 **모듈(m)=피치원지름(D) / 잇수(Z)** 가 됩니다.

예를 들어 피치원 지름 D=40mm 이고 잇수 Z=20 인 기어의 모듈은 m = 40/20 = 2mm 가 됩니다. 이때 원주피치(p)는 앞서 언급한 대로 모듈(m)×파이(π) 이므로 p = 2×3.14 ≈6.28mm 가 됩니다. 실제로 모듈 2mm, 20 톱니 기어는 한 이에서 다음 이까지의 호간 거리가 약 6.28mm 인 셈입니다. 반대로 모듈이 1mm 로 작아지면 동일 잇수(20)의 기어 직경은 20mm 로 줄어들고 원주피치는 약 3.14mm 로 촘촘해집니다. 이처럼 **모듈 값에 따라 기어의 전체 크기와 치형 간격이 비례적으로 달라지며, 모듈이 커질수록 피치원 지름과 원주피치 또한 커지게 됩니다.**

2장 ~ 재료/부품/공구/기계

제작 방법과 다양한 기어

기계류를 제작 할 때 많이 사용하는 **기어**는 다양하고 복잡한 과정으로 설계되고 만들어집니다. 두 기어가 맞물리는 부분이 정교하게 설계되지 않으면 힘이 제대로 전달되지 않거나 소음과 마모 등이 발생할 수 있기 때문입니다.

제작방법

정교하고 내구성이 필요한 기어라면 기성품을 사용하는 것이 좋지만 공차가 중요하지 않고 빠르게 기계적 구성요소를 충족시키고 싶을 때는 우선 **3D 프린팅**을 생각해 볼 수 있습니다.

3D CAD(Computer aided design, 컴퓨터 지원 설계) 프로그램을 이용하여 직접 작도하거나 내장 툴, 애드온 등을 활용하여 그린 후에 3D 프린터로 출력을 합니다.

두번째 방법으로는 **레이저 커팅기**를 이용한 제작이 있습니다. 레이저 종류에 따라 절단할 수 있는 재질이 달라지며 운용방법도 달라지므로 주의할 필요가 있고 특히 투명한 재질(유리나 아크릴 등)과 PC 같은 재질은 가공 가능성 여부를 꼼꼼히 체크해야 합니다.

- **CO2 레이저**: (추천) 목재류, 아크릴(PMMA 투명 및 색상), 유리, 세라믹, 고무 등 대부분 비금속 소재 (비추천) 금속(고출력이나 특수코팅 필요), PVC·ABS·PC(유독 가스 발생)

- **Fiber(광섬유) 레이저**: (추천) 금속, ABS 등 엔지니어링 플라스틱(각인) (비추천) 투명소재

- **UV(자외선) 레이저**: (추천) 각인작업, 얇은 소재, 고해상도 작업 (비추천) 절단 작업

- **Diode(다이오드 레이저)**: (추천) 목재류, 종이, 가죽, 직물, 고무, 짙은 색상 아크릴 (비추천) 투명 아크릴 커팅, 금속 / 유리

세번째 방법으로는 **CNC(Computerized Numerical Control) 라우터, 밀링머신** 등으로 기계적 절삭 가공하는 방법입니다. PC 재질 한정으로는 좋은 대안이지만 운용 숙련도가 많이 요구되며, 소음이 크고 칩 등 부산물 처리가 단점입니다. 이외에도 공장에서는 더 다양한 방법으로 정밀하게 생산되고 있지만 가정에서 갖추기는 어려운 것이기에 생략하도록 하겠습니다.

기어의 종류

① 평기어 (Spur Gear)

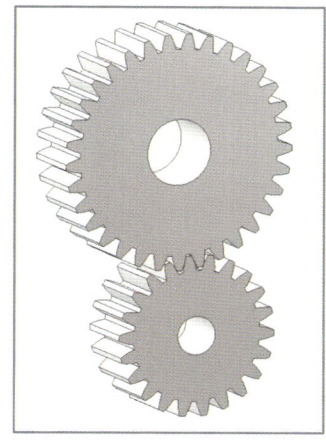

평기어는 가장 단순한 형태의 기어로, 원통형 기어의 이(teeth)가 축과 평행하게 배치되어 있습니다. 두 개의 평기어를 맞물리면 축이 평행인 상태에서 동력이 전달되며, 한쪽이 회전할 때 맞물린 기어는 반대 방향으로 회전합니다.

제작이 비교적 쉽고 정밀도가 높게 나오기 때문에 가장 널리 사용되는 기어로서, 시계나 가정용 기기부터 산업용 감속기, 변속기 등 거의 모든 기계에 활용됩니다. 구조가 단순하고 전달 효율이 높으며 신뢰성이 좋아 범용적으로 쓰이지만, **맞물림 충격으로 소음과 진동이 크고 치면에 걸리는 응력이 높아 고속이나 고하중 용도에서는 불리**한 점이 있습니다

② 헬리컬 기어 (Helical Gear)

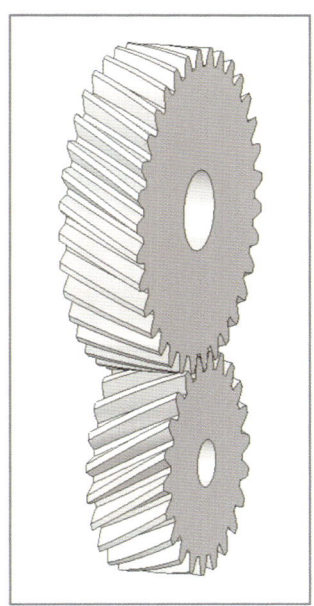

헬리컬 기어는 이가 축에 대해 비틀어진 각도로 가공된 원통형 기어로, 평행한 두 축 사이에서 사용됩니다. 한 쌍의 헬리컬 기어는 서로 반대 방향의 나선형 이틀을 갖도록 구성하여 평행축에서 동력을 전달하며, 이가 비스듬하게 맞물리므로 동시에 여러 개의 이가 접촉합니다.

그 결과 충격과 소음이 줄어들고 부드러운 동력 전달이 이루어지며, 물림률 증가로 동일 크기에서 더 큰 토크를 전달할 수 있어 고속·고출력 기계(예: 자동차 변속기 등)에 적합합니다.

다만 **치형 각도로 인해 축 방향으로 힘(스러스트)이 발생하므로 이에 견디는 베어링을 사용하던가 더블 헬리컬 기어를 사용해 스러스트를 상쇄**시킵니다. 제작 및 조립 시 치형의 방향(좌우)을 정확히 맞추는 주의가 요구됩니다.

③ 베벨 기어 (Bevel Gear)

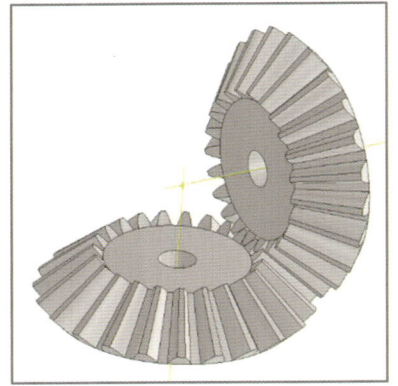

베벨 기어는 원추형(conical) 형태의 기어로, 서로 교차하는 두 축 사이에서 동력을 전달하기 위해 사용됩니다. 보통 두 축이 직각(90°)으로 교차하는 경우가 많아 직각 기어라고도 불리며, 한 쌍의 베벨 기어는 큰 원뿔과 작은 원뿔 형태로 맞물려 회전 방향을 변화시킵니다.

자동차의 차동기어(디퍼렌셜)처럼 동력을 90 도로 꺾어주는 장치나, 직각 감속기, 드릴 등 축 방향 변경이 필요한 기계에서 널리 활용됩니다

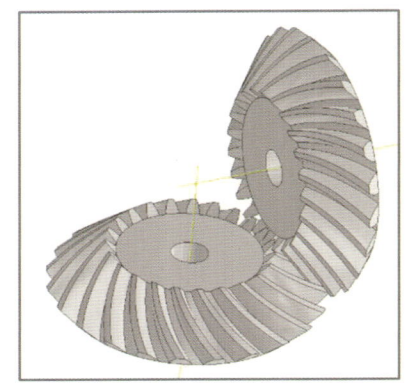

특히 곡선 치형의 **스파이럴 베벨 기어**는 치합율이 높아 효율, 강도, 진동 및 소음 면에서 유리하지만, 그만큼 가공이 어렵고 작동 시 축방향의 힘(스러스트)을 발생시켜 추가적인 베어링 보강이나 기어를 추가하여 힘의 상쇄가 필요합니다.

일반 베벨 기어의 경우에는 고속에서 치형 충격으로 소음이 크고 마모가 빠를 수 있는 단점이 있어, 이러한 상황에서는 좌측 그림과 같은 스파이럴 베벨 기어 사용이 선호됩니다.

④ 웜 기어 (Worm Gear)

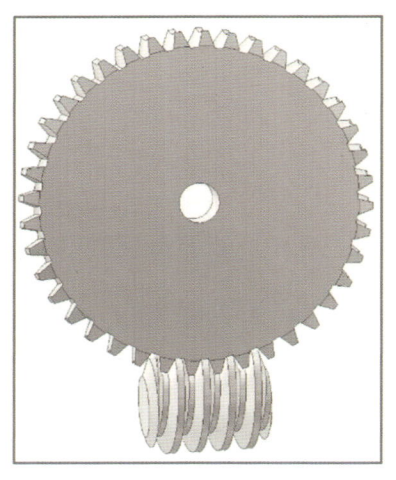

웜 기어는 한 축이 나사 형태의 웜(worm)과, 맞물리는 웜휠(worm wheel)로 구성된 기어로, 두 축이 교차하지 않고 엇갈린 채 배치됩니다. 웜이 회전하면서 웜휠의 이와 지속적으로 미끄러지듯 접촉하여 큰 감속비의 동력 전달이 이루어지며, 주로 **감속장치나 역회전 방지가 필요한 장치에 사용**됩니다. 웜기어는 치면끼리 마찰滑動 접촉하므로 다른 기어 대비 동력 전달 효율은

낮지만, 접촉이 연속적으로 이루어져 움직임이 매우 부드럽고 소음이 거의 없는 장점이 있습니다.

웜의 리드각이 작을 경우 웜휠에서 웜으로 역구동이 어려워 기어가 스스로 잠기는(Self-locking) 특징을 가지는데, 이는 안전이나 고정이 필요한 장비에서 유용합니다. 그러나 지속적인 미끄럼 접촉으로 마찰열이 많이 발생하고 마모가 빠르므로 윤활과 냉각에 주의해야 하며, 웜이 회전력을 축 방향으로도 밀어내는 힘을 발생시키므로, 이에 견딜 수 있는 구조를 가져야 합니다.

⑤나사 기어 (Screw Gear)

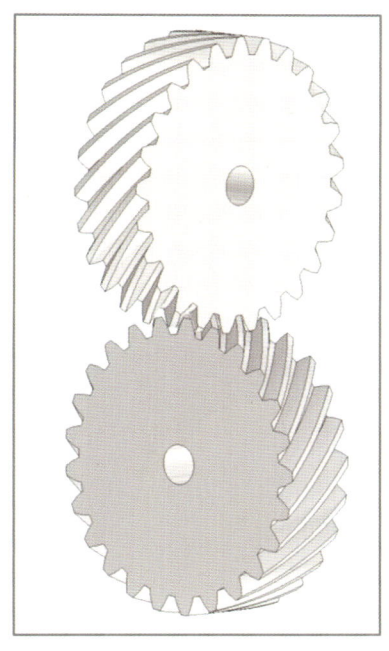

나사 기어는 엇갈린 두 축 사이에서 동력을 전달하기 위한 기어로, 일종의 교차 헬리컬 기어입니다. 두 개의 헬리컬 기어가 같은 방향의 헬릭스 각(예: 45°)을 가지고 서로 직각에 가까운 각도로 엇갈려 맞물린 구조이며, 평행축도 교차축도 아닌 축 배치를 갖습니다.

나사기어는 이가 점 접촉으로 맞물려 항상 치면에 미끄럼 운동이 발생하므로, 동력 전달 효율이 낮고 과도한 마모를 막기 위해 윤활에 특별히 신경써야 합니다. 이러한 이유로 큰 힘을 전달하는 용도에는 부적합하며, 주로 중간 정도의 하중과 속도에서 비교적 조용하게 동력을 전달해야 하는 경우에 쓰입니다.

예를 들어 일부 공작기계나 경량 기계의 구동부 등에 사용되며, 축을 교차시키는 각도를 자유롭게 설정할 수 있다는 설계상의 유연성도 장점입니다. 다만 구조상 마찰로 인한 전달 효율 저하와 측향(횡방향) 힘 발생 등의 단점이 있습니다.

2 장 ~ 재료/부품/공구/기계

⑥ 랙과 피니언 (Rack & Pinion)

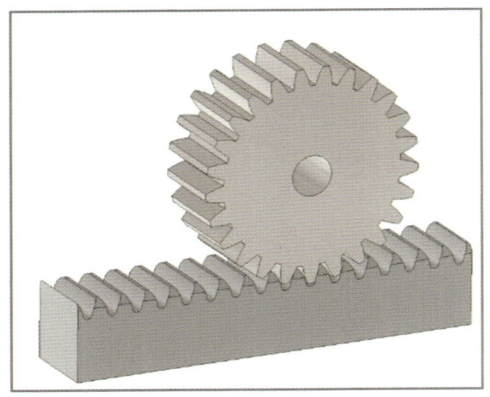

랙과 피니언은 회전 운동을 직선 운동으로 변환하는 장치로, 피니언(작은 기어)이 랙(막대 모양의 톱니판)을 따라 구르면서 직선 운동을 만들어냅니다.

랙은 피치원이 무한대인 평기어로 볼 수 있으며, 피니언 축과 직선 랙의 움직임이 직각으로 교차된 형태입니다. 이러한 기구는 자동차의 스티어링 장치(운전대 회전을 바퀴의 좌우 이동으로 변환)에서 가장 널리 사용되고, 그 밖에 공작기계 이송장치, 엘리베이터 및 각종 리니어 액추에이터 등에 쓰입니다. 구조가 단순하고 부품수가 적어 제작 비용이 낮으며, 기계적인 강성이 높고 응답성이 좋아 작은 힘으로도 정확하고 빠른 동작을 얻을 수 있다는 장점이 있습니다.

다만 랙의 길이에 따라 직선 이동 가능 범위가 제한되고, 기어의 간극(백래시)이나 마모에 민감하여 정밀도를 유지하기 위한 관리가 필요합니다. 또한 일반적으로 자가 잠금(self-locking) 기능이 없어 외부 힘에 의해 랙이 밀릴 수 있으므로, 멈춤 장치나 브레이크 등이 추가로 요구될 수 있습니다.

기어의 설계 방법은 본 도서의 '제작' 편을 참고하시기 바라며 설계 파일을 토대로 3D 프린팅과 연계하여 부품 생산까지 가능하므로 다양하게 만들어 봅시다.

TIP!

응력(應力, stress): 외력을 가할 때 물체 내부에 발생하는 저항력이며 단위 면적당 힘

백래쉬(Backlash): 일반적으로 피치원을 따라 측정되며 실무적으로는 모듈값에 0.03~0.05 를 곱하여 사용하고 있는 것으로 보입니다.(출처: Wikipedia, "Backlash")

2.28. 베어링

베어링이란 축과 지지대 사이의 마찰을 줄여주는 기계 요소입니다. 상대운동하는 물체간 마찰을 줄여주어 회전 운동 등을 원활하게 만들어 줍니다. 베어링 가공은 정밀함이 필요하고 베어링의 개별 단가가 크게 부담스러운 수준은 아니기 때문에 자작보다는 구매하여 쓰는 것이 일반적입니다.

베어링의 종류는 매우 다양하게 있지만 하중의 방향에 따라 크게 **레이디얼 베어링**(radial bearing: 지름방향으로 하중을 받음)과 **스러스트 베어링**(thrust bearing: 축방향으로 하중을 받음)으로 나누어 볼 수 있습니다.

구조에 따른 분류로는 구름 베어링, 플레인 베어링, 유체 베어링, 자기 베어링, 슬리브 베어링 등이 있으나 가장 많이 사용하는 유형은 구름 베어링으로 볼 수 있습니다. 구름 베어링은 다시 볼 베어링과 롤러 베어링으로 나뉘며 볼이나 롤러의 배치에 따라 또 세분화하여 호칭하고 있습니다. 아래는 가장 많이 사용하고 있는 구름 베어링의 한 종류인 **볼 베어링**의 사진입니다.

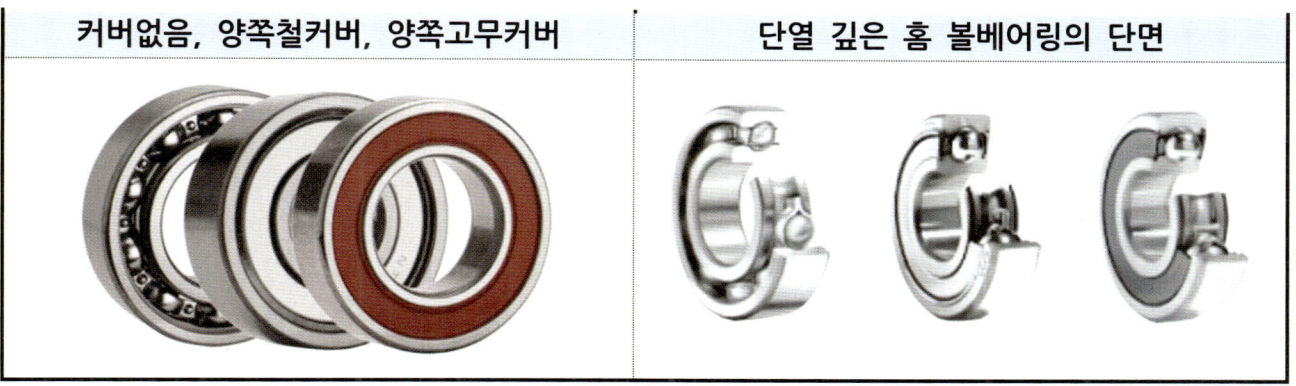

* 출처: (제조사) NTN

위 사진 좌측에 있는 사진은 왼쪽에서부터 각각 커버 없음, 양쪽 커버(shield), 양쪽 고무 커버(seal)를 한 모양을 표시하고 있습니다. 쉴드나 실의 유무는 베어링 호칭의 보조기호로 나타내고 있는데 **한쪽 쉴드는 Z, 양쪽 쉴드는 ZZ, 한쪽 실붙이는 U, 양쪽 실붙이는 UU 로 표기**하고 있습니다. 단 이는 강제 규정은 아니므로 다른 기호를 사용할 수 있어 제조사별로 약간씩 다른 명칭을 사용하고 있습니다. (출처: KS B 2012:2019)

2장 ~ 재료/부품/공구/기계

베어링의 명칭(호칭 번호)은 기본 기호 및 보조 기호로 구성되며 다음과 같은 구성을 가집니다. 보조 기호는 당사자 간의 협의에 따라 기본 기호의 전후에 붙일 수 있습니다.

보조 기호	베어링 계열 기호			안지름 번호	접촉각 기호	보조 기호
	형식기호	치수 계열 기호				
		폭(또는 높이)	지름			
(예시)	6	0	2	03	생략	ZZ

위 표는 6203ZZ 베어링의 예시입니다. 아래는 베어링 계열 기호 중 일부를 설명합니다.

베어링의 형식		단면도	형식기호	치수 계열 기호	베어링 계열 기호
깊은 홈 볼 베어링	단열 홈 없음, 비분리형		6	17	67
				18	68
				19	69
				10	60
				02	62
				03	63
				04	64
앵귤러 볼 베어링	단열 비분리형		7	19	79
				10	70
				02	72
				03	73
				04	74

치수 계열 기호는 폭(또는 높이) 계열 기호 및 지름 계열 기호의 두 자리 숫자로 이루어집니다. 폭 계열 번호 0 또는 1 의 깊은 홈 볼 베어링, 앵귤러 볼 베어링 및 원통 롤러 베어링에서는 폭 계열 기호가 관례적으로 생략되는 경우가 있습니다. 위 표를 예로 들면 617은 67 입니다.

베어링 호칭 mm	안지름 번호	베어링 호칭 mm	안지름 번호	베어링 호칭 mm	안지름 번호
0.6	/0.6*	5	5	15	02
1	1	6	6	17	03
1.5	/1.5*	7	7	20	04
2	2	8	8	22	/22
2.5	/2.5*	9	9	25	05
3	3	10	00	28	/28
4	4	12	01	30	06

'*'표시가 붙은 것은 다른 기호를 사용할 수 있음(출처: KS B 2012:2019)

베어링 형식	접촉각	접촉각 기호
단열 앵귤러 볼 베어링	10°초과 22°이하	C
단열 앵귤러 볼 베어링	22°초과 32°이하	A*
단열 앵귤러 볼 베어링	32°초과 45°이하	B
테이퍼 롤러 베어링	17°초과 24°이하	C
테이퍼 롤러 베어링	24°초과 32°이하	D

'*'표시가 붙은 것은 생략할 수 있음

주의해야 할 점은 안지름번호에서 2 와 02 는 완전히 다른 규격이라는 것입니다. 3 와 03 의 경우도 마찬가지입니다. 이러한 것들을 주의하면서 규칙을 토대로 KS B 2013:2019 구름베어링 주요치수 표를 참조하면 베어링의 외경과 내경, 두께를 구할 수 있습니다.

그러나 매번 KS 규격표를 조회해 가며 찾는 것은 시간이 많이 걸리는 일이기 때문에 제조사의 제품 설명란을 참고하거나 AI 를 활용하여 원하는 내경을 말해주고 조회하면 검색 시간을 많이 단축할 수 있습니다.

베어링의 활용과 관련하여 지상의 기계에서는 베어링이 상당히 많이 쓰이고 있으나 드론에 한정해서 볼 때는 부품의 무게로 인해 그렇게 많이 쓰이는 부품은 아니라고 볼 수 있습니다. 대부분의 기계 부품이 그렇지만 베어링의 크기가 커지면 무게도 증가하여 드론에 활용하기는 부담스러운 무게가 될 수도 있으므로 필요 최소한의 설계 적용이 필요합니다.

필요 최소한의 설계란 하중의 방향과 크기를 고려하여 최대한 작고 가벼운 부품을 쓰는 것을 말하며 이는 안전성을 해치지 않는 범위여야 하므로 허용 하중 등의 정확한 계산이 필요합니다. 각 베어링은 제조사에서 허용하중을 명시하는 경우가 많으니 이를 참조합니다.

TIP!

베어링의 허용하중은 동 정격하중과 정 정격하중으로 나뉘는데 **동 정격하중**은 베어링이 회전하는 동안 일정한 하중을 견딜 수 있게 설계된 값이며 **정 정격하중**은 회전이 멈춘 상태에서의 정격하중입니다.

2.29. 엑츄에이터

엑츄에이터(actuator)란 전기나 유압, 압축 공기 등을 이용해 특정 방향으로 움직이는 기계 장치를 말합니다. 그 중에서도 **리니어 엑츄에이터(Linear actuator)**는 직선 운동을 생성하는 장치를 말하며 특히 모터에 있어서는 회전 운동을 직선 운동으로 변환시켜 주는 역할을 합니다.

자동차의 트렁크 개폐시스템, 자동 창문 개폐 시스템에 많이 사용되고 있으며 RC 비행기에서는 랜딩 기어(Landing gear)가 접혀서 들어갈 수 있도록 해 주고, 드론에서는 다리를 올려서 하부 페이로드가 커버하는 공간을 넓혀 주는 등의 역할을 수행하고 있습니다.

직동운동을 하기 위해서는 회전 운동을 하는 서보모터나 스텝모터에 푸시로드(Push rod) 또는 링키지, 타이로드 등으로 불리는 연결 봉을 서보혼이나 암과 같은 축으로 연결함으로써 구현하는 방법도 있지만 이 경우 작동 범위가 제한적이거나 다수의 부품 설계가 필요하게 되므로 사용 목적에 따라 선택할 필요가 있습니다.

엑츄에이터는 서보모터로 직동 운동을 구현하는 경우에 비해 상대적으로 정밀도가 높고 고하중, 긴 스트로크(stroke length)를 가지지만 무게가 무겁고 가격이 비싼 것이 흠입니다.

포토센서등과 조합하거나 스텝모터 코딩을 통해 특정 위치에서 지정한 트리거가 발동하도록 할 수 있으며 가동자(블록)를 다른 요소에 고정시키거나 추가 장치를 부착함으로써 다양한 메커니즘을 부여 가능한 장치입니다.

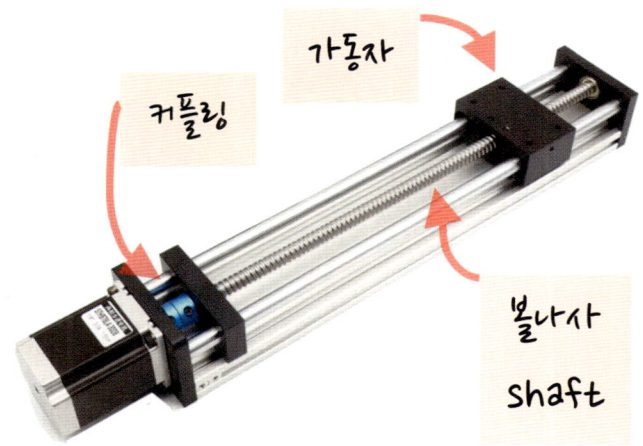

[볼나사 방식 리니어 엑츄에이터]

스텝모터의 축과 볼나사 축을 커플링으로 연결하였으며 가동자(블록)는 볼나사의 리드거리와 스텝모터의 회전에 따라 직동운동을 하게 됩니다.
따라서 가동자의 이동 속도는 리드거리 및 스텝모터의 회전 속도에 영향을 받으며 스트로크 제한을 하기 위해 리미트 스위치를 추가하기도 합니다.

2장 ~ 재료/부품/공구/기계

2.30. 센서

자작으로 드론과 같은 기계장치를 만들 때 가장 큰 이점 중 하나는 다양한 센서를 목적에 맞게 부착하여 사용할 수 있다는 것입니다.

온도, 습도, 수위, 가속도, 자이로, 지자계, 대기압, 전류, 전압, 진동, 조도, 적외선, 미세먼지, 초음파 거리센서, LiDAR 거리측정, 터치, 압력, 일산화탄소, 가스(LNG, LPG, 프로판, 이소부탄), 불꽃 감지, 알코올, 심박 측정 등 다양한 센서가 출시되어 있으며 MCU와 코딩을 통해 임무 영역을 확장할 수 있는 가능성을 제공합니다.

2.31. 스프링

훅의 법칙과 탄성 퍼텐셜 에너지

스프링(Spring)은 변형 시 에너지를 저장했다가 복원하면서 탄성력에 의해 에너지를 방출하는 기계 요소입니다. 변형의 정도가 작을 때 이러한 복원력과 변형량 사이에는 비례 관계가 성립하는데 이것을 발견자인 17세기 영국 물리학자 로버트 훅의 이름을 따서 **훅의 법칙**이라고 부릅니다.

$$F(\text{축방향 하중}) = k(\text{스프링 상수 또는 탄성 계수}) \times x(\text{변형량})$$

용수철에 과도한 힘이 가해지면 **탄성 한계**를 넘어 더 이상 복원되지 못하고 파손되기 때문에 훅의 법칙은 용수철의 탄성 한계 내에서의 근사식으로 볼 수 있습니다.

용수철의 변형에 의해서 저장되는 **탄성 퍼텐셜 에너지**는 $\frac{1}{2} \times$힘$\times$거리이므로 아래 식이 성립합니다.

$$E_s(\text{탄성 퍼텐셜 에너지}) = \frac{1}{2}Fx = \frac{1}{2}kx \cdot x = \frac{1}{2}kx^2$$

스프링의 종류

스프링의 종류는 여러가지가 있지만 주로 다음과 같은 스프링을 많이 사용하고 있습니다. 스프링 종류를 구분하는 용어는 KS 표준을 따라서 분류하였습니다.(KS B 0103:2000)

압축 코일 스프링 (Compression spring)	프레스 금형용 코일 스프링 (평평한 선 코일 스프링)		
볼록통 코일 스프링 (Barrel shaped spring)	인장 코일 스프링 (Extension spring)		
비틀림 코일 스프링 (Torsion spring)	판스프링 (Laminated spring, Leaf spring)		
접시 스프링(Initially coned disc spring, Belleville spring)	태엽 스프링 (Power spring)		
스프링와셔 (Spring washer)	파형 와셔 (Wave washer)	스냅 링(축용) (Cir-clip, Snapring)	스냅 링(구멍용) (Cir-clip, Snapring)

스프링은 압축된 상태에서 과한 압력을 더 준다던가 인장된 상태에서 추가적인 힘을 주면 파손될 수 있습니다. 스프링이 최대 압축된 스프링 바인드 상황에서 부하가 걸려 생기는 스프링 파손을 막기 위해 댐퍼의 최대 스트로크를 스프링보다 작게 하기도 합니다.

평평한 선 코일 스프링은 압축 코일 스프링보다 더 강한 압력으로 사용하는 곳에 사용하기 위한 용도로 사용되며 압축 시 면접촉을 하기 때문에 파손 가능성을 줄여 줍니다. KS 규격에서 평평한 선 코일 스프링에는 식별색을 붙여야 하며 경소 하중은 노랑(황), 경하중은 파랑(청), 중간 하중은 빨강(적), 중하중은 녹색(녹), 극 중하중은 갈색(다)입니다.

볼록통 코일 스프링은 중간 부분의 직경이 크고 끝단의 직경이 작으므로 압축 시 끝단이 중간 코일 속으로 들어가 매우 납작하게 압축시킬 수 있습니다. 이러한 특성으로 인해 다른 스프링에 비해 높은 변형률을 가질 수 있습니다. 다만 기성품이 다양하지 않아 구매 폭이 제한되는 경향이 있습니다.

스프링의 직렬연결과 병렬 연결

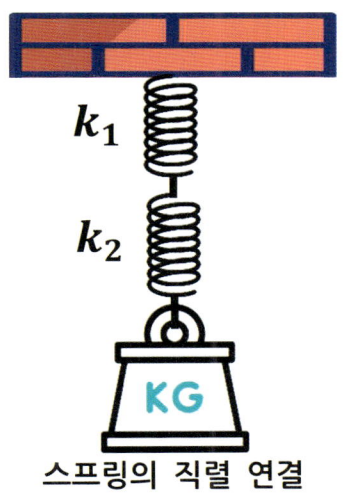
스프링의 직렬 연결

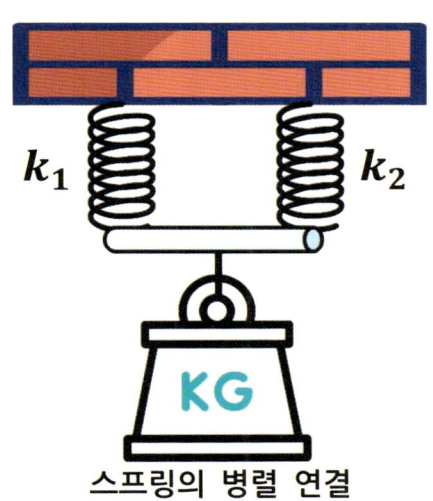
스프링의 병렬 연결

등가 스프링 상수(합성 강성)를 k_{eq}라 할 때

| (직렬 연결) $\dfrac{1}{k_{eq}} = \dfrac{1}{k_1} + \dfrac{1}{k_2}$ | (병렬 연결) $k_{eq} = k_1 + k_2$ |

2.32. 무선 통신 주파수 대역

무선 통신을 사용할 때에는 인증 받은 제품을 사용하고 필요 시 무선국 허가를 받거나 신고를 해야 합니다. 중앙전파관리소에서는 각종 전파측정시스템을 이용하여 최대 9kHz~7.5GHz 주파수 대역의 불법 전파의 탐사 및 불법 무선국을 색출하고 있습니다.

다소 개념이 어려울 수 있으므로 용어의 정의를 먼저 살표보도록 하겠습니다. 전파법(2024. 7. 24. 시행, 법률 제 20067 호)에서는 용어의 정의를 다음과 같이 하고 있습니다.(일부 발췌)

1. **"전파"**란 인공적인 유도(誘導) 없이 공간에 퍼져 나가는 전자파로서 국제전기통신연합이 정한 범위의 주파수를 가진 것을 말한다.

2. **"주파수분배"**란 특정한 주파수의 용도를 정하는 것을 말한다.

3. **"주파수할당"**이란 특정한 주파수를 이용할 수 있는 권리를 특정인에게 주는 것을 말한다.

5. **"무선설비"**란 전파를 보내거나 받는 전기적 시설을 말한다.

5 의 2. **"무선통신"**이란 전파를 이용하여 모든 종류의
  기호·신호·문언·영상·음향 등의 정보를 보내거나 받는 것을 말한다.

6. **"무선국(無線局)"**이란 무선설비와 무선설비를 조작하는 자의 총체를 말한다.
  다만, 방송수신만을 목적으로 하는 것은 제외한다.

7. **"무선종사자"**란 무선설비를 조작하거나 설치공사를 하는 사람으로서 제 70 조 제 2 항에 따라 기술자격증을 발급받은 사람을 말한다.

8. **"시설자"**란 과학기술정보통신부장관으로부터 무선국의 개설허가를 받거나 과학기술정보통신부장관에게 개설신고를 하고 무선국을 개설한 자를 말한다.

9. **"방송국"**이란 공중(公衆)이 방송신호를 직접 수신할 수 있도록 할 목적으로 개설한 무선국을 말한다.

2 장 ~ 재료/부품/공구/기계

취미 영역에서 많이 사용하는 주파수 대역이 어떻게 분배되어 있는지 살펴보겠습니다.

1. 863 ~ 923.3 MHz 대역 통신

가. Lora 통신: 국가별 무선 주파수 규제에 따라 대역 사용. 주로 아래와 같음.

1) 유럽(EU)지역: 863~870 MHz (주로 868 MHz 대역으로 불림)

2) 북미(미국, 캐나다) 지역: 902~928 MHz (주로 915 MHz 대역으로 불림)

3) 대한민국: 920.9~923.3 MHz 대역

2. 2.4GHz 통신

가. 블루투스 통신: 2.4 GHz 대의 ISM (Industrial Scientific Medical) 대역 사용

- 주파수 대역: 2400 ~ 2483.5 MHz, 무선 LAN과 동일 대역

- 대역폭: 83.5 MHz

- 중심주파수: (Classic Bluetooth) 1 MHz 간격, 예) 2402, 2403, 2404…

　　　　　　(BLE, Bluetooth Low Energy) 2 MHz 간격, 예) 2402, 2404, 2406…

나. 항공용 조종기(후타바 T18SZ, 라디오마스터 TX16S Mk2 Max 등)

다. 지상용 조종기(후타바 T10PX 등)

3. 5.8GHz 통신

예) DJI O4 Air unit 송신기 출력(EIRP)

5.1GHz<23dBm**(CE)** / 5.8GHz<30dBm**(FCC)**, <14dBm**(CE)**, <30dBm**(SRRC)**

TIP!

KC: 한국 인증 / CE (Conformité Européenne):유럽 인증

FCC (Federal Communications Commission, 연방통신위원회): 미국 인증

SRRC (State Radio Regulation COMMITTEE): 중국 인증

2 장 ~ 재료/부품/공구/기계

대한민국 주파수 분배표(2022. 12. 30. 시행, 과학기술정보통신부고시 제 2022-74 호)

* 주파수 분배표는 2020 년 1 월 1 일을 기준으로 3 년마다(매 3 년이 되는 해의 12 월 31 일까지를 말한다) 그 타당성을 검토하고 있음

* 하나의 주파수대역에 두 가지 이상의 업무가 표시된 경우 밑줄 표시가 있는 것은 2 순위 업무(두 가지 이상의 업무에 분배한 경우 기재순서는 상대적 우선순위가 아님)

* 각 주파수대역에서 업무 우측에 표시한 주석은 해당 업무에만 적용하고 하단에 표시한 것은 당해 주파수대역의 모든 업무에 적용한다.(K 로 시작하는 것은 국내 주석)

구분	주파수대별 분배	용도 등	비 고 (주석 일부 발췌)
1	894~942MHz 고정 이동 5.317A 무선탐지	양방향무선호출 K70 무선데이터통신 K88A 특정소출력(음성 및 음향신호전송용) K37D RFID/USN 등, 비상통신보조용 K90D 이동통신 K88B 해양경비안전망용 K88C 해상조난자위치발신용 K88D	K88A 317.9875~318.1375 ㎒, 319.1375~320.9875 ㎒, 322~328.6 ㎒, 898~900 ㎒, 924.05625~924.45625 ㎒, 938~940 ㎒의 주파수대역은 무선데이터통신용으로 사용하되, 898.00625~898.64375 ㎒의 주파수 대역은 이동국 송신용으로, 938.00625~938.64375 ㎒의 주파수 대역은 기지국 송신용으로 사용한다.
2	2400~2,450MHz 고정 이동 5,384A 아마추어 무선탐지 5,150 5,282	2425 ㎒ (아마추어국지정주파수) 도서통신 K116A 특정소출력(무선데이터통신시스템용, 이동체식별장치) K37F K117 디지털코드없는전화기(DCP) K54	K37F 2400~2483.5 ㎒ 및 5725~5850 ㎒의 주파수대역은 특정소출력무선기기 (무선데이터통신시스템용)로 사용할 수 있다.

신고하지 않고 개설할 수 있는 무선국

전파법 시행령 제 25 조(신고하지 아니하고 개설할 수 있는 무선국)

1. 표준전계발생기 · 헤테르다인방식 주파수 측정장치, 그 밖의 측정용 소형발진기
2. 법 제 58 조의 2 제 1 항에 따른 **적합성평가**(이하 "적합성평가"라 한다)를 받은 무선기기로서 개인의 일상생활에 자유로이 사용하기 위하여 과학기술정보통신부장관이 정한 주파수(주: 대한민국 주파수 분배표에 따른 주파수를 말함)를 이용하여 개설하는 생활무선국용 무선기기
3. 제 24 조제 1 항제 2 호에 따른 무선기기 외의 **수신전용 무선기기**
4. 적합성평가를 받은 무선기기로서 다른 무선국의 통신을 방해하지 아니하는 출력의 범위에서 사용할 목적으로 과학기술정보통신부장관이 용도 및 주파수와 안테나공급전력 또는 전계강도 등을 정하여 **고시하는 무선기기**

적합성평가 면제대상 기자재 (전파법 시행령 별표 6 의 2, 2024. 12. 17. 시행)

1. 법 제 58 조의 3 제 1 항제 1 호에 따른 적합성평가 면제대상 기자재(일부 발췌)

면제대상 기자재	면제 수량	면제 내용
가. 적합성평가를 위한 시험, 제품의 품질·성능 검사 등에 사용하기 위한 기자재	10 대	법 제 58 조의 2 제 2 항·제 3 항에 따른 적합인증 및 적합등록
나. 제품 및 방송통신서비스의 연구 및 기술개발 등에 사용하기 위한 기자재	1,500 대 (다만, 과학기술정보통신부장관이 연구 및 기술개발을 위해 필요하다고 인정하는 경우에는 면제 수량의 제한을 두지 않을 수 있다)	

2 장 ~ 재료/부품/공구/기계

다. 판매를 목적으로 하지 않고 신제품 홍보 등을 위한 전시회 등에 진열하기 위한 기자재	과학기술정보통신부장관이 인정하는 수량	
라. 판매를 목적으로 하지 않고 국제회의 및 국제경기대회 등에 직접 사용하기 위한 기자재	과학기술정보통신부장관이 인정하는 수량	
마. 판매를 목적으로 하지 않고 국내 시장조사를 목적으로 수입하는 견본품용 기자재	3 대	
바. 외국의 기술자가 국내산업체 등의 필요에 따라 일정기간 내에 반출하는 조건으로 반입하는 기자재	과학기술정보통신부장관이 인정하는 수량	
사. 적합성평가를 받은 기자재의 유지·보수를 위해 제조 또는 수입되는 동일한 구성품 또는 부품	과학기술정보통신부장관이 인정하는 수량	
아. 군용으로 사용할 목적으로 제조하거나 수입하는 기자재	과학기술정보통신부장관이 인정하는 수량	
자. **개인이 사용할 목적으로 반입하는 기자재. 다만, 반입일부터 1 년 이내에 판매하는 경우는 제외한다.**	**1 대**	
차. 「정보통신 진흥 및 융합 활성화 등에 관한 특별법」 제 38 조의 2 및 「산업융합 촉진법」 제 10 조의 3 에 따라 실증을 위한 규제특례가 부여된 기자재	과학기술정보통신부장관이 인정하는 수량	
카. 그 밖에 전파환경 및 방송통신환경에 미치는 영향 등을 고려하여 적합성평가의 면제가 필요한 것으로 과학기술정보통신부장관이 인정하여 고시하는 기자재	과학기술정보통신부장관이 인정하는 수량	

TIP!

개인이 사용할 경우 1 대에 대해서는 **적합성평가가 면제**되나 이는 모든 규제가 사라지는 것을 의미하는 것은 아닙니다. 허가나 신고가 필요한지는 관련 기관에 문의하여 확인이 필요합니다.

3 장 ~ 소프트웨어

3.1. 3D 설계

3D 설계(3-Dimensional Computer-Aided Design)는 물체·공간·기구를 컴퓨터 안에서 입체 모델로 표현하고, 치수·재질·동작 등을 시뮬레이션해 실제 제작·시공까지 연결하는 디지털 설계 방법입니다. 2D 도면에 비해 형상을 직관적으로 파악할 수 있고, CAE·CAM 등 후공정과의 연계성이 뛰어나 개발 기간 단축·비용 절감·품질 향상에 기여합니다.

3D 설계는 접근하는 방법에 따라 수치 제어에 중점을 두는 **파라메트릭 설계**와 직관적이고 복잡한 곡면을 잘 표현하는 **비(非)파라메트릭 설계**로 나누어 볼 수 있습니다. 실제 업무에서는 두 방식을 혼합(하이브리드) 지원하는 툴이 늘고 있으며, 설계 단계·산업군(기계·건축·미디어 등)·팀 규모에 따라 적절한 접근 방식을 선택합니다. 아래는 각각의 특징을 정리한 표이며 소프트웨어는 하이브리드가 많으므로 어떤 방식에 중점을 두고 있는지에 따라 분류한 표입니다.

구분	파라메트릭 설계 (Parametric / Feature-Based Modeling)	비(非)파라메트릭 설계 (Direct / Polygon-Based Modeling)
개념	모델을 '스케치 + 피처 + 구속조건 + 수식 변수'의 계층 구조로 쌓아올림. 파라미터 값을 바꾸면 모든 하위 피처가 자동 재생성.	형상을 직접 면·엣지·버텍스 또는 자유곡면(NURBS, Sub-D) 단위로 수정. 히스토리 의존성이 없거나 매우 얕음.
장점	설계 의도를 명확히 기록하여 복잡한 수정이나 부품 간 연관(Top-down) 설계, 대규모 설계에 강점 BOM(Bill of Materials, 부품 명세서) 작성이나 설계자동화에 유리	찰흙을 빚듯이 당기고 미는(Push pull) 직관적인 방식으로 설계. 초기 아이디어·유기적 형상·캐릭터 모델링에 탁월 가져온 STEP 파일 같은 히스토리 없는 데이터 편집이 빠름
소프트웨어	(Autodesk) Inventor, Fusion 360 (Dassault systems) SolidWorks / CATIA (Siemens) NX (PTC) Creo	Blender(오픈소스, 무료) (Autodesk) Maya / 3ds Max (Trimble) SketchUp Rhinoceros 3D + Grasshopper

3장 ~ 소프트웨어

설계 프로그램 사용례

오토데스크 인벤터 프로그램을 이용하여 나사 기어를 설계하는 방법을 예시로 살펴보겠습니다.

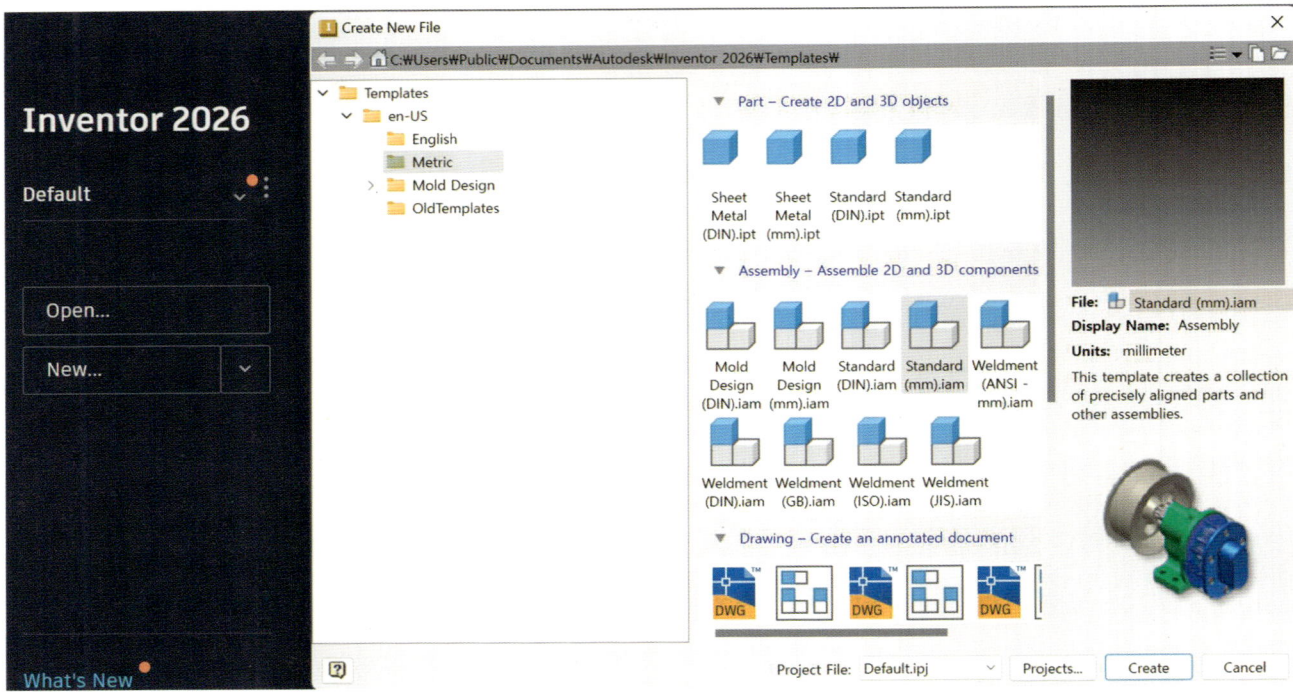

기어를 간단히 생성할 수 있는 **디자인 가속기(Design accelerator)**를 사용하기 위하여 조립품 파일을 생성합니다. 이 때 파일 유형 선택에 따라 단위가 mm 나 인치로 바뀌므로 사용할 단위나 규격을 고려하면서 파일을 선택합니다. 필자는 mm 단위를 사용하겠습니다.

부품 파일(Part)은 저장 시 확장자가 *.ipt, 조립품은 확장자가 *.iam, 도면은 확장자가 *.dwg 입니다. **ISO(국제표준화기구) / DIN(독일 및 EU) / GB(중국) / JIS(일본) / ANSI(미국)**표시는 이 부품·조립품·도면이 어떤 규격에 따라 작성되었는가를 알려주는 약어입니다.

TIP!

CAE(Computer-Aided Engineering): 시제품 생산 전 컴퓨터로 강도, 변형, 열, 유동 등을 계산하여 성능을 예측하고 문제점 개선 및 최적화

CAM(Computer-Aided Manufacturing): CAD/CAE 모델을 G-CODE 나 NC 로 변환해 드릴, 밀, 선반 등 CNC 설비가 형상을 효율적으로 가공하도록 경로·속도 등을 자동 제어

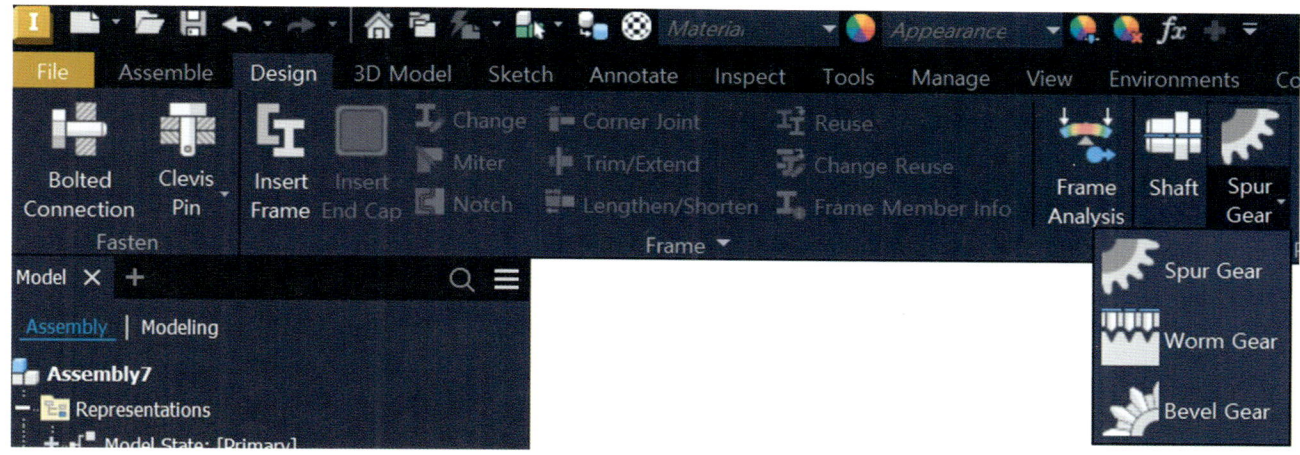

상단 Design 탭에서 **기어모양 아이콘을 클릭**하면 생성할 기어 종류를 고를 수 있습니다. **스퍼기어(Spur gear)를 클릭**해줍니다. 디자인 가속기를 사용해 부품을 생성하기 위해서는 어셈블리 파일을 먼저 저장해야 합니다. 이에 대한 알림창이 뜨면 확인을 눌러줍니다.

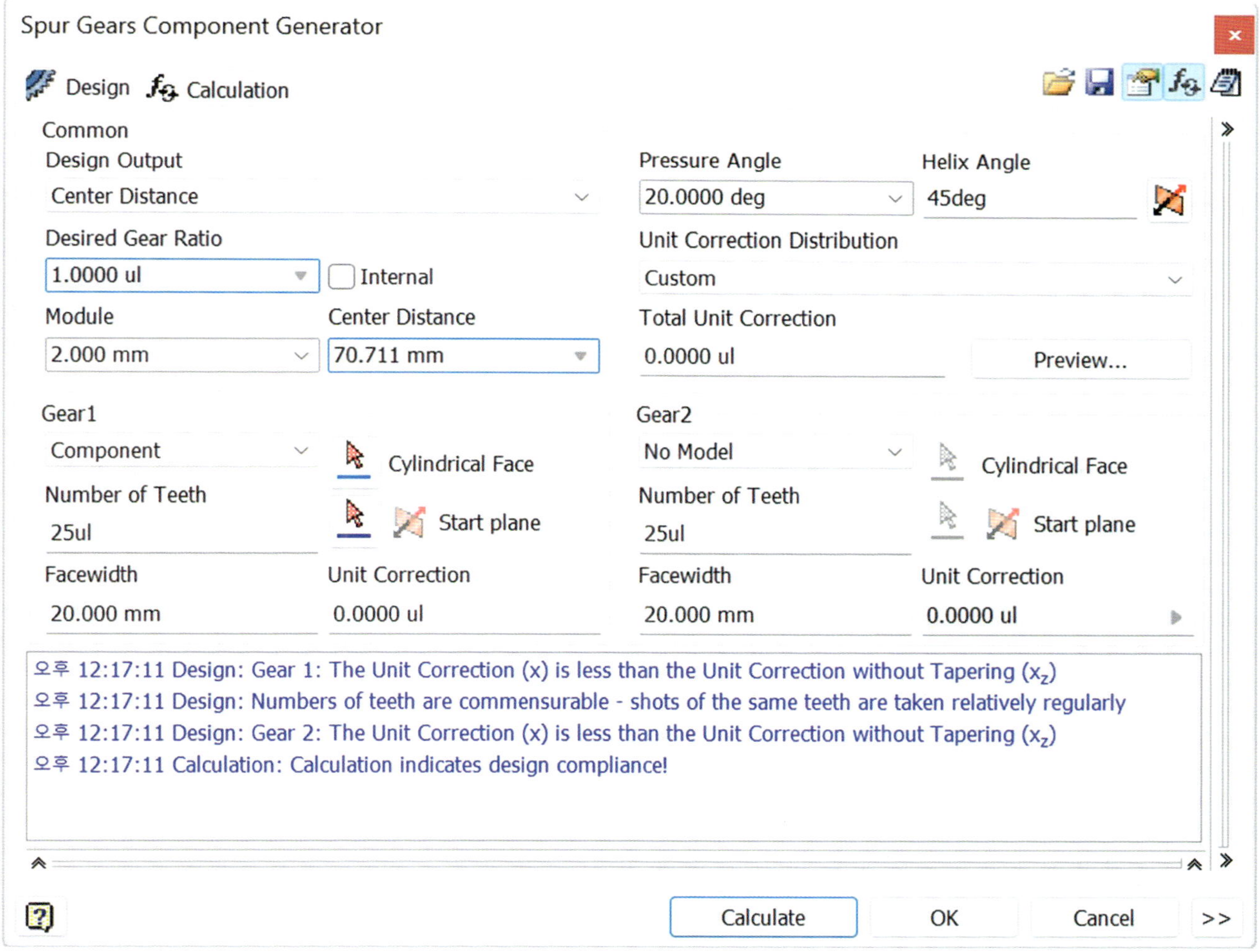

3 장 ~ 소프트웨어

위 사진과 같이 **Helix Angle** 값은 45 도, **Module** 은 2mm, **Gear1** 의 잇수는 25 개를 **설정**합니다. Gear2 는 No Model 을 선택하여 부품 생성이 되지 않도록 합니다. Gear2 의 잇수도 25 개로 설정하겠습니다. 이는 나중에 기어를 한 개 더 생성해서 수작업으로 축을 맞추어 주기위한 세팅입니다.

하단 **Calculate** 를 누르면 Center Distance 값이 자동으로 계산되어 바뀝니다. 이 수치를 메모합니다. **OK** 를 누르면 기어가 생성되어 위치시킬 수 있습니다. **클릭**하면 위치가 확정됩니다. 마찬가지의 방법으로 기어를 한 개 더 생성합니다.

가조립을 통해 기어나사가 대략 어떤 모습으로 조립되는지 확인하고자 한다면 여러가지 구속 조건을 부여하여 두 나사의 위치를 제한해야 합니다.

구속조건 부여를 통해 위치를 조정해 보겠습니다. 아래 사진과 같이 Assemble 탭에서 **Constrain** 을 누르고 **Type** 에서 Angle, Solution 에서 Directed Angle 을 **선택**합니다. A 기어의 면(XY)과 B 기어의 축(Z)을 선택하여 90 도의 각을 부여하고 OK 를 누릅니다.

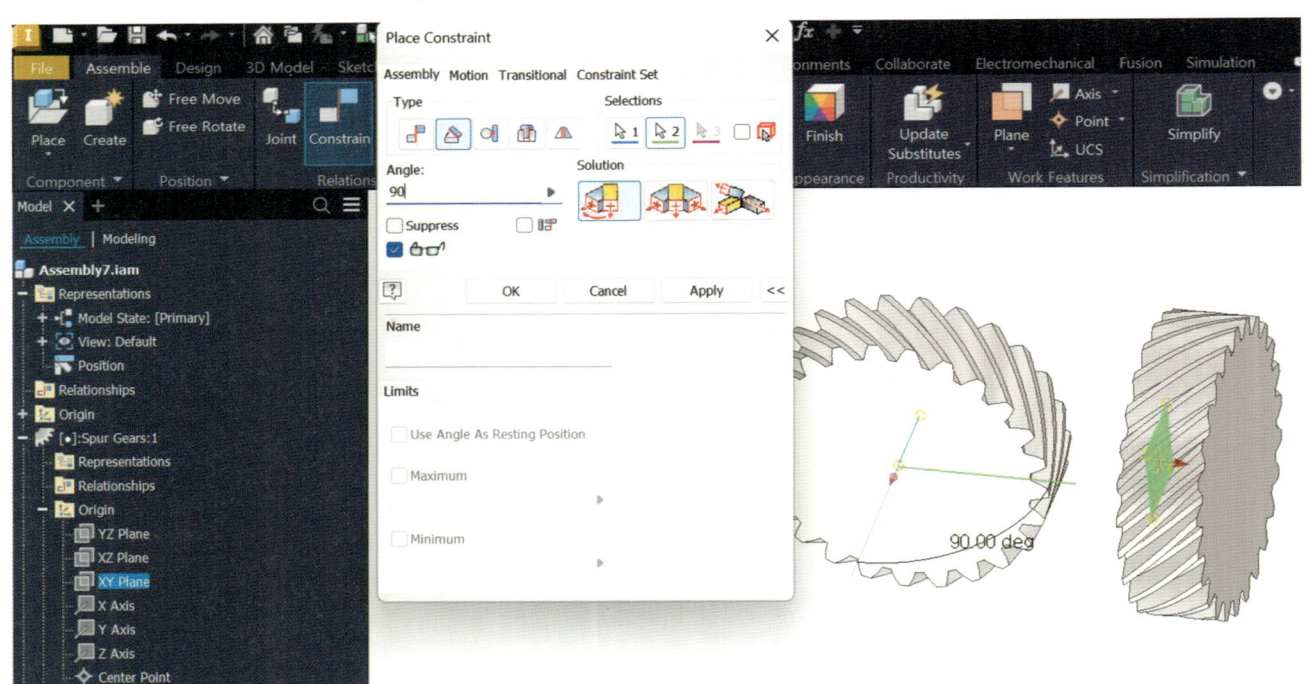

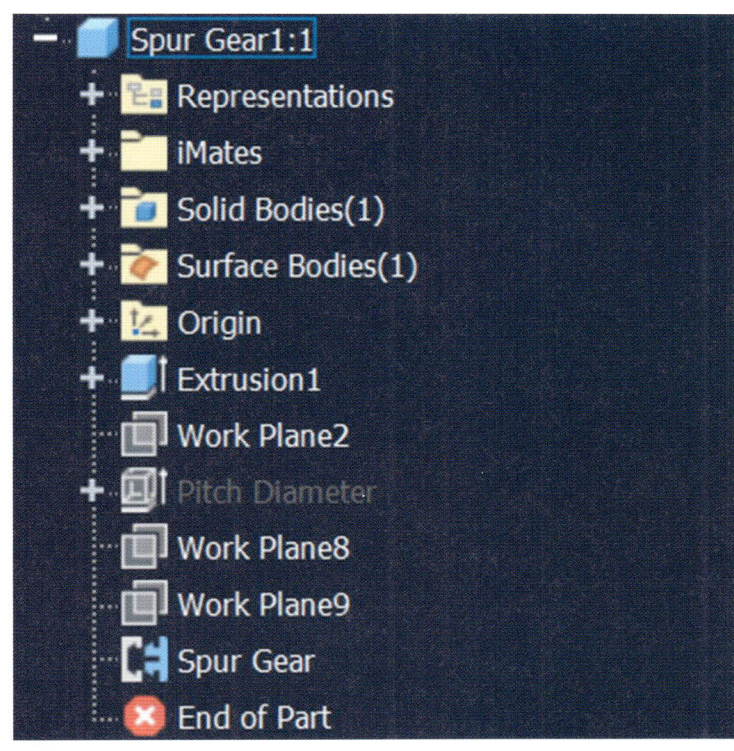

기어의 축에 구멍을 내기 위해 화면 왼쪽의 Spur Gear1 을 더블클릭합니다.

다음으로 아래 그림과 같이 기어에서 스케치를 그릴 면을 선택하고 나오는 팝업에서 Create Sketch 를 클릭합니다.

소프트웨어 화면 상단에서 원 아이콘(단축키 ctrl+shift+C)을 클릭하고 기어의 중심을 클릭하여 원을 그립니다.

원의 직경을 정의하기 위해서 화면 상단의 Dimention 아이콘을

클릭(단축키 D)하고 원을 클릭하여 직경을 입력합니다. 필자의 경우는 10mm 를 입력하였습니다.

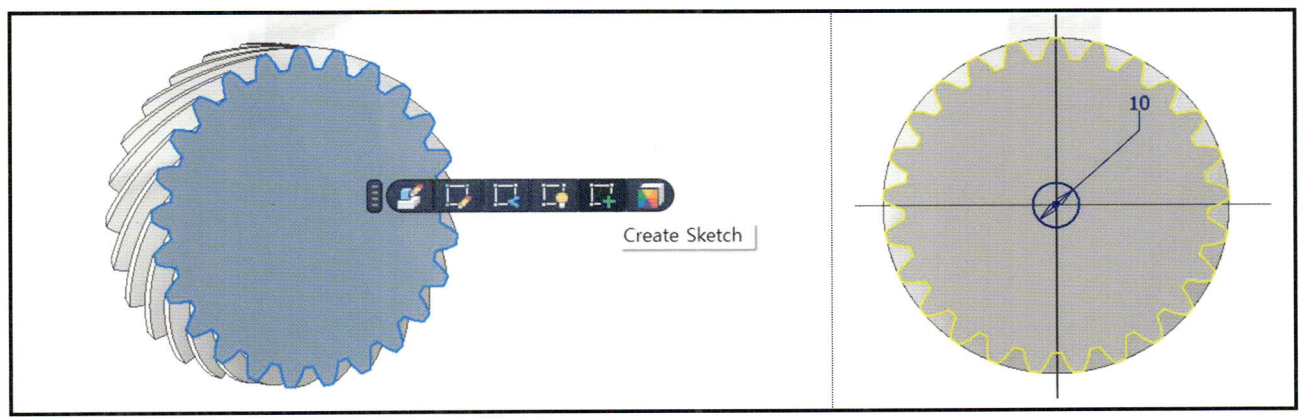

Finish 를 눌러 스케치를 종료합니다. 화면 상단의 돌출 아이콘을 클릭합니다.

아래 사진과 같이 돌출 메뉴가 나오면 돌출을 실행할 대상(원 스케치)을 선택합니다. Profiles 에 1 개가 입력되었다고 변경됩니다. 다음으로 Behavior 에서 전체 관통(Through all)을 선택하고, Output Boolean 에 Cut 을 선택하여 OK 를 누릅니다. 홀이 생성됨을 확인할 수 있습니다.

참고로 돌출의 단축키는 E(Extrusion 의 약자)입니다.

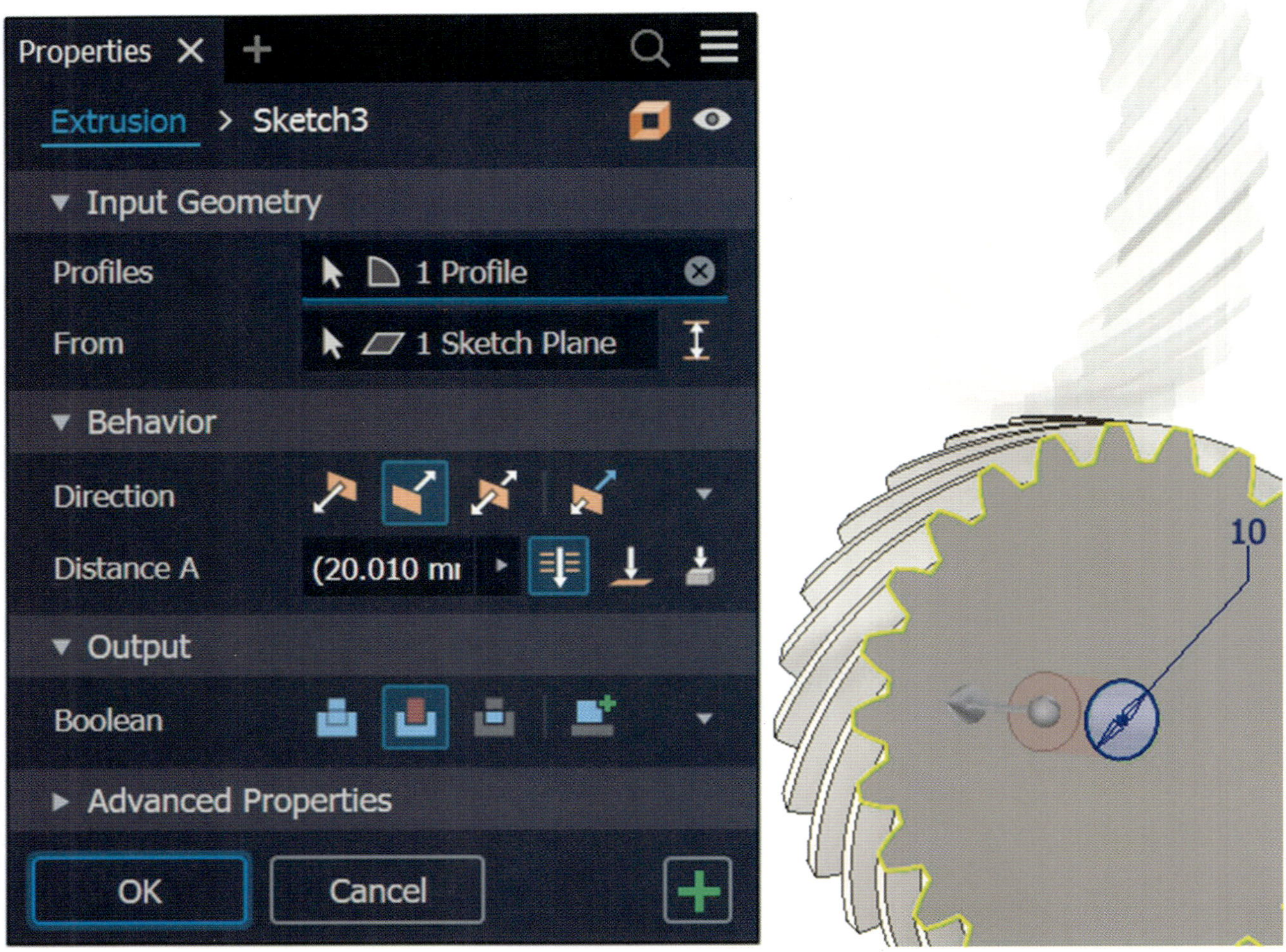

다음으로는 두 기어의 축간 거리를 설정할 때 지표로 삼기 위하여 **기어의 중심을 표시**해 주도록 하겠습니다. 3D Model 탭의 Plane 항목에 들어가서 Midplane between two planes 를 클릭해 주고 기어의 양쪽 면을 하나씩 클릭, 클릭합니다.

생성된 면을 클릭하면 Create sketch 팝업이 뜹니다. 클릭해줍니다. 상단의 아이콘 중 Point 를 클릭하고 기어의 중심을 클릭하여 포인트를 추가해줍니다. ESC 를 눌러 포인트 편집을 종료합니다. Finish 아이콘을 눌러 스케치 화면에서 나옵니다.

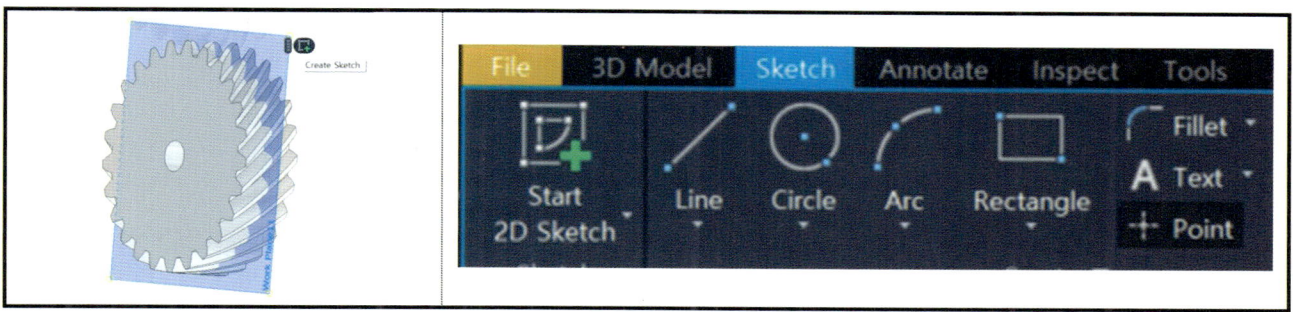

다른 기어도 마찬가지로 작업하여 포인트를 생성해 줍니다. 다음으로는 스케치에서 참조점으로 포인트를 만들어준 곳에 대해 다시 3D Model 탭에서 포인트를 선택하여 점을 찍어주어야 합니다. 아래 사진을 참고합시다.

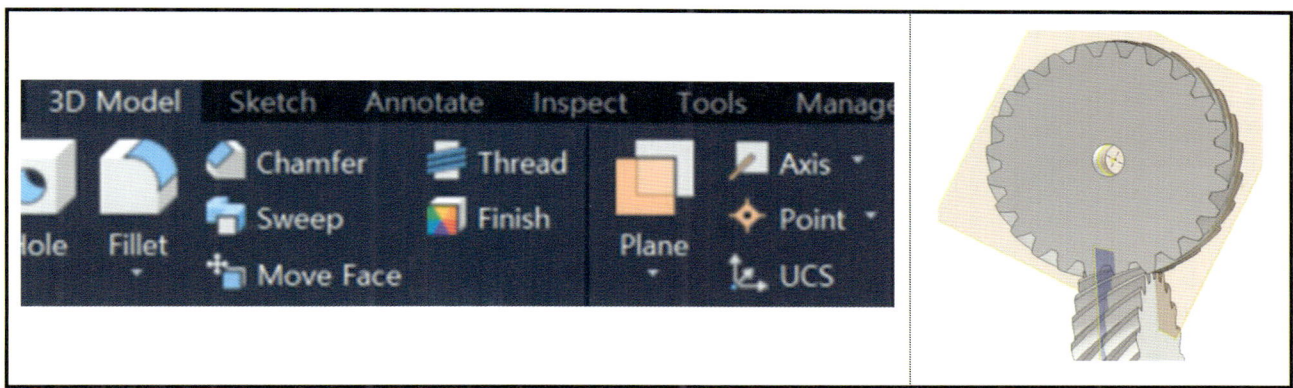

Assemble 탭의 Constrain 을 클릭하여 Type 은 mate, 두 점을 선택하고 offset 은 앞서 기어 제작 시 축간 거리로 계산된 Center Distance 값인 70.711 을 입력합니다.

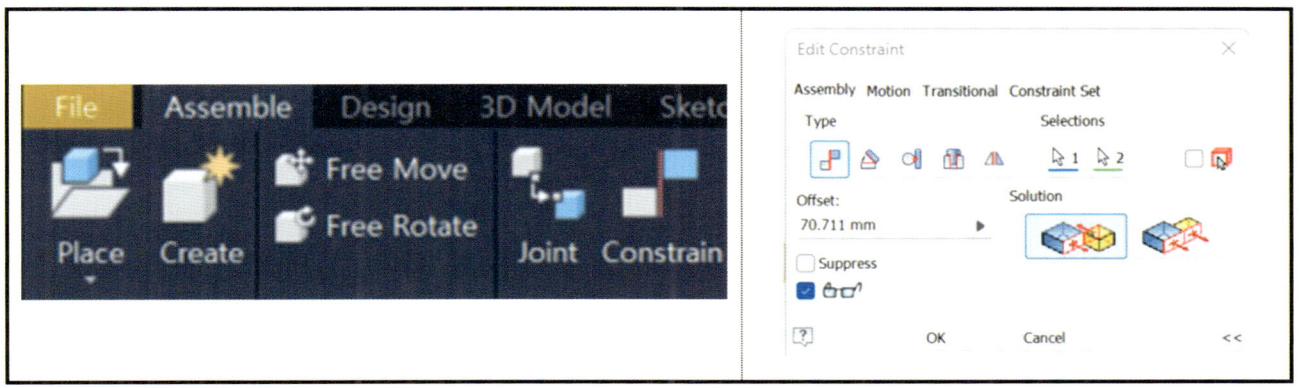

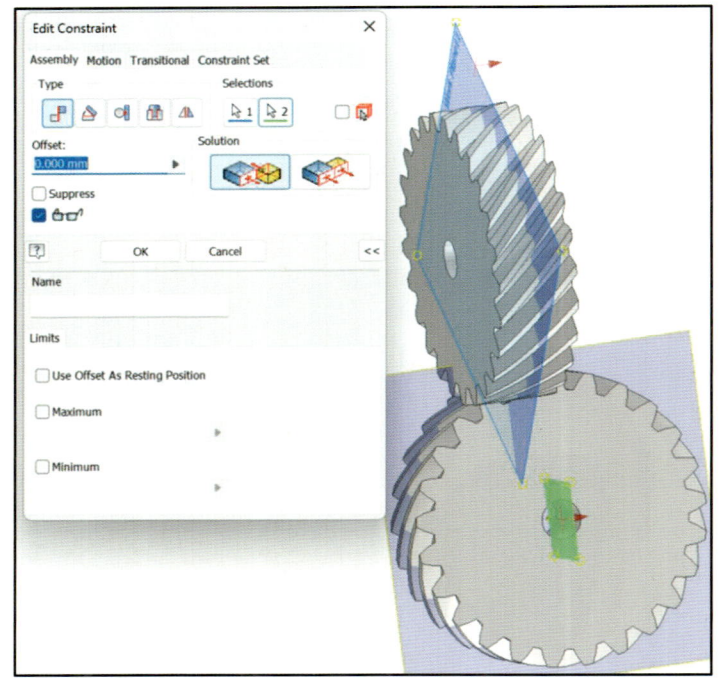

잘 고정되었는지 확인하기 위해 화면의 기어를 드래그하여 움직여보면 아직 확실히 고정되지 않은 것을 확인할 수 있습니다. 추가 구속조건을 주기 위해 Gear1 의 XZ Plane 과 Gear2 의 Middle plane 을 일치시켜주고 OK 를 누릅니다.

(면의 이름은 설정에 따라 달라질 수 있으므로 개념을 이해하도록 합시다)

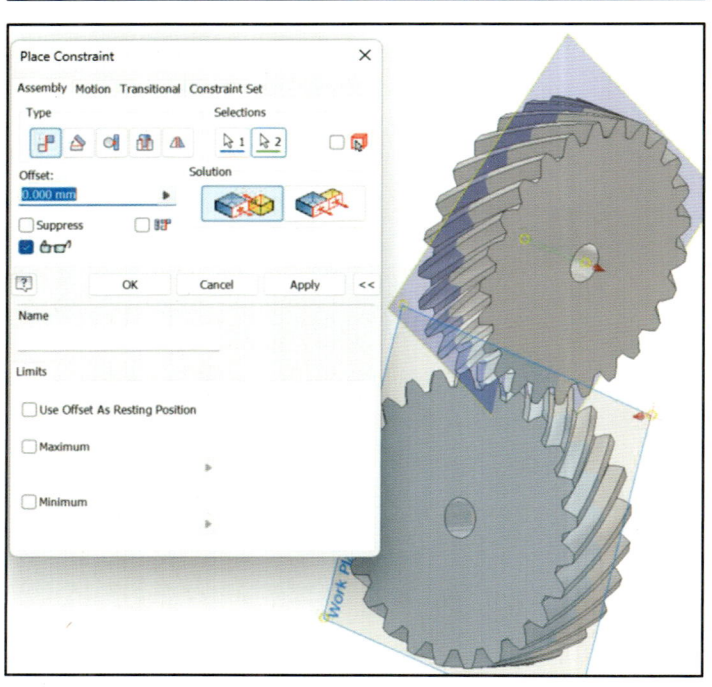

같은 방법으로 좌측 그림을 참고하여 Gear1 의 Middle plane 과 Gear2 의 Z 축을 mate 조건으로 구속시켜줍니다.

Middle plane 은 이제 다 사용했으므로 가시성을 위해서 아래 사진의 Visibility 를 체크 해제하여 안보이게 만들어줍니다.

이제 대략적인 조립품의 모습을 화면으로 볼 수 있습니다. 보다 세세하게 설정하면 구동 애니메이션과 같은 효과도 줄 수 있습니다. 설계프로그램의 숙련에는 많은 시간이 필요하므로 다양하게 연습해 봅시다.

3D 설계를 도와줄 보조장치

복잡한 형상의 3D 설계를 할 때에는 많은 시간이 필요하고 화면의 회전이나 확대 축소 등을 반복하게 되어 손가락이나 손목 관절에 많은 부담이 됩니다. 이러한 부담을 덜어주기 위해서 아래와 같은 제품의 사용을 검토해볼 수 있습니다.

3D CONNEXION SPACE MOUSE

이 마우스는 조이스틱과 비슷한 느낌으로 사용이 가능합니다. 직관적으로 마우스를 밀거나 당기거나 비틀거나 누르거나 하는 동작으로 3D 모델의 확대, 축소, 회전을 자유롭게 할 수 있습니다.

인벤터나 솔리드웍스, 퓨전, 오토캐드, NX, 블렌더 등 많은 프로그램을 지원하는데 필자는 인벤터에서 사용을 하고 있습니다.

단점으로 가격이 조금 비싼 편이고 일부 프로그램에서는 기능이 미흡한 모습도 보입니다. 3D 설계 프로그램의 회전 및 확대 축소 기능에 특화되어 있는 제품으로 볼 수 있겠습니다.

LOGITECH G903

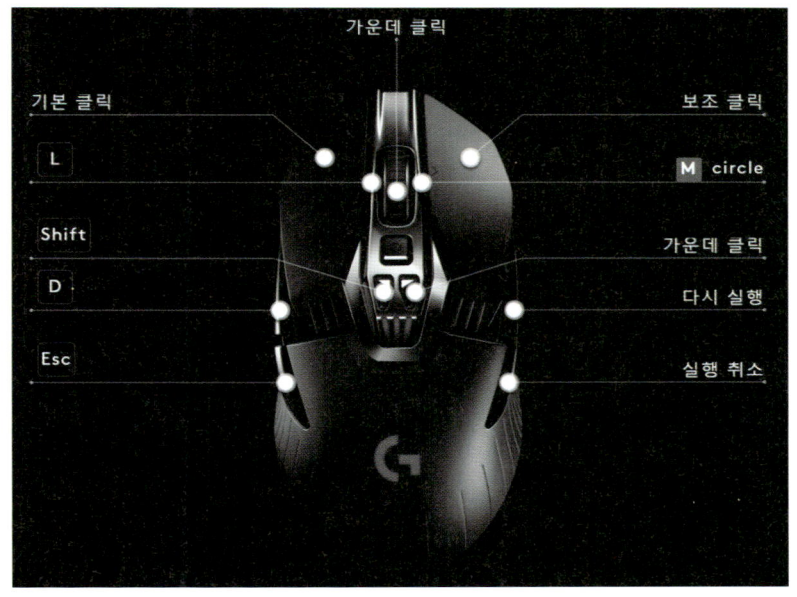

로지텍 G903 과 같이 버튼이 많고 매크로 설정이 가능한 마우스는 여러 프로그램에서 유연하게 활용이 가능합니다.

필자는 설계 프로그램에서 우측과 같이 단축키를 설정해 사용하고 있습니다.

3.2. 3D 프린터와 3D 출력

3D 프린터의 선택

3D 프린터는 취미용 장비 중에 상당히 고가 장비에 속한다고 볼 수 있습니다. 따라서 구매 시에 여러가지 항목들을 검토하여 자신의 목적에 맞는 프린터를 구매할 필요가 있습니다.

구분	핵심 포인트	설명
1. 용도·목적	▸ 정밀 피규어·주얼리 ▸ 기계적 부품·내열 파트	레진: 고해상도 특화 FDM: 강성·대형 출력 하이브리드: 복합기능
2. 기술 방식	▸ FDM/FFF(필라멘트) ▸ SLA/MSLA(레진) ▸ 하이브리드(CNC·레이저 겸용)	
3. 빌드 볼륨과 설치 공간	▸ 내부 출력 크기, 프린터 외형, 소음	출력가능한 최대 크기와 소음 고려
4. 출력 속도	▸ 출력 속도	
5. 품질 (해상도·정밀도)	FDM 노즐 직경(0.2-0.6 mm) 레진 LCD K 수(8K~14K)	고해상도일수록 시간↑, 데이터 준비↑
6. 재료 호환성	사용할 수 있는 재료 확인	ABS·PC·나일론 등
7. 자동화 & 편의 기능	자동 베드 레벨링, 유량 센서, 자석 플레이트, 필라멘트 런아웃 감지 등	
8. 소프트웨어·펌웨어	전용 슬라이서 프로그램이 있는지 많은 사람들이 사용하고 있는지	풍부한 커뮤니티 자료가 있으면 도움이 됨
9. 안정성·안전성	완전 인클로저, HEPA·활성탄 필터, 레진 배기, 화재 방지(서모퓨즈)	밀폐공간에서 사용은 피해야 하며 환기 필수
10. 유지/보수	공식 A/S 창구, 부품 공급	소모품 비용 감안

TIP!

FDM(Fused Deposition Modeling)은 Stratasys 상표이며, **FFF**(Fused Filament Fabrication) 이 일반 명칭이지만 공정은 동일합니다. 가열된 노즐로 열가소성 필라멘트를 녹여 한층씩 적층하는 것으로 주요 소재는 PLA, PETG, ABS, TPU, 나일론, PC 등이 있습니다.(취미용 주류)

SLA(Stereolithography Apparatus): 레이저 광원, 고해상도이나 상대적으로 속도가 느림

DLP: 디지털 프로젝터를 광원으로 하며 고속. 픽셀 왜곡 발생 가능성.

MSLA: UV LED 를 광원으로 하며 균일한 해상도, 고속이며 부품 단가가 저렴(취미용 주류)

다양한 슬라이서 프로그램

일반적으로 3D 출력은 아래 단계로 이루어집니다.

1. **(FDM/FFF)** 설계 - 슬라이스 - 3D 출력 - 후가공(샌딩, 도색 등) - 조립

2. **(SLA/MSLA)** 설계 - 슬라이스(레진 전용 슬라이서 사용) - **세척/경화** - 후가공 - 조립

레진을 사용하는 프린터는 세척/경화 과정이 추가되고 남은 재료의 보관이나 관리도 필요하므로 대개는 FDM 방식이 관리가 용이합니다.

슬라이서 프로그램이란 설계한 3D 데이터 파일을 3D 프린터가 출력할 수 있도록 한 층 한 층 잘라내어 기계를 움직이는 명령어인 G 코드로 변환하여 주는 프로그램을 말합니다. 이러한 층을 차례대로 적층하면 입체 부품이 만들어집니다. 다양한 슬라이서 프로그램이 있는데 필자가 사용해 본 3가지 슬라이서 프로그램과 특징을 정리해 보면 다음과 같습니다.

구분	UltiMaker Cura	RAISE3D IdeaMaker	Bambu Lab Bambu studio
로고	(Cura 로고)	(ideaMaker 로고)	(Bambu studio 로고)
유료/무료	무료	무료	무료
주요 타깃 프린터	Ultimaker S··Method 시리즈 + 모든 FDM/FFF 프린터	Raise3D FFF, DLP + 타사 프린터	Bambu X1/P1/P1S/H2D + 타사 FDM/FFF
장점	프린터 호환성이 좋고 플러그인 등 생태계 최고	쉬운 인터페이스, FDM 과 레진 겸용 슬라이서	고속 최적화, 멀티컬러 AMS, 자동 레벨링 등
한계	다소 기능이 복잡하고 세팅이 어려움	오픈소스 아님	전용기능(카메라, 라이다등)은 Bambu 프린터에서만 작동

전용 슬라이서를 제공하지 않는 프린터라면 CURA를 사용하는 것을, 전용 슬라이서 프로그램을 제공하는 제조사라면 전용 프로그램을 사용하는 것을 추천하고 싶습니다.

3장 ~ 소프트웨어

BAMBU STUDIO

파일 불러오기

설계 파일을 실제로 3D 프린터로 출력해보겠습니다. 사용할 프린터는 **뱀부랩 X1C**, 슬라이서는 **뱀부 스튜디오**입니다. 우선 설계파일(*.STEP)을 슬라이서 프로그램으로 가져옵니다. 가져올 수 있는 설계파일 형식은 슬라이서 프로그램마다 다릅니다. STL 형식이 널리 사용되고 있으나 뱀부 스튜디오에서는 스텝파일 형식도 지원하고 있습니다. 준비화면의 플레이트위로 파일을 드래그 앤 드롭해도 되고(추천), 상단 파일-가져오기를 통해도 됩니다.

스텝파일을 사용할 수 있으면 STL 파일보다 많은 이점이 있습니다. 예를 들어 뱀부 스튜디오의 Assembly View를 통해 조립품을 손쉽게 각 파트 별로 분리하고 채색 및 출력할 수 있습니다.

또한 정확도(오차)를 조정할 수 있습니다. 스텝파일은 정확도 손실 없이 모델을 저장하는 벡터 모델이며, 이 파일을 거져올 때 뱀부 스튜디오에서는 G 코드를 생성하기 위해 삼각 메쉬 형태로 변환해서 가져오게 됩니다. 많은 삼각 메쉬를 만들면 슬라이싱과 출력에 부하를 많이 주게 되나 정밀도가 올라갑니다. 적절히 조절이 필요합니다.

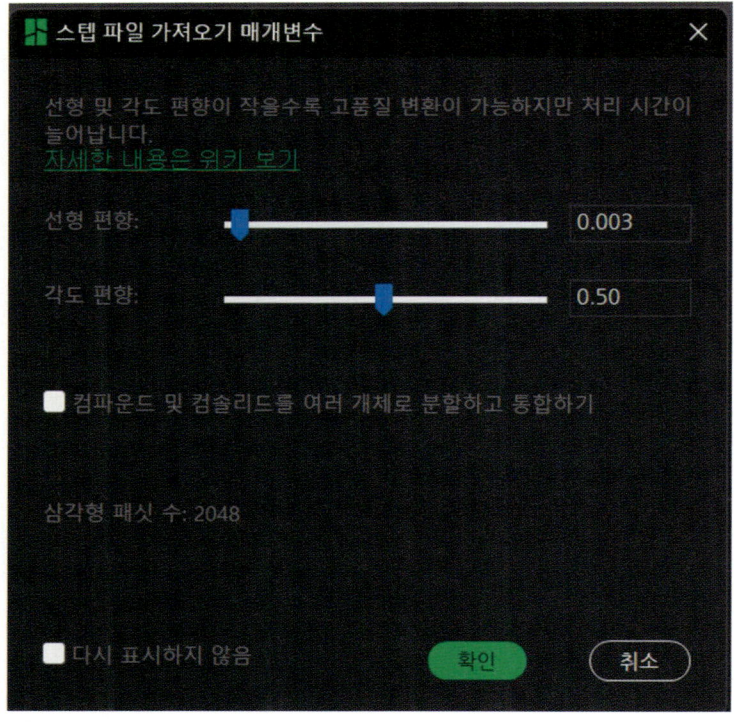

보통은 기본 설정으로 해도 충분하고 확인을 누른 후에도 수정할 수 있습니다. 불러온 모델 위에 커서를 가져다 대고 오른 클릭을 하면 나오는 메뉴 중에 **모델 단순화**를 선택합니다.

상세 수준을 정할 수 있으며 **와이어프레임 보기**를 누르면 삼각 메쉬를 쉽게 확인할 수 있습니다. 프린터의 성능이나 요구하는 수준에 따라 적절히 조절하면 됩니다.

3장 ~ 소프트웨어

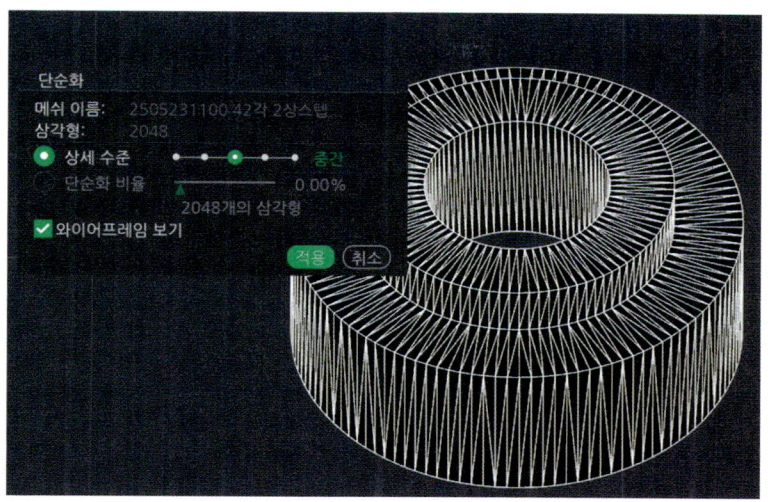

준비 단계

준비 단계에서는 불러온 모델을 어떻게 출력할지 세세한 세팅을 합니다. **3D 프린터 운용기능사**라는 국가 자격증도 있기 때문에 이 분야에 관심이 있다면 도전해 보는 것도 좋습니다.

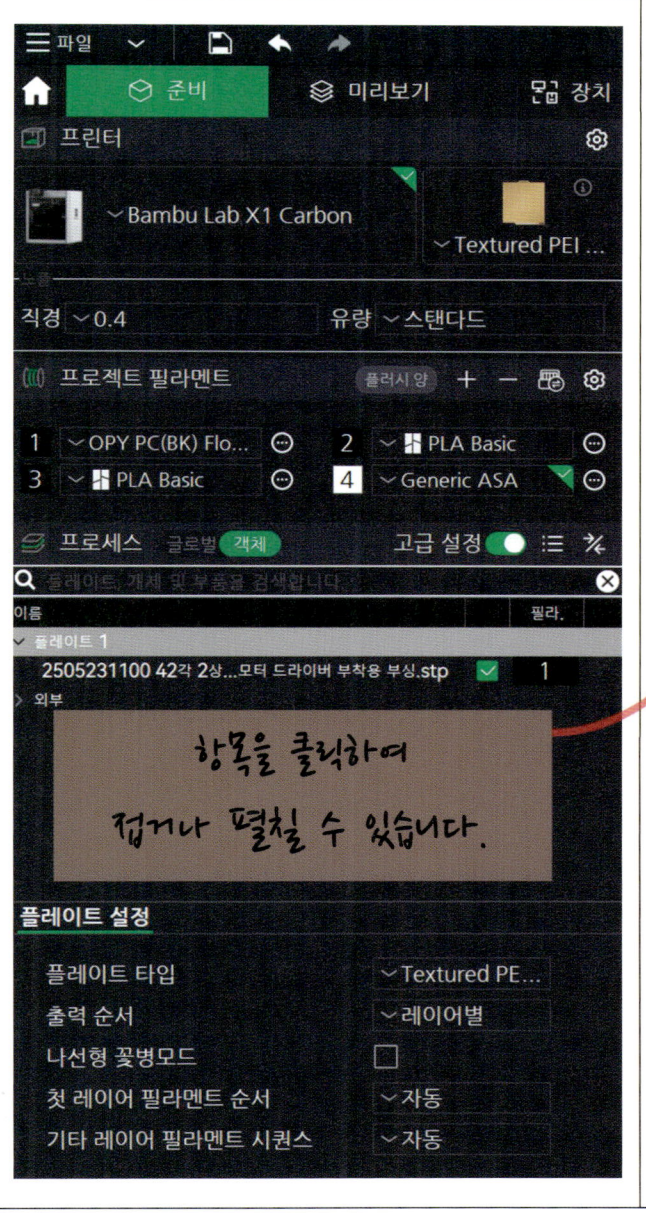

항목을 클릭하여 접거나 펼칠 수 있습니다.

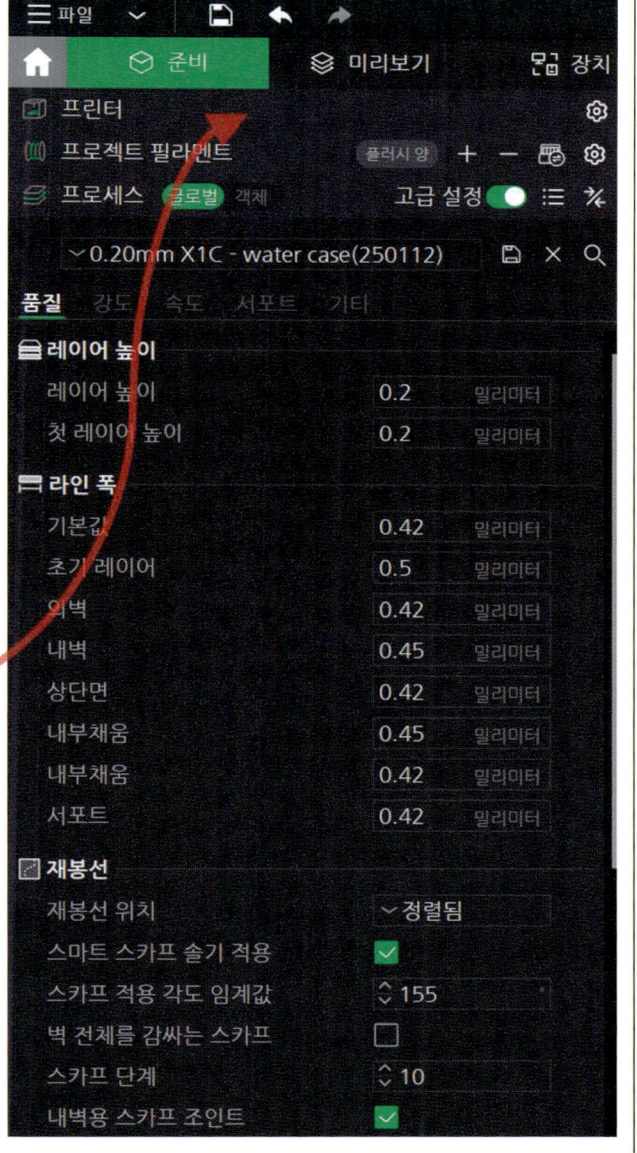

3 장 ~ 소프트웨어

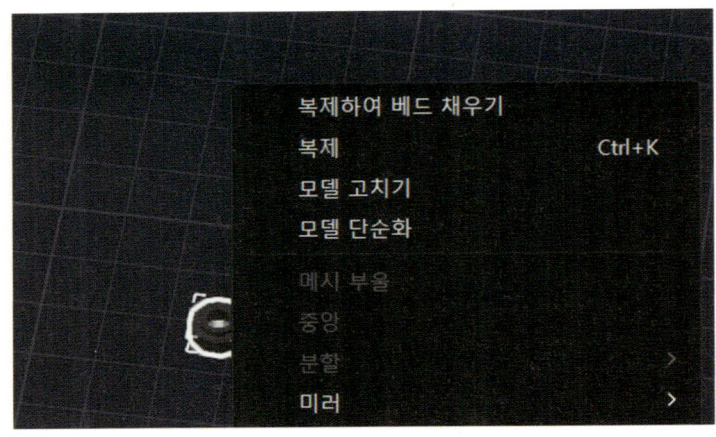

출력할 부품은 스텝모터와 드라이버를 결속하는 사각 모서리에 하나씩 사용할 것이므로 4 개가 필요합니다. 부품 위에 커서를 두고 오른 클릭을 해 나타나는 메뉴에서 **복제**를 누르고 4 개를 입력합니다. 자동으로 배치가 되며 드래그 앤 드롭으로 임의 배치도 가능합니다.

미리보기

플레이트 슬라이스를 누르면 설정한 값들을 적용하여 실제로 어떻게 출력될 것인지 미리 볼 수 있습니다. 슬라이싱 결과에서 내벽, 외벽, 채움, 브림 등을 구분해서 볼 수 있으며 총 필라멘트 소모량과 출력시간도 확인할 수 있습니다.

강도가 중요하지 않고 재료를 절감하면서 무게를 줄이기 위해서는 내부채움 양을 조절하는 것이 좋습니다. 베드 안착성을 높이기 위해 **브림**(첫 레이어에 부품 주변으로 추가적인 라인을 출력)을 주었습니다.

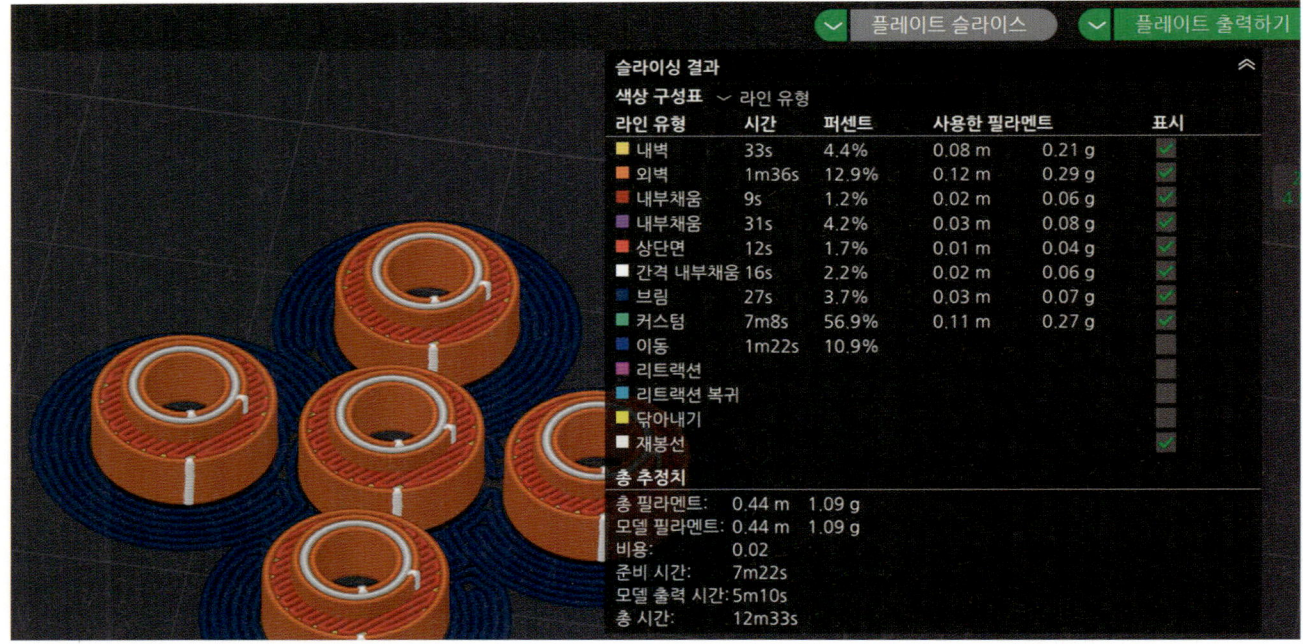

202

출력하기

상단의 플레이트 출력하기를 클릭하고 출력물의 모습, 시간, 재료량을 확인합니다. 사용할 필라멘트를 선택합니다. **타임랩스**는 출력중의 영상을 촬영하여 후에 모니터링하기 위한 목적으로 사용합니다. **자동 베드 레벨링**은 출력 전에 베드의 높이를 조절하는 것으로 노즐 교체나 기계 정비가 이루어졌을 시에는 실행해 주는 것이 좋습니다. **유량 역학 캘리브레이션**은 자동으로 노즐의 유량을 적합하게 조절해주는 기능으로 필자의 경우는 수동 캘리브레이션으로 유량을 조절해 놓았기에 기능을 껐습니다. 압출량이 부족하거나 과한 경우 표면의 품질이 안 좋아지므로 이를 확인하면서 조절할 필요가 있습니다.

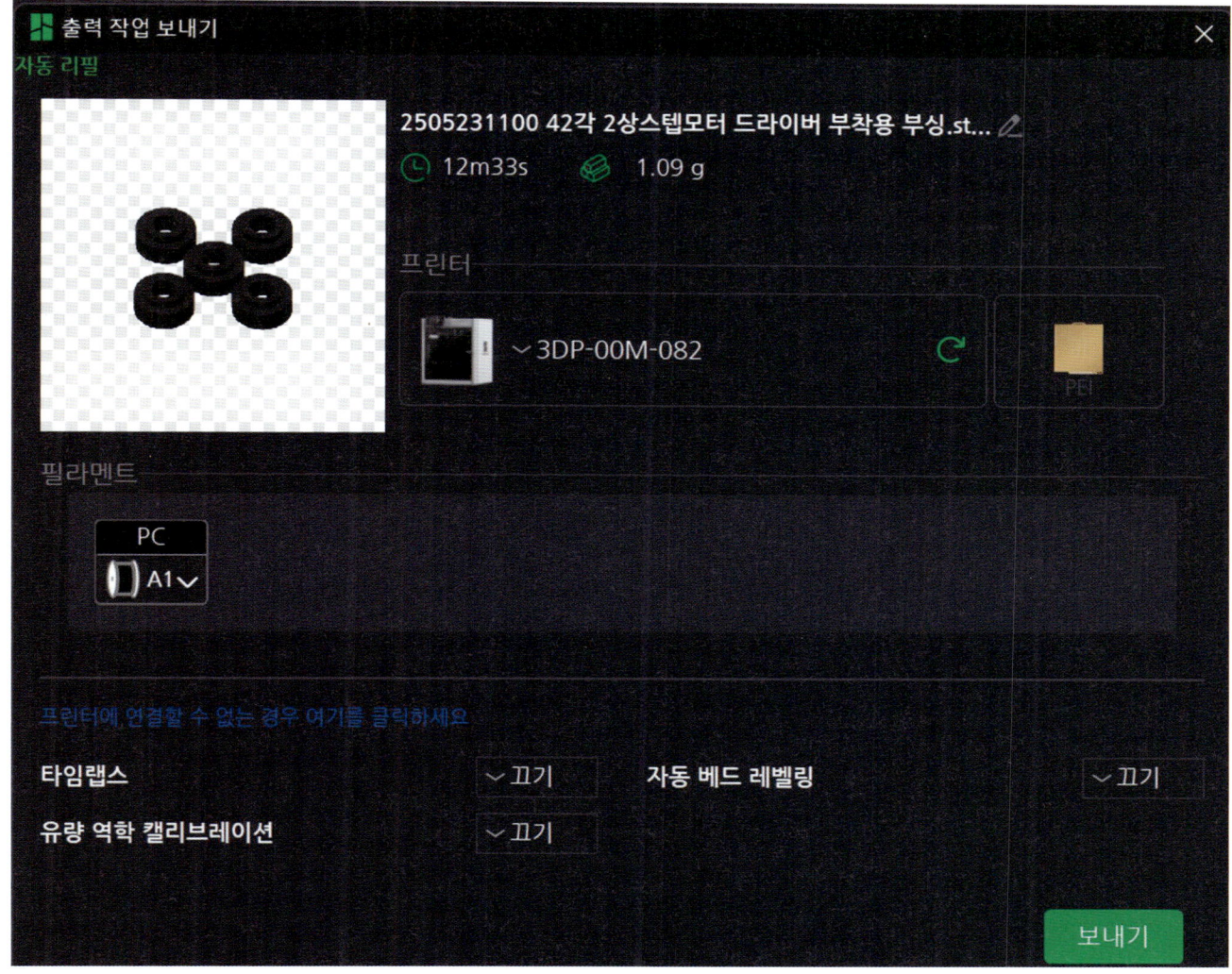

3 장 ~ 소프트웨어

과정 확인

내부카메라를 통해 출력 과정을 확인할 수 있습니다. 진행도나 노즐온도, 베드온도, 팬 속도 등을 알 수 있습니다. 가끔 출력 과정 중에서 베드 안착 불량이나 노즐 등의 불량으로 출력 실패가 되는 경우가 있습니다. 이 경우 자동감지 기능으로 중단되기도 하지만 프로그램적인 안전장치가 완벽하지는 않으므로 가능한 경우는 출력상태를 지속적으로 모니터링 하는 것이 좋습니다.

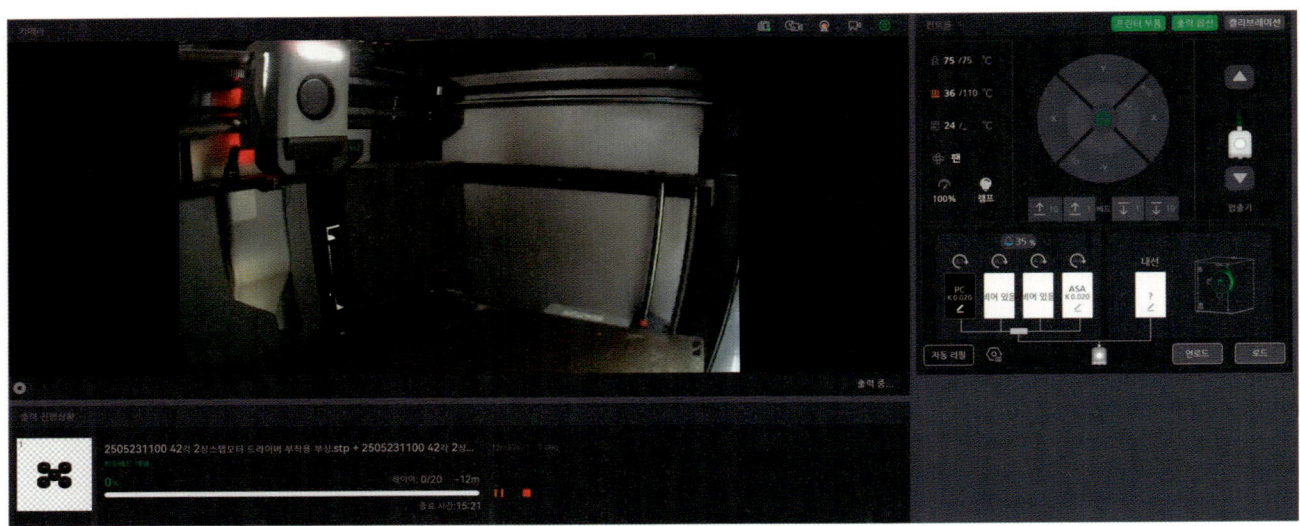

제품 사용법과 유지보수, 문제해결

Bambu Lab 제품의 사용법과 유지보수, 문제해결 매뉴얼은 아래 QR 코드 주소(뱀부랩 위키)에서 확인하실 수 있습니다. 필라멘트는 건조한 상태를 유지하고 금속 봉이나 리드스크류 등은 주기적으로 윤활을 해줍니다.

 Bambu lab 위키(제조사 공식 페이지)

3.3. 코딩과 개발보드

코딩과 프로그램 언어

코딩의 중요성

오늘날 우리는 코딩이라는 새로운 언어를 배우고 이해하는 것이 점점 더 중요해지고 있습니다. 코딩은 단순히 컴퓨터에게 명령을 내리는 것 이상의 의미를 가지고 있습니다. 코딩은 우리가 해결해야 할 문제를 체계적으로 분석하고, 그에 대한 해결책을 논리적으로 구현하는 과정입니다. 이를 통해 우리는 복잡한 문제를 단순화하고, 보다 효율적이고 생산적인 방식으로 작업을 수행할 수 있습니다.

코딩의 중요성은 앞으로 더욱 부각될 것으로 예상됩니다. 우리가 살아가는 세상은 점점 더 기술 중심적으로 변화하고 있으며, 이에 따라 코딩 능력은 필수적인 기술이 되고 있습니다. 다양한 분야에서 코딩 지식이 요구되고 있으며, 이를 바탕으로 혁신적인 솔루션을 개발할 수 있습니다.

코딩이란 무엇인가?

코딩이란 컴퓨터나 다른 전자 장치에 명령을 내리는 과정을 말합니다. 이를 통해 우리는 원하는 작업을 수행할 수 있게 됩니다. 예를 들어 전등을 켜고 끄거나, 스마트폰 앱을 만들거나 로봇을 제어하는 등 다양한 프로젝트를 진행할 수 있습니다.

코딩의 역사

코딩의 역사는 1840년대로 거슬러 올라갑니다. 당시 영국의 수학자 에이다 러브레이스가 아직 만들어지지도 않은 찰스 배비지(Charles Babbage)의 해석 기관을 이용하는 것을 전제로 세계 최초의 컴퓨터 프로그램(베르누이 수를 구하는 알고리즘)을 개발하였습니다. 이는 기계가 수학적 계산을 수행할 수 있도록 하는 획기적인 발전이었습니다.

3장 ~ 소프트웨어

20 세기 초반에는 앨런 튜링, 존 매카시 등의 선구자들이 현대 컴퓨팅의 기반을 마련하였습니다. 1940 년대에는 세계 최초의 전자식 컴퓨터(ENIAC, 1946)가 등장했고, 이후 반도체 기술과 메모리 기술의 발전으로 컴퓨터가 점점 작아지고 강력해졌습니다.

1970 년대 들어서는 개인용 컴퓨터가 등장하면서 코딩이 대중화되기 시작했습니다. 이후 인터넷과 모바일 기기의 발전으로 코딩의 영향력은 더욱 커져왔습니다. 오늘날 코딩은 다양한 분야에서 필수적인 기술로 자리 잡았습니다.

프로그래밍 언어 선택하기

프로그래밍 언어를 선택하는 것은 코딩을 시작하는 데 있어 매우 중요한 과정입니다. 각각의 프로그래밍 언어는 고유한 특징과 장단점을 가지고 있기 때문에, 개발자의 목적과 필요에 가장 잘 부합하는 언어를 선택하는 것이 필수적입니다.

그 중에서도 파이썬과 아두이노는 많은 개발자들이 선호하는 언어입니다. 파이썬은 간단하고 읽기 쉬운 문법으로 인해 배우기 쉽고, 다양한 **라이브러리**와 **프레임워크**를 지원하여 다양한 분야에 활용될 수 있습니다. 반면 아두이노는 하드웨어와 밀접하게 연계되어 있어 센서와 모터 등을 제어하는 **임베디드 시스템** 개발에 특화되어 있습니다.

TIP!

라이브러리(Library): 특정 기능이나 작업을 수행하기 위해 미리 작성된 코드의 집합

프레임워크(Framework): 소프트웨어 개발을 위한 구조와 규칙을 제공하는 플랫폼이며 개발자는 프레임워크가 제공하는 기능을 사용하여 코드를 작성

임베디드 시스템(Embedded System): 특정한 기능이나 작업을 수행하기 위해 설계된 컴퓨터 시스템으로, 일반적으로 하드웨어와 소프트웨어가 통합된 형태로 존재합니다. (예시: 세탁기, 전자레인지, 냉장고, 자동차 엔진 제어장치 및 에어백 시스템 등)

언어 선택 시 개발자는 자신의 프로젝트 목적과 요구 사항을 먼저 명확히 파악해야 합니다. 예를 들어 데이터 분석이나 머신러닝을 목표로 한다면 파이썬이 적합할 것이고, 사물인터넷(IoT) 기기 개발을 원한다면 아두이노가 더 효과적일 것입니다. 또한 개발 경험과 선호도, 언어의 생태계와 커뮤니티 활성화 정도 등도 고려해야 합니다.

요즘은 AI 를 활용하여 코딩 작성 시 많은 도움을 받을 수 있습니다. 또한 프로그래밍 언어를 변환하는 작업도 꽤 수월하게 되는 편이지만 이러한 변환 작업이 반드시 호환성을 보장하지는 않기 때문에 코딩을 할 때는 최종적으로 쓸 언어 한가지로 통일하여 작성하는 것이 유리할 것입니다.

이 책에서는 주로 아두이노의 IDE(통합 개발 환경)를 사용해서 코딩하는 예를 설명할 것입니다. 아두이노는 주로 C 와 C++ 언어를 기반으로 한 프로그래밍 언어를 사용합니다.

개발 보드

개발 보드의 종류

각종 개발 보드는 개발자들에게 여러 가지 선택지를 제공합니다. 특히 아두이노, 라즈베리 파이 등 널리 알려진 보드들은 저렴한 가격과 사용의 편의성으로 많은 이들에게 사랑받고 있습니다. 이러한 개발 보드들은 각자의 특징과 용도를 가지고 있어, 개발자들의 필요에 따라 적합한 보드를 선택할 수 있습니다.

아두이노

먼저, 아두이노 보드는 프로그램의 코딩이 간단하고 초보자도 쉽게 접근할 수 있어 많은 이들에게 사랑받고 있습니다. 아두이노 보드에는 UNO, Mega, Nano 등 다양한 종류가 있으며, 사용 목적과 개발 환경에 따라 적절한 모델을 선택할 수 있습니다. 이러한 아두이노 보드들은 센서 연결, 모터 제어 등의 기능을 수행할 수 있어 사물인터넷(IoT) 및 로봇 프로젝트에 널리 활용되고 있습니다.

3장 ~ 소프트웨어

아두이노는 다양한 특징과 장점을 가지고 있는 매력적인 개발 플랫폼입니다. 먼저, 아두이노는 쉽고 직관적인 사용성을 자랑합니다. 보드에 연결된 센서와 액추에이터를 간단한 코드로 제어할 수 있어 초보자도 쉽게 프로젝트를 구현할 수 있습니다. 또한 강력한 오픈소스 커뮤니티가 제공하는 방대한 라이브러리와 튜토리얼은 개발자들에게 큰 도움을 줍니다. 이를 통해 아두이노를 이용한 다양한 프로젝트를 보다 쉽고 빠르게 구현할 수 있습니다.

더불어 아두이노는 저렴한 가격대의 하드웨어를 제공하여 접근성이 뛰어납니다. 이는 개발자들이 실험적인 프로젝트를 시도할 수 있는 기회를 제공하며, 교육 현장에서도 널리 활용되고 있습니다. 아두이노의 이러한 특징은 개발자들의 창의성과 혁신을 자극하여 다양한 아이디어와 프로젝트를 실현할 수 있게 합니다.

마지막으로 아두이노는 하드웨어와 소프트웨어가 완벽하게 호환되는 통합적인 플랫폼을 제공합니다. 이를 통해 개발자들은 보다 효과적이고 안정적인 시스템을 구축할 수 있습니다.

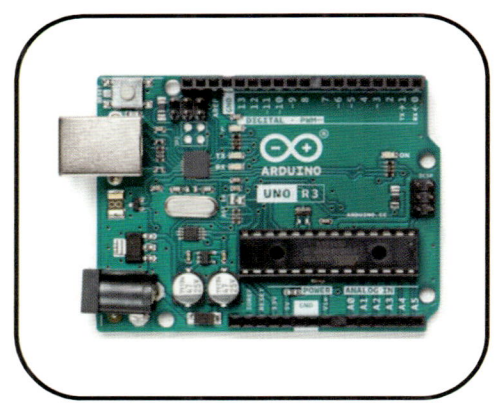
아두이노 우노 R3

아두이노 나노

라즈베리파이

다음으로, 라즈베리 파이는 작고 강력한 컴퓨터 보드로 알려져 있습니다. 라즈베리 파이는 운영 체제를 설치할 수 있어 간단한 컴퓨터 기능을 수행할 수 있으며, 다양한 주변기기를 연결할 수 있습니다. 그렇기 때문에 교육용, 미디어 센터, 보안 시스템 등 다양한 분야에서 활용되고 있습니다. 라즈베리 파이는 사용자의 필요에 따라 모델을 선택할 수 있으며, 비싸지 않은 가격으로도 강력한 기능을 제공합니다.

3 장 ~ 소프트웨어

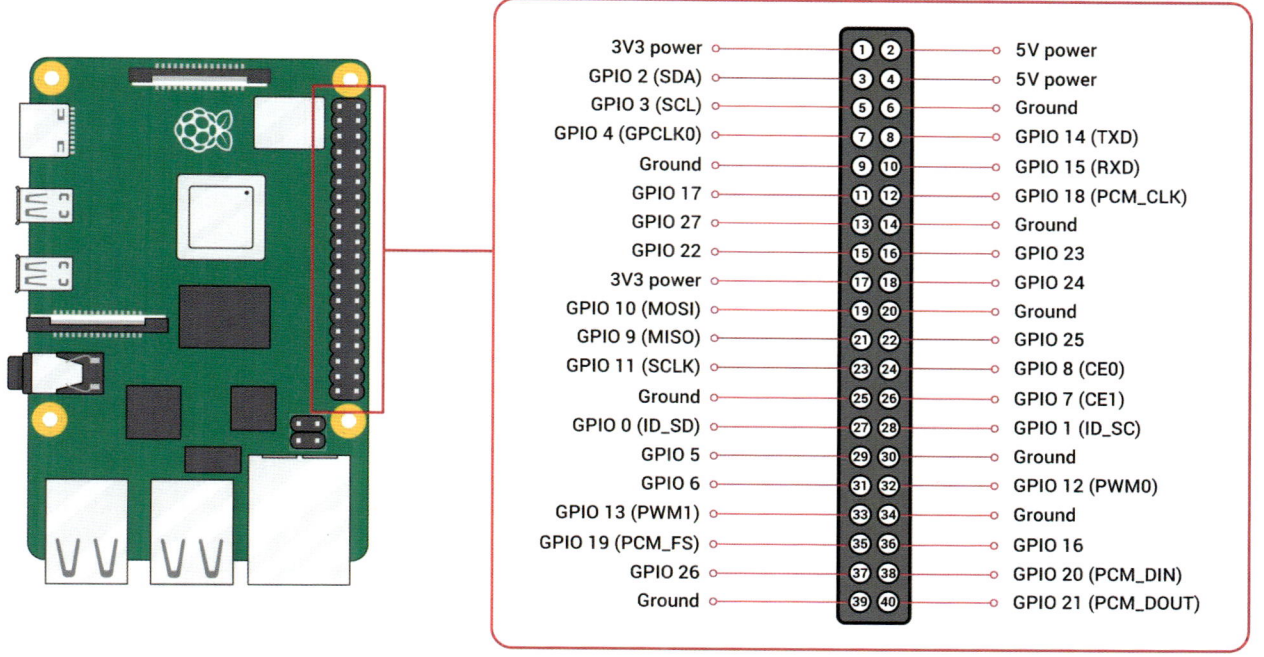

* 사진 출처: www.raspberrypi.com(라즈베리파이 5 GPIO 핀 핀맵)

다양한 입출력 단자와 전용 OS 를 갖추었으며 파이어폭스와 Chromium 과 같은 웹 브라우저로 유튜브도 1080p 60fps 정도로 시청할 수 있는 성능입니다. 무료 소프트웨어인 libreoffice 를 이용하여 문서작성도 할 수 있습니다. 기본 세팅으로 웹 브라우징은 쾌적한 편이지만 유튜브의 고화질(4k) 감상은 한계가 있는 편입니다. 리눅스 기반이기 때문에 윈도우 호환성이 중요한 작업에서는 사용에 주의가 필요합니다.

고화질의 미디어 감상이나 인코딩/디코딩이 주 사용 목적이라면 N100 이상의 CPU 를 사용한 윈도우 운영체제의 미니 PC 가 나은 선택일 수 있지만 이런 제품은 입출력단자가 제한적이고 확장 모듈과 라이브러리도 풍부하지 못하다는 단점이 있습니다.

위의 QR 코드는 라즈베리파이 공식 사이트 주소이며 제품과 관련된 다양한 문서들을 상세히 다루고 있습니다. 아래는 라즈베리파이 5 의 스펙입니다.

- Broadcom BCM2712 2.4GHz quad-core 64-bit Arm Cortex-A76 CPU, with cryptography extensions, 512KB per-core L2 caches and a 2MB shared L3 cache

3장 ~ 소프트웨어

- VideoCore VII GPU, supporting OpenGL ES 3.1, Vulkan 1.2
- Dual 4Kp60 HDMI® display output with HDR support
- 4Kp60 HEVC decoder
- LPDDR4X-4267 SDRAM (2GB, 4GB, 8GB, and 16GB)
- Dual-band 802.11ac Wi-Fi®
- Bluetooth 5.0 / Bluetooth Low Energy (BLE)
- microSD card slot, with support for high-speed SDR104 mode
- 2 × USB 3.0 ports, supporting simultaneous 5Gbps operation
- 2 × USB 2.0 ports
- Gigabit Ethernet, with PoE+ support (requires separate PoE+ HAT)
- 2 × 4-lane MIPI camera/display transceivers
- PCIe 2.0 x1 interface for fast peripherals (requires separate M.2 HAT or other adapter)
- 5V/5A DC power via USB-C, with Power Delivery support
- Raspberry Pi standard 40-pin header
- Real-time clock (RTC), powered from external battery
- Power button

이 외에도 ESP32, Jetson Nano, BeagleBone Black 등 다양한 개발 보드들이 있습니다. 이러한 보드들은 각자의 특징과 기능을 가지고 있어, 개발자들은 자신의 프로젝트 목적에 가장 적합한 보드를 선택할 수 있습니다. 개발 보드의 선택은 개발자의 필요와 예산, 경험 수준 등을 종합적으로 고려해야 합니다. 이를 통해 보다 효과적이고 생산적인 프로젝트 수행이 가능할 것입니다.

주의해야 할 것은 개발 **보드별로 지원하는 프로그래밍 언어가 다를 수 있다**는 것입니다. 각 개발 보드는 특정 하드웨어와 소프트웨어 환경에 최적화되어 있으며, 이에 따라 지원하는 프로그래밍 언어가 달라집니다. 아래는 몇가지 사례입니다.

구분	지원 언어
Arduino	주로 C/C++ 언어를 사용하며, Arduino IDE 에서 제공하는 라이브러리를 통해 쉽게 프로그래밍할 수 있습니다.
Raspberry Pi	다양한 프로그래밍 언어를 지원합니다. Python, C, C++, Java, Scratch 등 여러 언어로 프로그래밍할 수 있습니다.
ESP8266/ESP32	주로 C/C++ 언어를 사용하며, Arduino IDE 또는 ESP-IDF(ESP IoT Development Framework)를 통해 개발할 수 있습니다. MicroPython 과 Lua 도 지원합니다.
STM32	C/C++ 언어를 주로 사용하며, STM32CubeIDE 와 같은 개발 환경을 통해 프로그래밍할 수 있습니다.

* 일반적인 참고표이며 정확하게는 각 보드의 문서를 확인해야 함

또한 각 보드들은 각 입출력 핀의 기능과 배치가 다르기 때문에 본격적으로 코딩을 하기 전에 핀맵을 통해 어떤 핀들을 사용할지, 입출력 핀의 개수는 충분한지, 사용하는 전압은 몇인지 등을 확인할 필요가 있습니다. **일반적으로 드론 수신기 전압은 5V 를 사용**하기 때문에 개발 보드의 정격 전압과 맞추어 주면 전압을 변환하지 않아도 되어 편리합니다. 보드의 버전이나 제조사 등에 따라서 비슷한 제품명이더라도 핀 번호나 기능이 다를 수 있습니다.

다양한 프로젝트 가능성

각 개발 보드는 하드웨어 플랫폼 그 이상의 가능성을 지니고 있습니다. 이 작은 보드 하나로 수많은 프로젝트를 실현할 수 있습니다. 일상생활에서부터 산업 현장까지 활용 범위는 무궁무진합니다.

예를 들어, 집에서 스마트홈 시스템을 구축해 보세요. 집 안 조명, 온도, 보안 등을 자동화하여 편리하게 관리할 수 있습니다. 습도 센서와 물 펌프를 연결하여 식물 자동 급수 시스템을 만들 수도 있습니다. 자동 개폐식 커튼, 원격 제어 가전 기기 등도 구현할 수 있을 것입니다. AI 의 발전으로 코딩도 굉장히 쉬워지고 있으므로 다양하게 도전해 보시기 바랍니다.

3 장 ~ 소프트웨어

3.4. 아두이노 IDE 의 설치

아두이노 IDE 란?

아두이노 IDE(Integrated Development Environment)는 아두이노 보드를 프로그래밍하기 위해 설계된 무료 오픈 소스 소프트웨어입니다. 이 통합 개발 환경(IDE)은 코드 작성, **컴파일**, **디버깅**, 업로드 등의 작업을 단일 플랫폼에서 수행할 수 있게 합니다.

아두이노 IDE 설치 준비하기

설치 전 체크리스트

아두이노 IDE 를 성공적으로 설치하기 위해서는 사전에 몇 가지 중요한 사항들을 확인해야 합니다. 먼저, 사용하려는 운영 체제가 아두이노 IDE 의 시스템 요구 사항을 충족하는지 확인해 보시기 바랍니다. 아두이노 IDE 는 Windows, macOS, Linux 등 다양한 운영 체제를 지원하지만, 각 운영 체제마다 필요한 최소 사양이 다르기 때문에 사전에 점검해 보는 것이 좋습니다.

다음으로, 아두이노 보드와 호환되는 드라이버가 설치되어 있는지 확인하셔야 합니다. 일반적으로 아두이노 IDE 를 설치할 때 관련 드라이버도 함께 설치되지만, 별도로 드라이버를 설치해야 하는 경우도 있습니다. 드라이버가 정상적으로 설치되어 있지 않다면, 연결된 아두이노 보드를 인식하지 못할 수 있습니다.

마지막으로, 인터넷 연결 상태를 확인하는 것도 중요합니다. 아두이노 IDE 설치 과정에서 일부 라이브러리나 업데이트 파일을 다운로드해야 하므로, 인터넷 연결이 원활하지 않다면 설치에 차질이 생길 수 있습니다. 따라서 안정적인 인터넷 환경에서 설치를 진행하는 것이 좋습니다.

이와 같이 운영 체제 호환성, 드라이버 설치 여부, 인터넷 연결 상태 등을 사전에 점검하면, 아두이노 IDE 설치 과정에서 발생할 수 있는 문제를 최소화할 수 있습니다. 이러한 준비 단계를 거치면 보다 원활하고 효과적으로 아두이노 IDE 를 설치할 수 있을 것입니다.

3 장 ~ 소프트웨어

아두이노 IDE 설치법

아두이노 IDE 설치를 위한 준비 과정은 매우 간단합니다. 먼저 아두이노 공식 웹사이트(www.arduino.cc)에 접속하여 사용자의 운영 체제에 맞는 IDE 파일을 다운로드해야 합니다. 운영 체제에 따라 Windows, macOS, Linux 등 다양한 버전의 IDE 를 제공하고 있으므로, 자신의 컴퓨터에 맞는 버전을 선택하시면 됩니다.

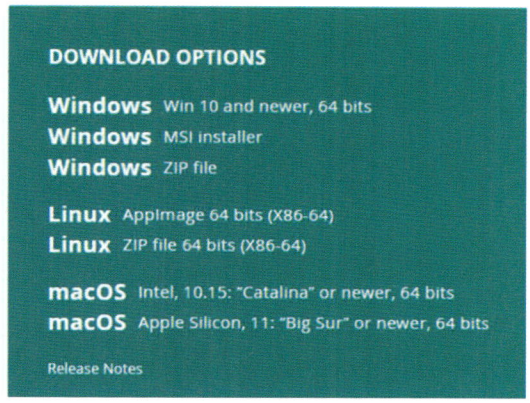

기부하는 것은 의무사항이 아니므로 **JUST DOWNLOAD** 를 누르면 바로 다운로드 받을 수 있습니다. 다운로드가 완료되면 설치 파일을 실행하여 안내에 따라 순차적으로 설치를 진행하시면 됩니다. 설치 과정은 매우 간단하며, 몇 분 내에 쉽게 완료할 수 있습니다. 설치 중에는 별도의 구성 옵션 없이 기본 설정으로 진행하시는 것이 좋습니다.

TIP!

컴파일(compile): 작성한 소스 코드를 기계가 이해할 수 있는 형태로 변환하는 과정이며 문법 오류를 검토함. 컴파일 완료된 코드는 보드에 업로드 과정을 거쳐 실행할 수 있습니다.

디버깅(Debugging): 오류나 버그를 찾아내고 수정하는 과정을 의미합니다.

3장 ~ 소프트웨어

설치가 완료되면 아두이노 IDE 프로그램이 사용자의 컴퓨터에 정상적으로 설치되었음을 확인할 수 있습니다. 이제 아두이노 보드와 IDE 를 연결하여 첫 번째 프로젝트를 시작할 준비가 되었습니다. IDE 에 익숙해지기 위해 간단한 예제 프로그램을 실행해 보시는 것도 좋은 방법이 될 것입니다.

설치 후에는 몇 가지 초기 설정을 해주어야 합니다. 보드 타입과 포트 설정, 언어 설정 등을 확인하고 변경해주시면 됩니다. 이렇게 아두이노 IDE 설치와 초기 설정을 완료하셨다면 본격적인 아두이노 프로젝트를 시작하실 수 있습니다.

설치 후 설정

먼저, 아두이노 IDE 에서 사용할 보드의 종류를 지정해야 합니다. 보드 유형 설정은 툴바의 "Tools" 메뉴에서 찾을 수 있습니다.

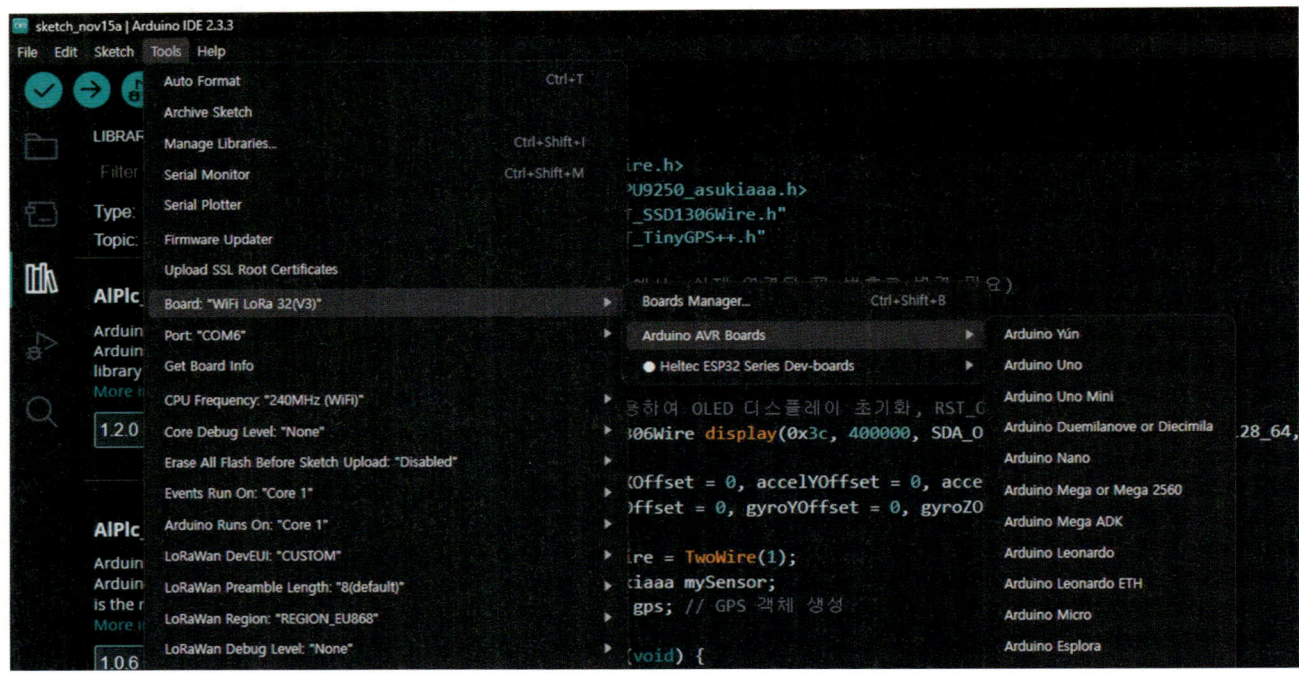

다음으로, 시리얼 포트 설정을 해야 합니다. 아두이노 보드와 컴퓨터를 연결하려면 시리얼 포트 정보가 필요합니다. 이 역시 "Tools" 메뉴에서 확인할 수 있으며, 연결된 보드의 포트를 선택하면 됩니다. 올바른 포트가 선택되었는지 확인하는 것이 중요합니다.

3장 ~ 소프트웨어

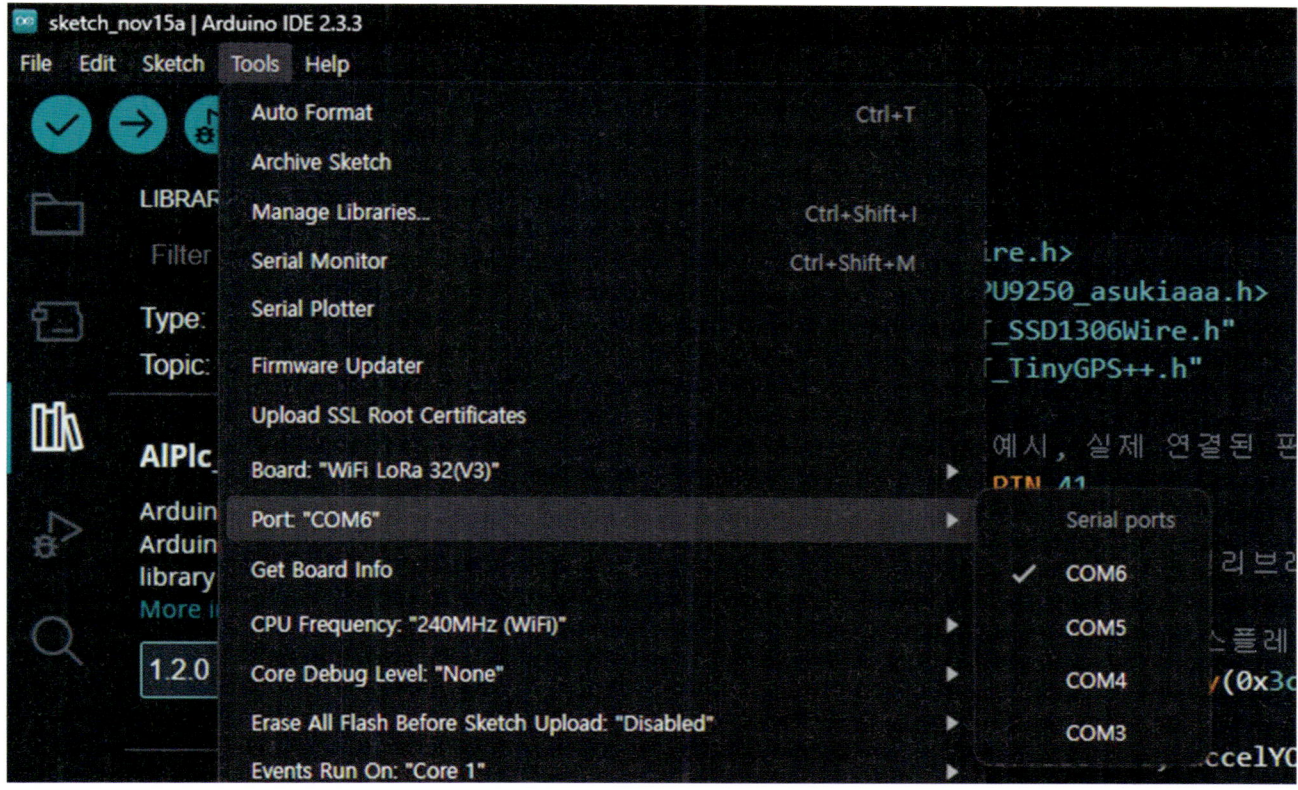

시리얼 포트를 찾는 가장 간단한 방법은 컴퓨터 USB 와 아두이노보드(혹은 다른 사용하는 보드)를 연결하고 나서 연결 전 포트와 비교해 새로 생성되는 포트가 있는지 살펴보는 것입니다. 새로 생성된 포트가 있다면 그 포트를 사용하면 됩니다. 필자의 경우는 COM6 포트입니다.(보드는 아두이노 보드가 아닌 Heltec wifi lora 32(v3)보드를 사용하고 있습니다)

마지막으로, 언어 설정이나 다크모드(눈의 피로도 감소를 위해 스크린샷처럼 검은색 테마를 쓰는 것)설정 등을 합니다. "File" 메뉴의 "Preferences"에서 할 수 있습니다.

3장 ~ 소프트웨어

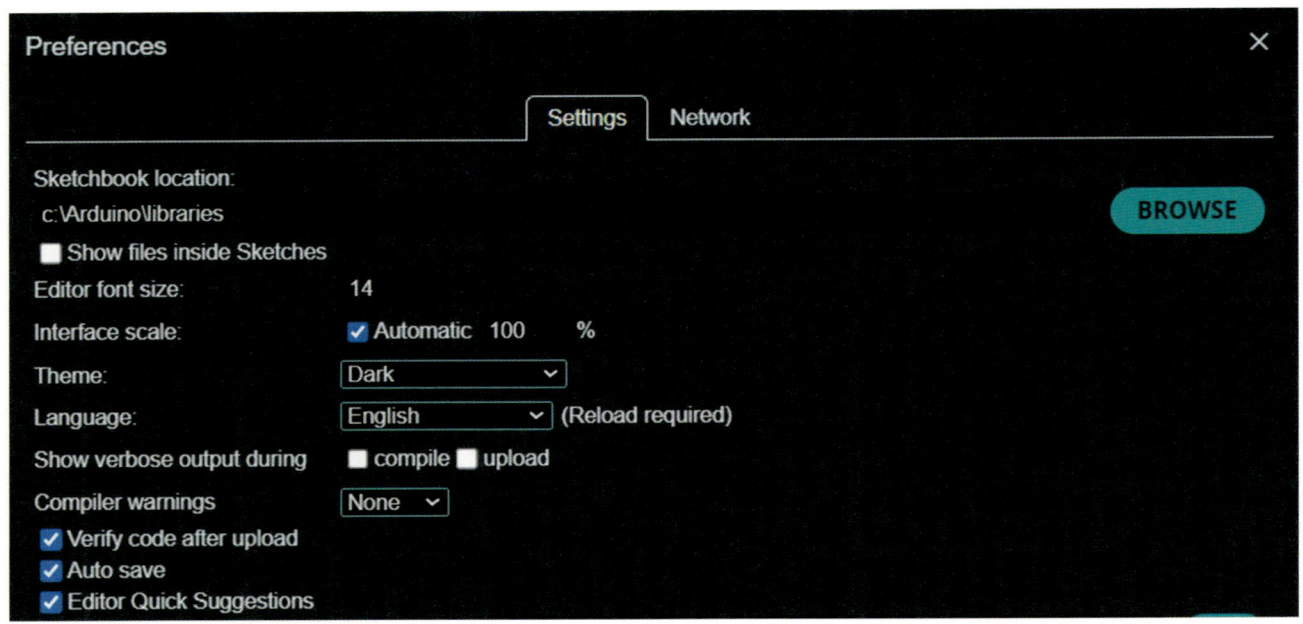

이와 같은 초기 설정을 완료하면 아두이노 IDE를 보다 효율적으로 활용할 수 있습니다. 설정 과정은 간단하지만, 이를 통해 개발 환경을 커스터마이징하고 편의성을 높일 수 있습니다. 앞으로의 아두이노 개발 여정에 많은 도움이 될 것입니다.

코딩을 위한 많은 종류의 언어가 있으며 각각의 언어는 문법이 완전히 다릅니다. 한 가지 언어의 코딩 문법을 이해하는 데에도 많은 시간이 필요합니다. 그렇기 때문에 AI를 활용하여 시작하는 것도 좋은 방법이며 매우 훌륭한 응답을 기대할 수 있습니다. 하지만 기초적인 지식 없이 AI로 학습을 시작할 때에는 방향 설정이 어려워 지고, 잘 해결이 되지 않는 문제에 봉착했을 때 이를 해결하기가 어려워질 수 있습니다.

따라서 기본기를 다지기 위해서는 아두이노 코딩 기초에 대한 책을 별도로 공부하고 나서 AI를 활용하여 코딩을 시작하는 방법을 추천하고 싶습니다.

질문을 하기 위해서는 어떤 방법으로 접근해서 어떤 방향으로 개발해 나갈 것인지 로드맵이 있어야 하며, 기본 지식의 토대가 있어야 문제를 해결 할 수 있는 좋은 질문을 할 수 있기 때문입니다.

3.5. 드론 사진 측량과 정사영상

드론 사진 측량은 드론에서 서로 다른 위치를 촬영한 여러장의 2D 사진을 분석함으로써 3D 자료를 만들고 보정하여 신뢰성 있는 정량적 데이터를 얻는 과정으로 볼 수 있습니다.

드론 사진에는 GNSS 에서 취득한 위도, 경도, 고도 값이 기록되어 있기 때문에 이를 기반으로 복잡한 수학공식과 보정을 거쳐 사진을 합성하게 됩니다.

대표적인 소프트웨어로는 Pix4D 가 있으며 Agisoft Metashape, RealityCapture, OpenDroneMap, DJI Terra 등이 있습니다. 대부분 유료 프로그램입니다.

이와 같은 프로그램을 사용하면 정밀한 2D 지도, 3D 모델, 지형도, **정사영상(orthomosaic)**을 생성할 수 있습니다. 아래는 제주특별자치도 서귀포시 중문동 천제연폭포 인근 항공사진입니다. 정사영상의 경우 사진 1,189 장을 합성하여 제작한 것으로 최종 결과물인 tif 파일의 이미지 크기는 약 1.6GB 였습니다.

일반 항공 사진(출처: 네이버 지도)   **정사영상**

TIP!

정사영상(Orthophoto, Orthomosaic): 항공사진이나 드론으로 촬영한 이미지에 대한 기하학적 보정을 통해 지도가 가진 정확한 척도(Scale)를 유지하도록 만든 사진

3 장 ~ 소프트웨어

일반 항공 사진과 정사영상은 얼핏 보기에 비슷해 보이지만 화질과 정확성 측면에서 많은 차이가 있습니다. 일반 항공 사진의 최대 확대 배율에서 같은 지점을 비교해 보겠습니다.

일반 항공 사진(출처: 네이버 지도)

정사영상

이러한 차이가 발생하는 원인은 결과물의 품질에 큰 영향을 미치는 **GSD(Ground sampling distance, 사진의 픽셀당 지도상에서 표현되는 거리)**가 다르기 때문이며 정사영상의 GSD 는 평균 2.65cm, 평균 고도는 90m 였습니다.

좋은 결과물을 얻기 위해서는 대체적으로 높은 중복도(대체적으로 70~80%), 큰 센서, 낮은 고도, GCP(Ground control point, 지상기준점)를 확보(사용)함과 동시에 조도, 기상 등의 조건을 체크해야 합니다.

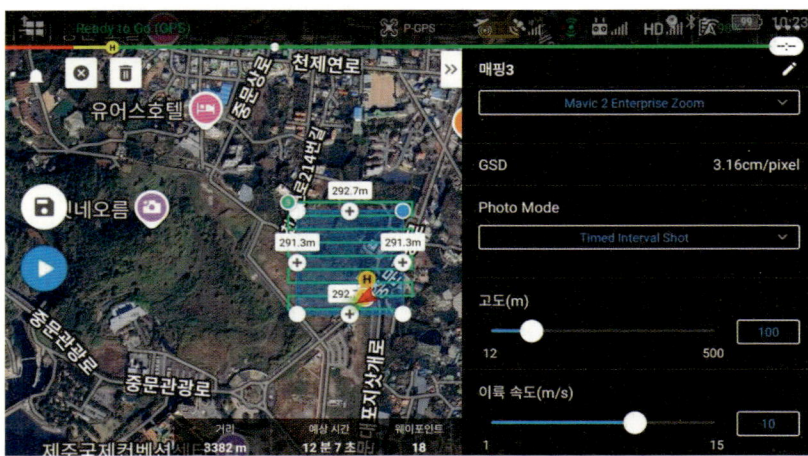

왼쪽은 DJI Mavic 2 enterprise zoom 모델을 사용해 비행 계획을 세우는 장면입니다.

중복도와 비행 시간, 이동속도와 촬영지점을 설정하고 업로드하면 자동비행이 됩니다.(엔터프라이즈의 기능으로 일반 Mavic 2 는 다른 프로그램을 사용해야 함)

3 장 ~ 소프트웨어

QGIS 를 이용한 위성지도 레이어 겹치기 및 내보내기

앞서 작성한 정사영상은 목표 지점을 제외한 주변 영상을 잘라내었습니다. 이러한 과정이 필요한 이유는 결과물 생성을 위한 컴퓨터 연산량을 줄이는 한편 목표 지점을 제외한 곳의 촬영 중복도가 낮기 때문에 데이터의 신뢰성이 떨어지고 저품질의 결과물이 나올 수 있기 때문입니다.

주변 지형을 한눈에 살펴보기 위해서 **결과물 주변에 위성지도 레이어를 추가로 입혀 합성**하면 비록 정사영상보다 화질은 떨어지지만 임무 지역의 주변을 편리하게 파악할 수 있습니다.

무료 GIS 소프트웨어인 **QGIS** 를 통해 정사영상과 위성 지도를 합쳐 보겠습니다. 우선 ==QGIS 홈페이지(https://qgis.org)에서 소프트웨어를 다운로드하고 설치== (필자의 경우 QGIS Desktop 3.42.1 버전)하고 다음의 순서대로 진행합니다.

---

① 메뉴바에서 플러그인 > 플러그인 관리 및 설치 > **QuickMapServices** 설치

② 웹(Web) > QuickMapServices > Google > Google Satellite 선택 → 배경으로 위성지도 깔림

③ 레이어 > 레이어 추가 > 래스터 레이어 추가 → Pix4D 의 Orthomosaic(*.tif) 파일 선택

④ 불러온 Pix4D 레이어를 위성지도 위에 자동으로 맞게 정렬됨 (좌표계가 같아야 함)

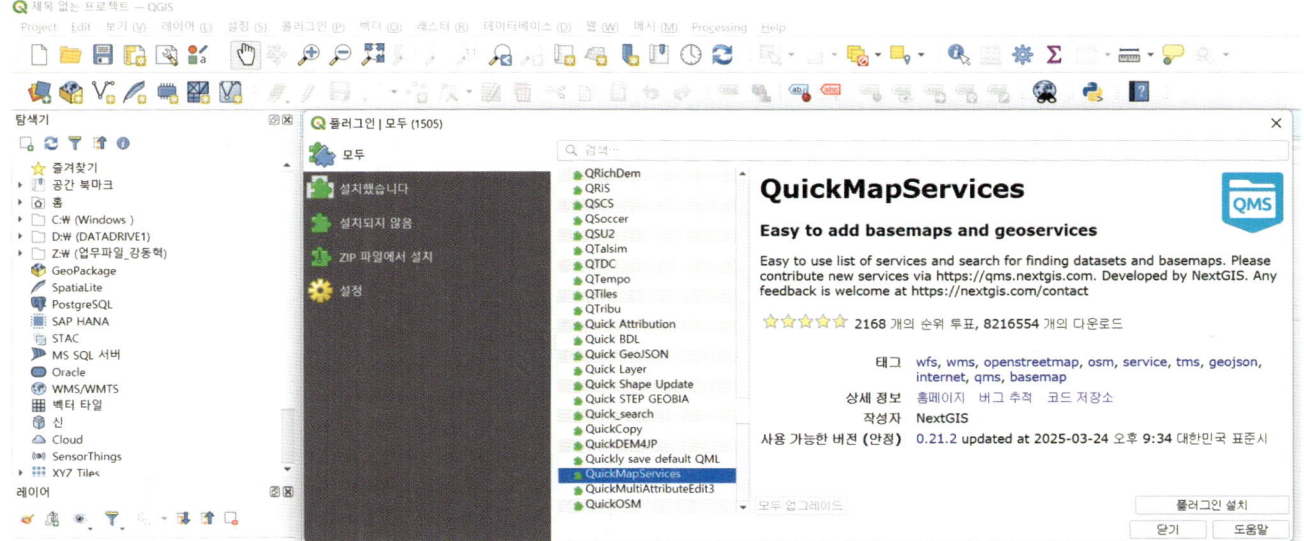

3장 ~ 소프트웨어

만약 QuickMapServices 탭에서 구글이 보이지 않는다면 아래 절차를 따릅니다.

① QGIS 실행 후 상단 메뉴에서 웹(Web) > QuickMapServices > 설정(Settings)을 클릭합니다.
② 열리는 설정 창에서 'More services' 탭으로 이동합니다.
③ 'Get contributed pack' 버튼을 클릭하여 추가 서비스 목록을 불러옵니다.

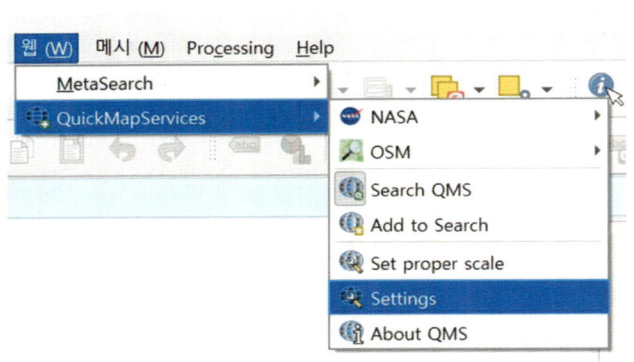
QuickMapServices > 설정(Settings)

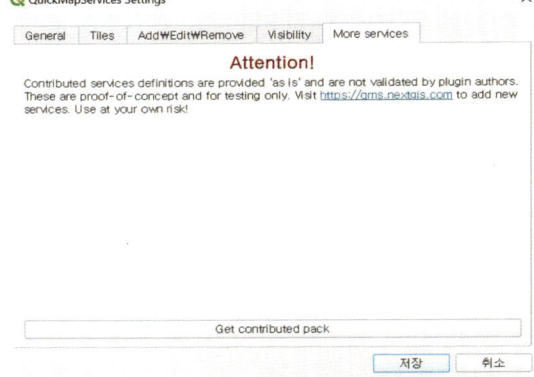
'Get contributed pack' 버튼을 클릭

저장 후 설정 창을 닫고, 다시 웹(Web) > QuickMapServices 메뉴를 열면 Google, Bing, Esri 등의 다양한 지도 서비스가 추가된 것을 확인할 수 있습니다.

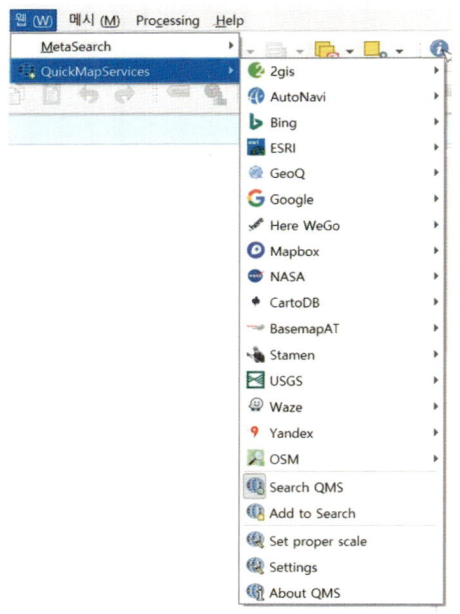

웹(Web) > QuickMapServices > Google > Google Satellite 선택 → 배경으로 위성지도가 깔립니다.

다음으로 앞서 설명한 순서대로 레이어 > 레이어 추가에서 래스터레이어 추가를 누르고 Pix4D에서 생성한 결과물인 *.tif 파일을 불러옵니다.

구글맵을 확대해보면 구글지도위에 정사영상이 입혀진 것을 확인할 수 있습니다.

220

투명도, 불투명도 적용

정사영상과 구글맵은 촬영 시기와 날씨, 색온도 설정등의 차이로 인해 색감의 차이가 심하게 보이고 있으므로 이러한 위화감을 줄이기 위해 이번에는 **구글맵에 투명도를 적용**해 보겠습니다.

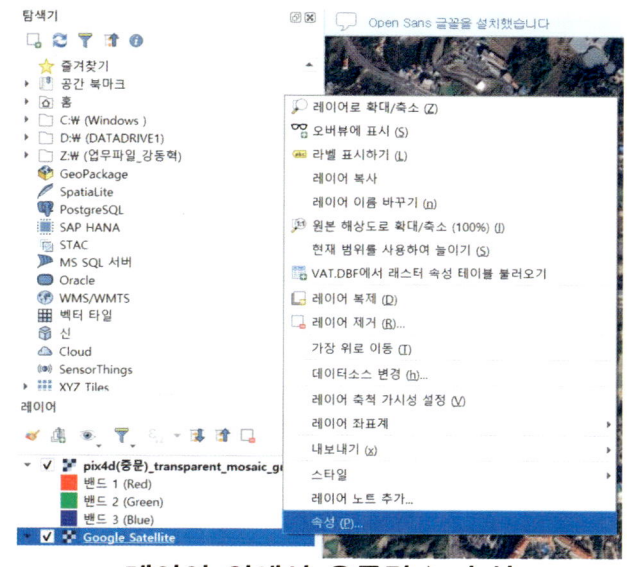

레이어 위에서 우클릭 > 속성   불투명도 100% > 70% 조정

아래 사진을 비교해 보면 불투명도 조정 후 관찰자의 시선을 중심으로 모아 조금 더 정사영상 지역에 집중할 수 있음을 알 수 있습니다.

불투명도 조정 전

불투명도 조정 후

3장 ~ 소프트웨어

결과물 내보내기

결과물을 내보내기 위하여 QGIS 프로그램 상단의 메뉴 중 Project > Layout Manager > 생성하기를 통해 조판(Layout)을 만들어줍니다. 새로운 창이 열리며 내보내기를 위한 작업을 할 수 있습니다. 조판의 기본 크기는 A4 사이즈이며 조판 > Page properties 항목을 통해 크기를 변경할 수 있습니다.

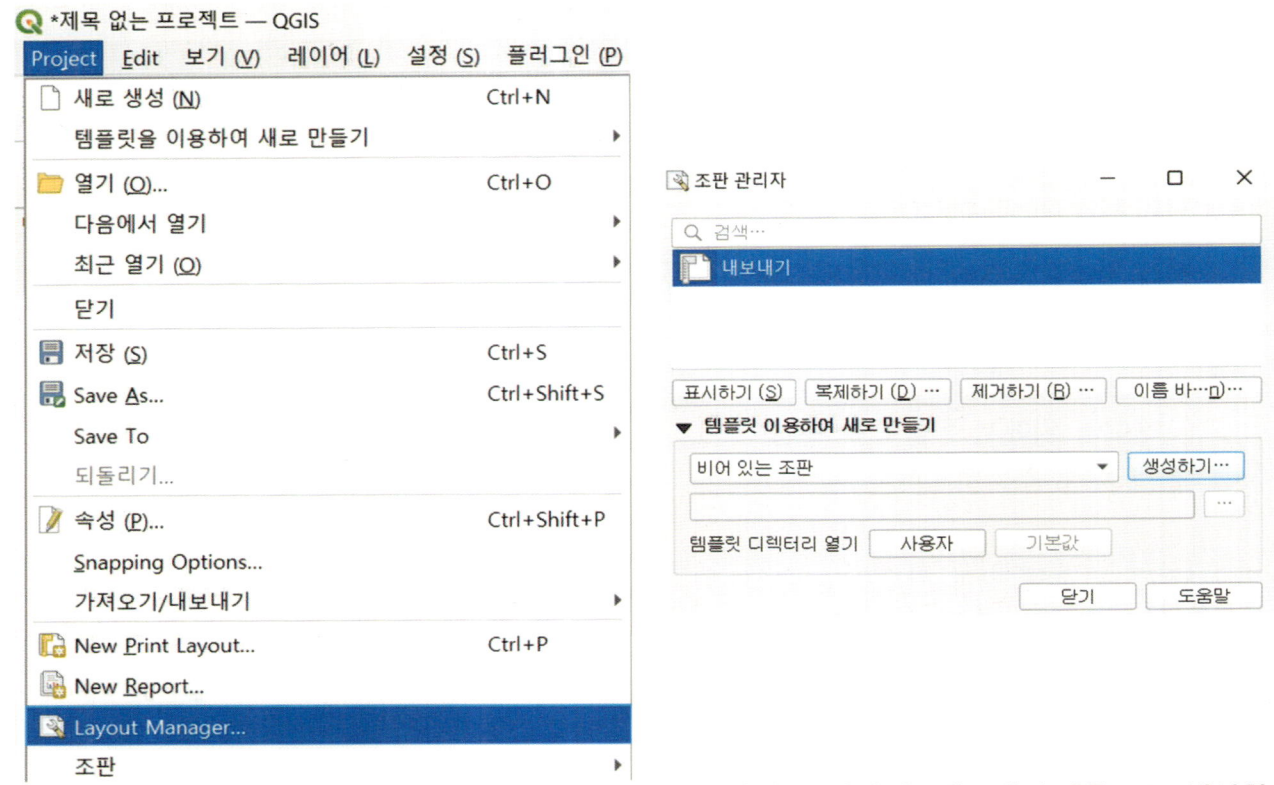

Layout Manager   생성하기 클릭하여 '내보내기'이름으로 생성함

레이아웃 매니저를 통해 새로 열린 창에서 항목추가 > 맵 추가를 누르면 커서가 바뀌는데 캔버스 위에 드래그 앤 드랍으로 지도를 삽입할 영역을 만들어 줍니다. 잠시 기다리면 QGIS 작업창에서 작업했던 지도가 캔버스에 올라옵니다.

지도의 이동은 레이아웃 매니저 창 위쪽 메뉴 중 편집 > 콘텐츠 이동(단축키 C)을 통해 할 수 있습니다. 조판이동, 항목선택 이동이 따로 있으며 서로 다른 기능을 하므로 눌러보면서 기능을 익혀 봅시다.

지도 레이어의 내보내기 설정에서 해상도를 설정할 수 있습니다. 300dpi(Dots per Inch)정도가 A4 용지에 인쇄할 때 일반적인 고품질이라고 볼 수 있으며 아래 설정한 값(3,000dpi)은 출력보다는 사진으로 확대하면서 지도를 모니터링하기에 좋은 고품질 결과물을 뽑기 위한 것으로 볼 수 있습니다. 항목속성 탭에서는 축척을 조절할 수 있습니다.

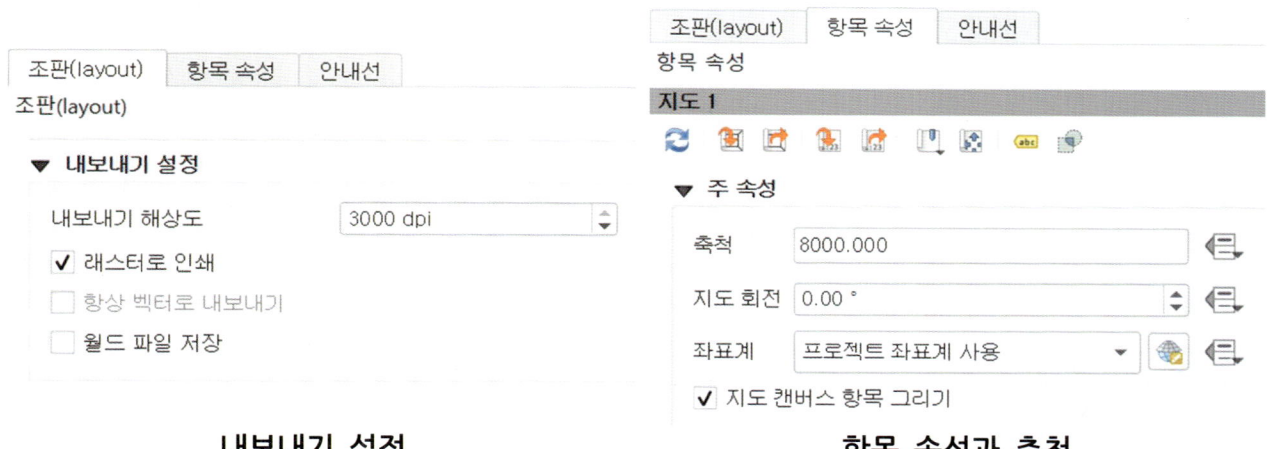

내보내기 설정　　　　　　　　　　항목 속성과 축척

다음으로 지도위에 방위기호(화살표 방향이 북쪽을 표시)와 축적을 표시합니다. 이러한 표시 정보는 지도를 읽는 데 많은 도움이 됩니다.

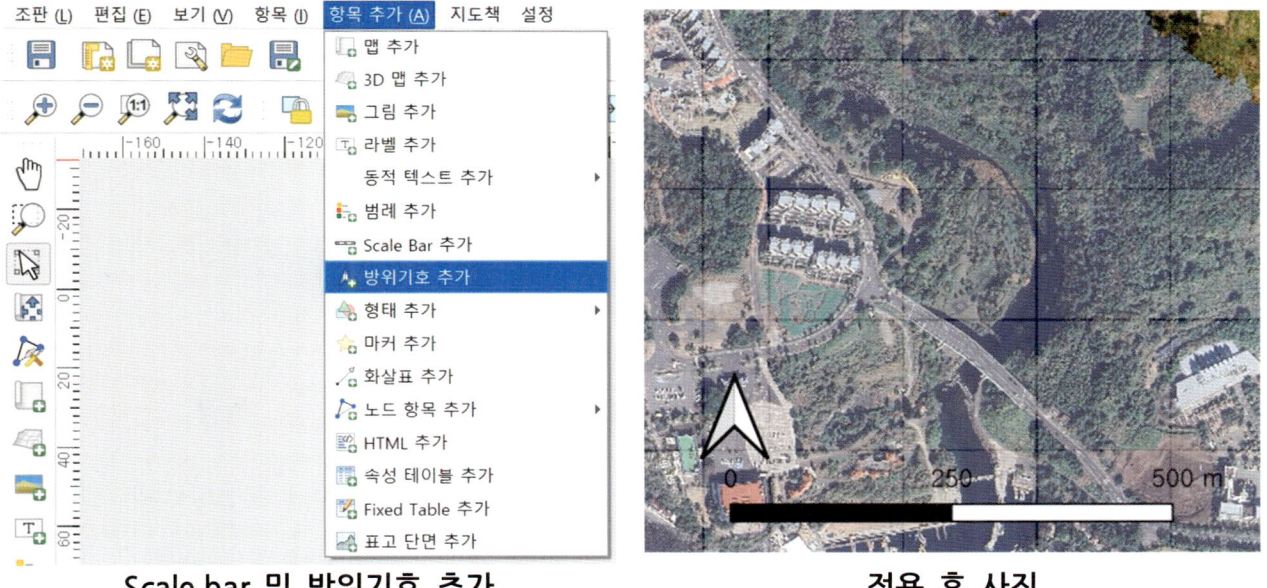

Scale bar 및 방위기호 추가　　　　　　적용 후 사진

완성된 결과물은 메뉴 > 편집 > 이미지로 내보내기를 통해 다양한 확장자(PNG, JPG, TIF 등)로 내보낼 수 있습니다.

파노라마 사진, 포토샵을 통한 업스케일링 및 보정

드론으로 풍경사진과 같이 화각이 넓은 사진을 고화질로 찍고자 한다면 화각이 넓은 렌즈를 사용하거나 파노라마 사진과 업스케일링을 생각해 볼 수 있습니다. 렌즈 교체가 가능한 드론은 주로 대형 기체에서나 볼 수 있는 것이므로 생략하고 파노라마 사진과 업스케일링을 살펴보도록 하겠습니다.

파노라마 촬영

파노라마 촬영은 사진을 여러장 촬영해서 프로그램을 통해 중복된 부분을 검출하고 합치는 프로세스를 진행하여 얻은 결과물이라고 볼 수 있습니다. 파노마라 촬영은 수동(여러장을 촬영 후 별도 프로그램을 사용하여 제작) 혹은 자동(드론의 기본 프로그램으로 제작)으로 만들 수 있습니다.

DJI 드론을 사용해 파노라마 사진을 촬영할 때는 사용하고 있는 드론이 RAW 파일 저장을 지원하는지가 중요한 문제인데 필자의 조사에 따르면 기종에 따라 지원이 되는 모델도 있고 안되는 모델도 있는 것으로 보입니다. 파노라마 사진이 RAW 파일 저장이 안된다면 후보정 자유도가 낮아지기 때문에 민감한 문제로 볼 수 있습니다. 아래는 파노라마 RAW 저장이 안되는 기종입니다.(추후 펌웨어 업데이트를 통해 바뀔 수 있으며 모든 기종에 대해 조사하지는 못했습니다. 참고 사항으로 보시기 바랍니다.)

- **(파노라마 RAW 저장이 안되는 기종)** 매빅 1, 매빅 2 줌, 매빅 2E, 매빅 3E
- **(참고) 매빅 2 줌 파노라마 촬영**

구분	파노라마 종류	촬영	화질(확장자)	특징
1	180도	21장	8,192 × 3,250 (jpg)	결과물을 1장(jpg)으로 만들어 저장하며 몇초 이내로 만들어줌. 파노라마는 왜곡이 심하며 스티칭 시 다소 어긋나는 경우가 있음
2	수평	9장	8,000 × 6,000 (jpg)	
3	수직	3장	3,328 × 8,000 (jpg)	

포토샵을 통한 보정(수평과 왜곡)

촬영한 사진이 의도와 다르게 찍혔거나 왜곡이 있을 때 어떻게 수정하면 될까요? 실습 예제를 통해 포토샵 프로그램을 통한 사진 보정 방법을 살펴 보겠습니다.

예제 사진은 해수면이 경사지게 되어 있음을 볼 수 있습니다. 메뉴-보기에서 눈금자를 선택하여 볼 수 있게 만듭니다. 사진 위 눈금자에서 아래쪽으로 마우스를 드래그 앤 드롭(누른채 이동하고 놓음)하면 안내선을 만들 수 있습니다.

다음으로 메뉴에서 선택-모두(단축키 ctrl+A)를 누른 후에 편집-변형-회전 메뉴로 들어갑니다.

눈금자가 만들어진 사진　　　　　　　　편집-변형-회전

꼭지점 바깥쪽에 커서를 가져가면 회전 아이콘이 나오는데 그 때 마우스를 드래그하여 사진을 회전 시킬 수 있습니다.

왼쪽 사진을 보면 어느정도 수평선이 정리된 것을 볼 수 있습니다.

3장 ~ 소프트웨어

그런데 사진을 확대해서 보면 사진의 가운데 부분은 안내선에 딱 맞지만 사진의 왼쪽과 오른쪽 끝으로 갈수록 수평선의 오차가 발생하는 것을 알 수 있습니다. 이는 사진의 왜곡이 발생하였기 때문입니다.

왜곡을 수정하기 위해 사진을 모두 선택한 상태에서 메뉴-편집-변형-뒤틀기 항목을 누릅니다.

수정하고자 하는 곳을 드래그하면 사진이 변형되면서 수평을 맞출 수 있습니다. 왼쪽 사진은 수평을 잡은 모습입니다.

불필요한 부분을 제거하기 위해 숏컷 메뉴에서 자르기(Crop)를 선택하고 사진 바깥 쪽 모서리를 드래그해서 조절한후에 엔터를 누릅니다.

안내선 삭제는 메뉴-보기-안내선-안내선 지우기를 통해 삭제할 수 있습니다.

TIP!

왜곡을 보정한 후에는 사진의 모양이 직사각형에서 벗어나기 때문에 적당하게 자르기(크롭)를 해줍니다. 왼쪽 숏컷에서 돋보기를 누르고 사진을 클릭하면 사진이 확대되고 ALT 버튼을 누른 채 클릭하면 사진이 축소됩니다. 편집하기 편한 크기로 보기 화면을 전환한 후에 자르기를 하면 좋습니다. 작업 취소는 CTRL+Z, 다시 되돌리기 단축키는 CTRL+SHIFT+Z 입니다.

포토샵을 통한 보정(컬러 그레이딩)

컬러 그레이딩(Color Grading)은 영상이나 사진의 색상, 명도, 대비 등을 조정하여 특정한 분위기나 감정을 전달하는 과정입니다. 최종 결과물을 보다 아름답게 하고 전문성을 어필할 수 있는 중요한 요소입니다.

컬러 그레이딩의 주요 목적은 다음과 같습니다

- **감정 전달:** 특정 색상이나 톤을 사용하여 관객에게 감정을 전달하거나 특정 분위기를 조성할 수 있습니다. 예를 들어, 따뜻한 색조는 아늑함을, 차가운 색조는 쓸쓸함을 표현할 수 있습니다.

- **일관성 유지:** 여러 장면이 있는 영상에서 색상과 톤을 일관되게 유지하여 시청자가 자연스럽게 느낄 수 있도록 합니다.

- **시각적 스타일:** 감독의 의도에 맞춰 독특한 시각적 스타일을 창출할 수 있습니다. 이는 특정 장르나 테마에 맞는 색상 조합을 통해 이루어집니다.

- **강조:** 특정 요소에만 색을 칠하거나 채도 등을 조절하여 주제를 부각시키는 데 사용될 수 있습니다.

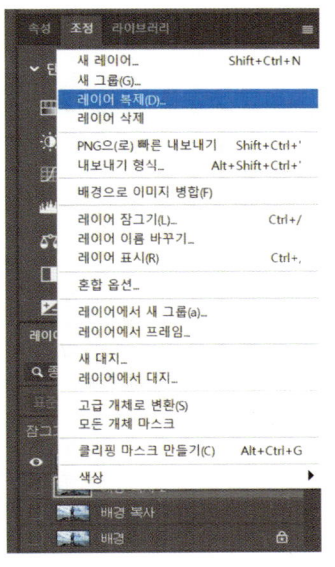

전장에서 예제로 사용한 사진을 그대로 이용해서 바다의 색상 톤을 조정해 보겠습니다.

우선은 원본과 편하게 비교를 하기 위해서 **레이어를 복제**하겠습니다. 레이어 탭에서 레이어를 클릭하고 우클릭하면 팝업이 뜨는데 레이어 복제를 눌러줍니다.

복사한 레이어 앞에 눈표시를 켜주고 나머지 원본 레이어는 눈표시를 클릭하여 꺼줍니다. 그러면 복사한 레이어만 화면에 반영되어 보이게 됩니다.

3장 ~ 소프트웨어

 포토샵 숏컷 메뉴들 중 왼쪽 아이콘과 같은 **빠른선택도구**를 선택합니다. 빠른선택도구를 통해 사진의 바다부분을 드래그해 선택합니다. **원하는 영역을 추가하고자 할 때는 SHIFT 를 누른 상태에서 드래그하거나 클릭합니다. 빼고 싶을 때는 ALT 를 누르고 드래그하거나 클릭**합니다.

만약 왼쪽과 같은 객체선택도구가 아이콘으로 보인다면 이 아이콘을 길게 클릭하고 있으면 빠른선택도구를 클릭할 수 있게 팝업 메뉴가 열립니다.

조정 창에서 레벨을 클릭합니다.

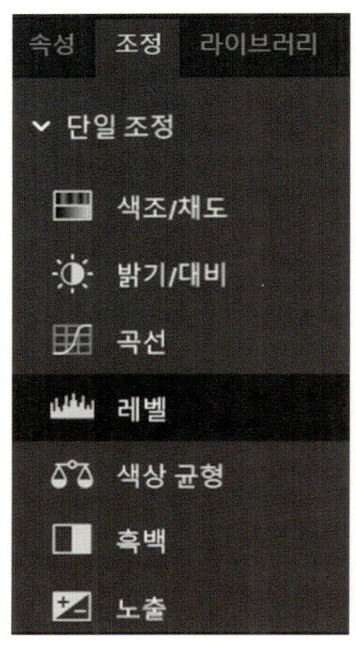 

색상 영역 밑에 있는 세모 표시를 마우스로 드래그하며 움직여서 색상을 조절할 수 있습니다. 그 외에도 조정 탭에는 다양한 조정 옵션이 존재하니 다양하게 연습해 봅시다.

TIP!

레이어나 조정 창이 안보인다면 메뉴-창을 클릭한 후 레이어와 조정을 클릭하여 보이게 만들어 줍니다.

3 장 ~ 소프트웨어

수평과 왜곡 보정 전

수평과 왜곡 보정 후

수평과 왜곡과 바다색 조정 후

3장 ~ 소프트웨어

포토샵을 통한 업스케일링

사진의 업스케일링(upscaling)은 이미지의 해상도를 높이는 과정을 의미합니다. 원본 이미지의 픽셀 수를 늘려 더 큰 크기로 확대하는데, 더 선명한 이미지를 얻을 수 있습니다.

원본을 고화질로 촬영하는 것 보다는 못하지만 저화질을 고화질로 개선시키는데는 분명히 효과가 있습니다. 아래 새로운 예제 사진으로 포토샵 프로그램을 통한 업스케일링이 어떻게 이루어지는지 살펴보겠습니다.

원본 사진은 jpg 확장자로 압축 저장된 사진이고 파일 크기는 6.4MB(메가바이트), 사진 크기는 4,000 × 2,250 픽셀입니다. 72DPI, ISO100 으로 촬영되었습니다.

원본 사진

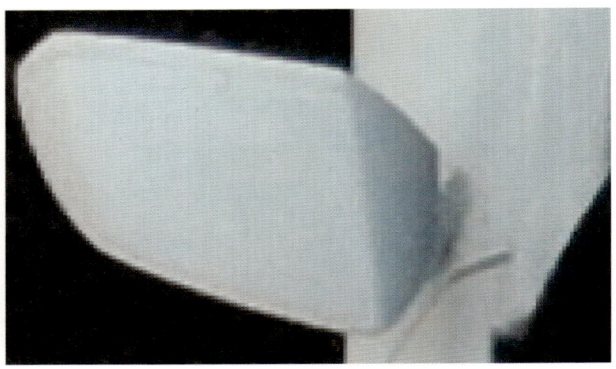
사이드미러 확대

원본 사진을 작은 화면으로 볼 때는 괜찮아 보이지만 큰 화면으로 보거나 인쇄하게 되면 우측 사이드미러 확대 사진과 같이 피사체 주변 픽셀이 왜곡되거나 계단현상을 나타냅니다. 또한 표면 색상이 균일하게 나와야 하는 곳도 노이즈가 많이 나타남을 알 수 있습니다.

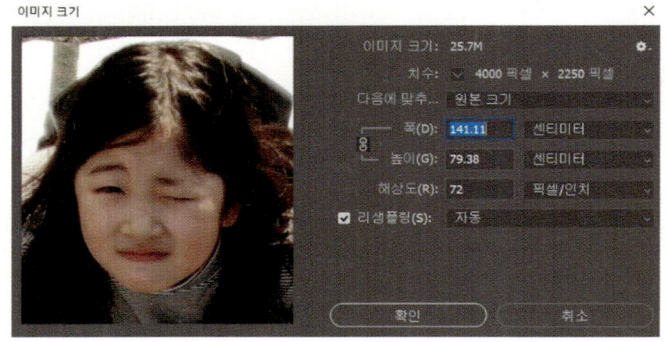

포토샵 메뉴에서 이미지-이미지 크기로 들어갑니다. 센티미터를 퍼센트로 바꾸어 주고 폭에 200 을 입력하면 기존 사진의 폭이 2배, 높이가 2배로 변경되면서 사진이 4배가 커집니다.

리샘플링 방법에 따라 결과물도 달라지는데 여기서는 자동으로 해 보겠습니다.

3장 ~ 소프트웨어

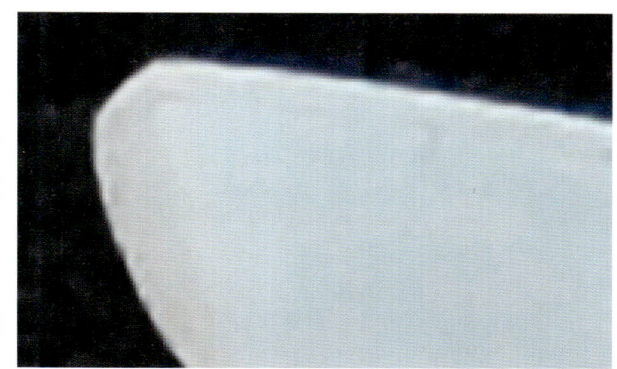

　　　　　원본 사진　　　　　　　　　4배 업스케일링(가로 2배, 세로 2배)

이미지 크기를 4배로 업스케일링 한 결과 위 사진과 같이 픽셀 계단 현상이 사라져 이미지가 선명해 지는 것을 볼 수 있습니다.

업스케일링을 하는 다른 방법으로 **필터를 사용한 방법**이 있습니다. 앞서 소개한 방법보다 자유도가 높고 강력하기 때문에 추천하는 방법입니다. 우선 업스케링 전에 사진을 다듬어 주도록 하겠습니다. 포토샵 메뉴에서 필터-노이즈 감소를 눌러 줍니다.

세부 묘사 수준을 적당히 줄이면 노이즈가 줄어들면서 피부 톤이 뽀얗게 변합니다.

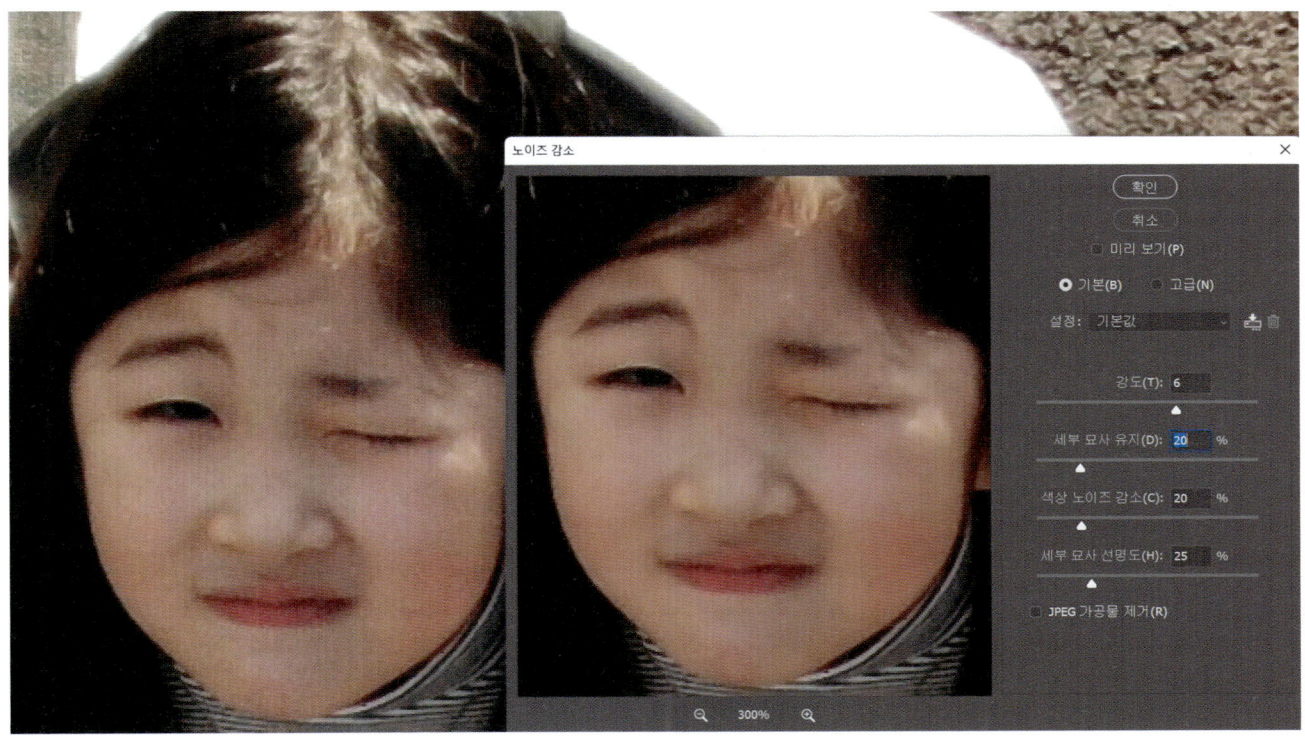

3 장 ~ 소프트웨어

다음으로는 필터-뉴럴필터에서 JPEG 아티팩트 제거를 활성화 해줍니다.

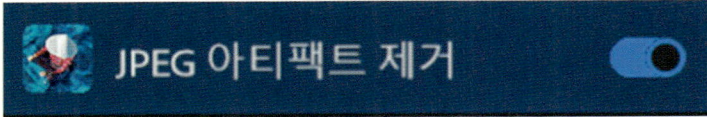

이 기능은 JPEG 이미지 압축으로 인한 결함이나 왜곡을 보정합니다. 특히 고대비 경계 근처에서 발생하는 불필요한 윤곽선이나 빛의 띠를 줄여주는 효과가 있습니다.

아래 전 후 사진을 비교해 보면 흰색 차체와 검은색 아스팔트 사이 경계면에서 보라색 띠가 확인되는데 아티팩트 제거 후에는 많이 개선되는 모습을 볼 수 있습니다.

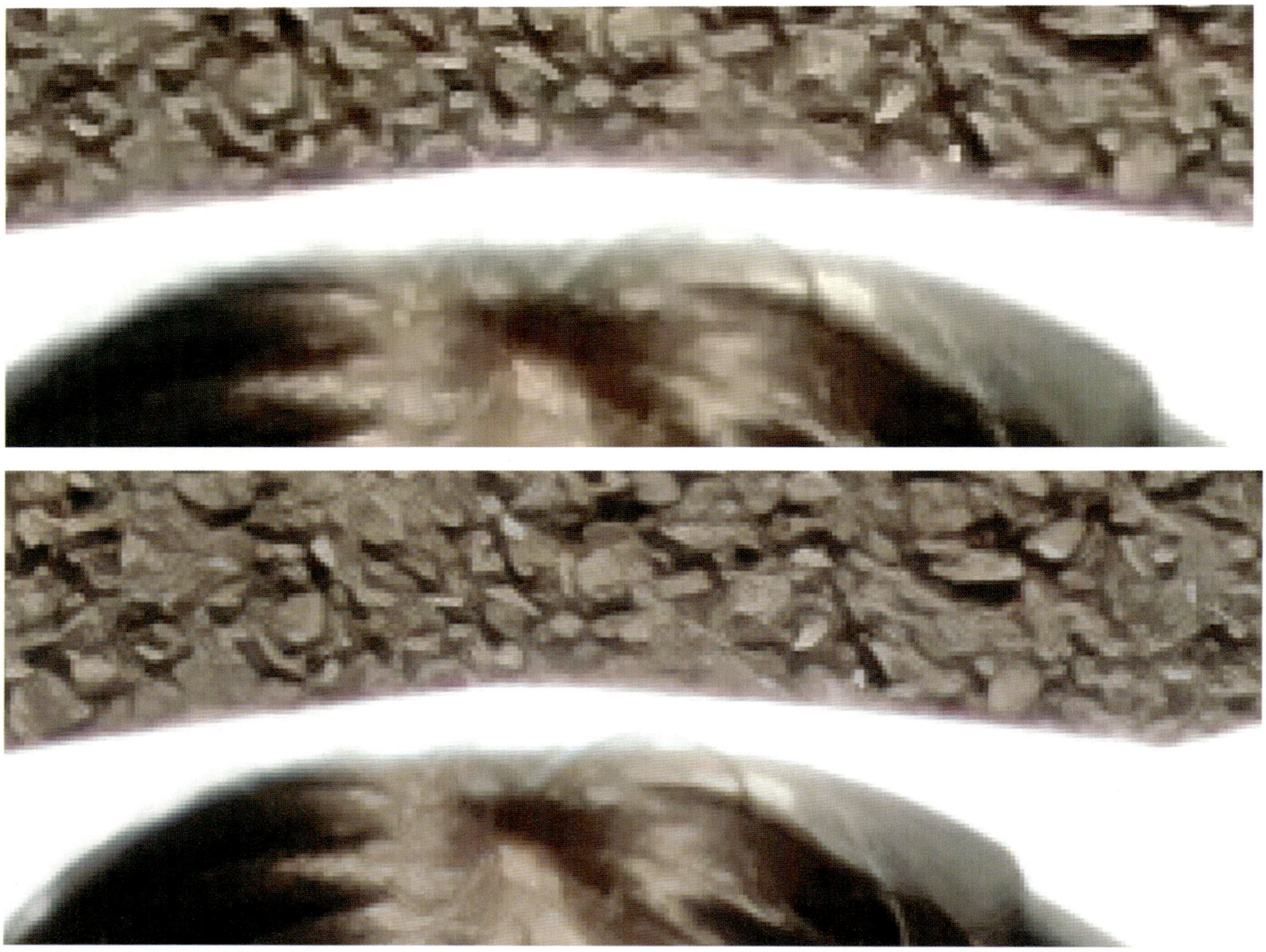

이제 뉴럴필터의 강력한 확대/축소 기능을 통해 사진을 업스케일링 해 보겠습니다. 이 기능은 포토샵 2022 부터 생긴 기능이며 필자는 포토샵 2025 기준으로 설명하고 있습니다.

강력한 확대/축소 기능에는 앞서 설명한 JPEG 아티팩트 제거와 노이즈 감소를 체크할 수 있는 항목이 있습니다.

이 기능에 대해서는 앞서 세팅 및 적용을 했기 때문에 이미지 디테일 향상만 체크하고 사진 밑에 '확대/축소 이미지(1x)' 옆의 돋보기를 눌러줍니다.

몇분 정도의 시간이 지난 후 이미지가 생성됩니다. '장치에서 처리중 68%(3min)'과 같이 처리 상황 막대가 나타나므로 처리가 완료될 때 까지 기다리도록 합니다.

위 예제에서는 JPG 확장자인 압축 원본 파일을 사용해 업스케일링을 했으나 실제로 보다 효과적인 편집을 위해서는 카메라에서 지원하는 RAW 파일 촬영을 통해 무손실 파일을 취득하고 편집하게 됩니다.

RAW 파일을 사용하면 포토샵에서 열 때 세부 세팅값에서 AI 를 통한 노이즈 감소를 체크할 수 있는데 원본 자체가 예제 파일보다 색 정보를 훨씬 많이 담고 있기 때문에 노이즈 제거도 훨씬 부드럽고 보기 좋은 결과물을 얻을 수 있습니다.

따라서 사진 촬영을 할 때는 되도록 압축파일과 RAW 파일을 같이 저장하든가 RAW 파일 촬영을 하는 것이 좋습니다.

3.6. 동영상 촬영과 편집

드론의 영상 촬영은 큰 틀에서 기획 - 촬영 - 편집 순으로 이루어 진다고 볼 수 있는데 각 단계별로 중점 검토해야 할 사항(체크 리스트)은 아래 표와 같습니다.

구분	항목	체크리스트	설명
기획	비행 구역	비행승인 지역 여부	비행금지구역, 비행승인 지역 등 확인
	비행 고도	150m 이상인지 여부	**[고도 기준**(항공안전법 시행규칙)**]** 1. 사람 또는 건축물이 밀집된 지역: 수평거리 150 미터 범위 안에 있는 가장 높은 장애물의 상단에서 150 미터 2. 그 외 지표면·수면 또는 물건의 상단에서 150 미터
	촬영 시간대	주간, 야간 여부 등	야간비행의 경우 **특별비행승인** 필요
	기상	비, 바람, 구름 등	
	기체와 조종자	사용 기체와 자격여부	**최대이륙중량** 2kg 초과 또는 사업용 드론(최대이륙중량 무관)은 신고대상
	비행 경로	장애물 및 안전 검토	
촬영	화질과 FPS	FHD, 4K, 8K 등	슬로우모션용은 120 FPS 이상 권장
	컨테이너와 코덱	MP4, MOV 확장자 등	
	필터 사용 여부	ND, 편광 필터 등	
	줌 및 화각		돌리 줌 등
	촬영 기법	촬영 동선	
	녹음	녹음지점과 채널	
	RTH 설정	안전 장치 마련	조종자 위치 또는 이착륙 위치, 현재 위치 착륙 등을 상황에 맞게 검토
	GPS, RTK		상황에 따라 수동 조종 실시
편집	화질 결정	출력 설정	코덱 등 설정
	편집	클립 자르기 및 붙이기	자막, 효과 및 사운드 등 삽입
	보정	흔들림 보정, 색보정 등	노이즈 리덕션, 업스케일 등 보정 작업

주) **"자체중량"**은 연료, 장비(비행과 관련 없고 탈부착 및 적재가능한 것: 탈착되는 짐벌 및 카메라, 약제, 낙하산, 에어백, 구명환 등), 화물, 승객 등을 포함하지 않은 항공기의 중량(**무인동력비행장치는 배터리 무게를 포함**)이며, **"최대이륙중량"**은 항공기가 이륙함에 있어서 설계상 또는 운영상의 한계를 벗어나지 않는 한도 내에서 최대 적재 가능한 중량을 말합니다. (출처: 초경량비행장치 신고제도 안내, 한국교통안전공단, 2021)

3장 ~ 소프트웨어

[비행계획 예시]

촬영일	2025. . .	기 상	맑음, 풍속 2m/s
장 소	중문동 일원	목 적	정사영상 제작
촬영고도	100m 내외	촬영자	OOO
비행속도	6km/h 내외	촬영매수	1,080 매 내외
촬영면적	135,000 ㎡ (1,500m*90m)	비행시간	100 분 (준비 시간 제외)
쏘티(sortie)	6(계획비행 1 포함)	공역	비행승인 불필요
산출물	TIF 파일(고품질 이미지 파일) 1 매 제출		
GSD(Ground Sampling distance)			2.5cm 내외
촬영거점 (이동촬영)	① ②		

235

3 장 ~ 소프트웨어

동영상 편집 프로그램 비교

비교 항목	Adobe Premiere Pro	DaVinci Resolve studio	CyberLink PowerDirector	CapCut
로고	![Pr]	![DaVinci]	![PowerDirector]	![CapCut]
플랫폼	Windows, macOS, Premiere Rush(모바일용)	Windows, macOS, Linux 지원. iPad 버전도 출시	Windows, macOS, 모바일 (Android/iOS)	Android, iOS Windows /macOS
주요 사용자	업계 표준으로 불릴 만큼 전문 현장에서 널리 쓰이며, **고급** 기능으로 진지하게 편집을 배우려는 사용자에게 적합.	무료 버전 덕분에 폭넓게 사용. 영화 제작 등 **고급** 작업에 적합하며, 배우려는 열의가 있는 고급 취미자도 활용.	**초급~중급** 편집자와 유튜버 등. 직관적인 인터페이스로 입문자가 쓰기 좋지만, 전문가 수준의 세밀한 작업에는 한계가 있음	SNS/모바일 콘텐츠 등 소셜 영상을 빠르게 만들려는 **초급** 사용자에 최적화. 본격 영화/방송용 편집 등 전문 작업에는 부적합
난이도	전문가용 소프트웨어. 기능이 방대하고 인터페이스가 복잡하여 초보자에겐 진입장벽이 높지만, 튜토리얼 자료가 풍부	난이도 높음. 노드 기반 작업 등으로 초심자에겐 어려울 수 있음. 숙달 시 영화급 결과물을 낼 수 있어 전문 편집자들이 선호.	비교적 사용이 쉬움. Premiere 등에 비해 인터페이스가 단순	매우 쉬운 편집 경험 제공. 모바일 앱 감각의 간편 UI 로 드래그앤드롭 등 직관적 조작 가능.
가격 구조	**구독형** 소프트웨어. Adobe Creative Cloud 멤버십으로만 제공되며, 영구 라이선스 판매 없음.	**부분 무료**: DaVinci Resolve 무료판으로 대부분 기능 제공. 유료는 DaVinci Resolve Studio. 스튜디오 버전은 추가 AI 기능 및 고해상도/고프레임 출력 지원.	**구독** 또는 **영구 구매** 선택 가능. 최신 버전은 PowerDirector 365 란 이름으로 월별/연간 구독제 제공. 버전별 영구 라이선스(예: PowerDirector 2024 Ultra/Ultimate)도 판매.	**기본 무료** 소프트웨어. 데스크톱/모바일 모든 기능을 무료로 쓸 수 있으며, 워터마크 없이 영상 출력 가능. 일부 **고급 기능**은 **유료 구독**으로 제공됨

236

POWERDIRECTOR 2025 를 사용한 편집 예시

동영상 편집 분야도 깊게 들어가면 내용이 방대합니다만 다소 사용이 쉬운 편에 속하는 프로그램인 **파워디렉터**를 이용해서 편집 과정을 간략하게 살펴보겠습니다. 아래는 화면 구성입니다. 미디어 라이브러리(소스를 불러오고 관리하는 곳), 미리보기 화면, 타임라인으로 구성되어 있습니다.

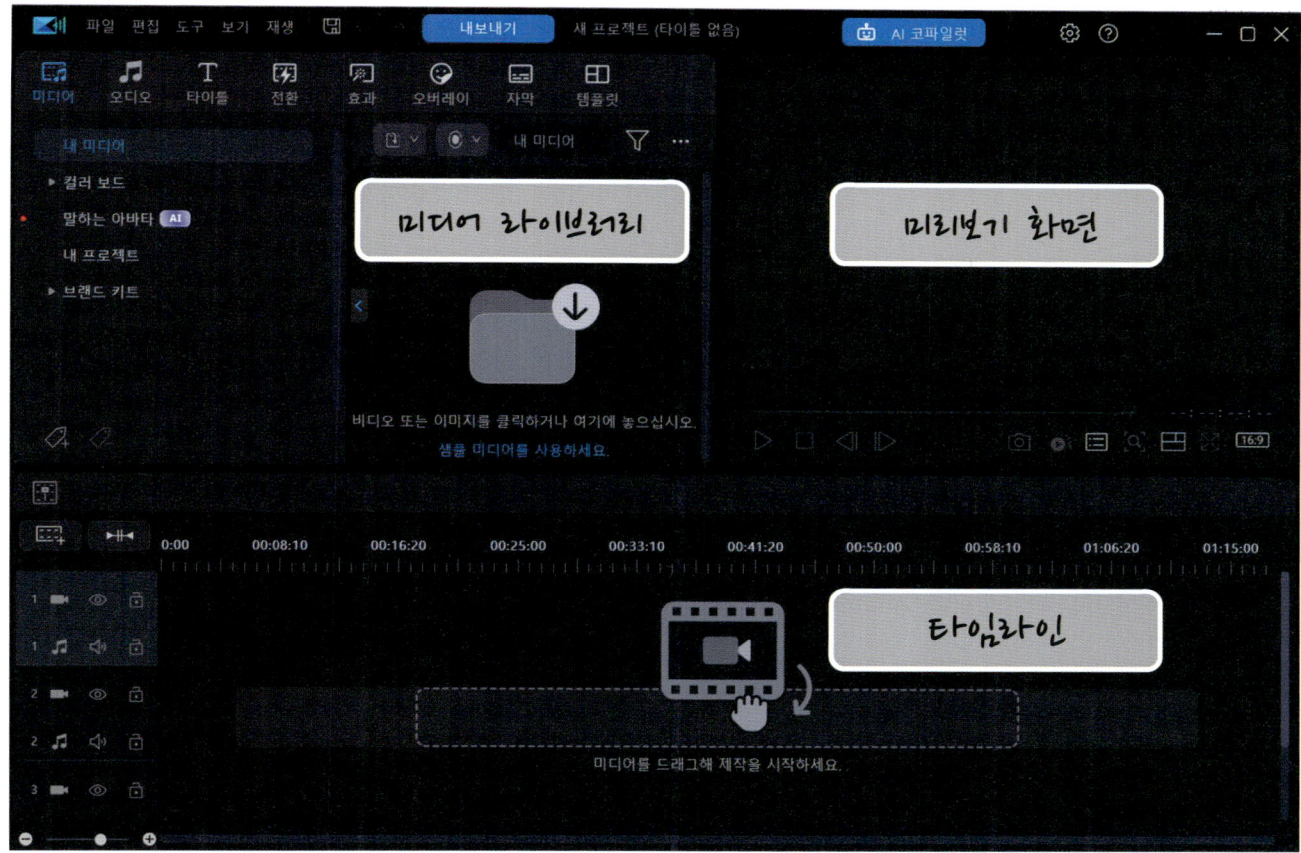

미디어 라이브러리에서 폴더 아이콘을 눌러 사용할 클립을 가져옵니다. 그리고 라이브러리에 있는 클립 중 사용할 클립을 드래그앤드랍으로 타임라인으로 가져옵니다.

타임라인은 1, 2, 3 과 같이 트랙 번호가 부여되어 있으며 한 트랙은 영상과 음향으로 구분되어 있습니다. **1 번 트랙과 2 번 트랙 소스가 겹칠 때에는 2 번 트랙이 우선순위**가 있습니다.(1 번 트랙이 아닌 2 번 트랙이 재생됩니다.)

미리보기의 **재생과 멈춤 단축키는 스페이스바(space bar)**입니다.

3 장 ~ 소프트웨어

라이브러리에 클립을 4 개(영상 3 개, 사진 1 개)를 가져온 모습입니다. 영상 클립 3 개를 타임라인에 드래그앤드롭으로 가져왔습니다. 타임라인의 빨간 줄은 현재 미리보기에 나오는 화면의 프레임 위치를 나타냅니다.

타임라인의 왼쪽 트랙 번호 옆으로 눈표시, 잠금표시, 소리표시가 있는데 보기(안보기), 듣기(안듣기), 편집 잠금 기능을 합니다. 트랙이 많고 효과가 많이 적용되었을 때 유용한 기능입니다. 트랙이름 부분을 더블클릭하면 **트랙의 상하폭이 확대**되어 조금 더 자세히 살펴볼 수 있습니다.

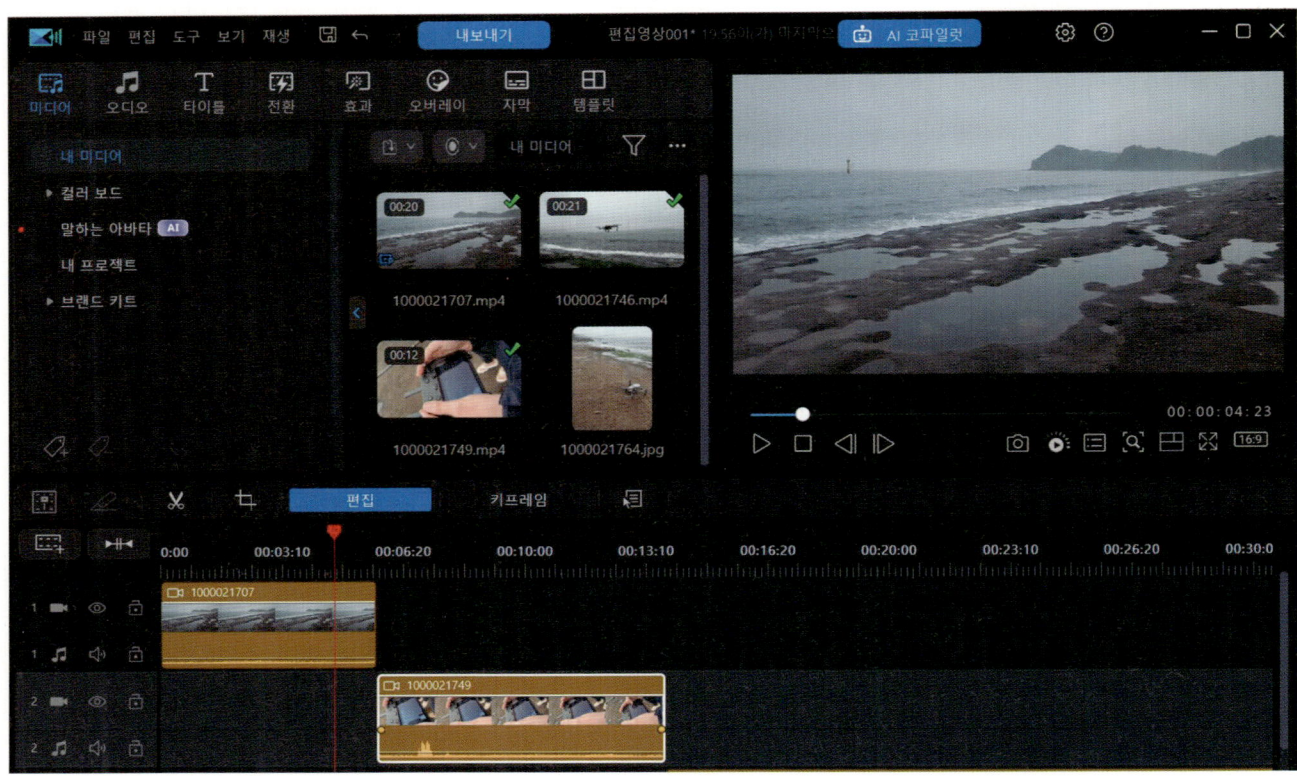

타임라인의 확대 축소는 타임라인 상단의 시간 표시 부분에 커서를 가져다 댄 상태에서 'CTRL+마우스휠' 조작을하거나 드래그로 변경할 수 있습니다.

클립의 이동은 타임라인의 클립을 드래그앤드랍으로 이동하면 되기에 직관적입니다. 클립이 겹칠 때에는 팝업이 뜨면서 어떤 식으로 겹칠 지 물어옵니다. 단축키도 알려주므로 익숙해지면 이를 활용하는 것이 좋습니다.

클립의 분할은 분할하고 싶은 부분에 빨간색 막대를 이동시킨 후에 타임라인 상단의 칼 모양 아이콘을 누르던가 단축키인 'CTRL+T'를 사용합니다.

클립의 삭제는 삭제하고 싶은 클립을 선택하고 DEL 키를 누릅니다. 이 역시 친절하게 팝업이 뜨면서 어떤 방식으로 삭제할지 물어오고 단축키도 알려주므로 사용하기 편리합니다.

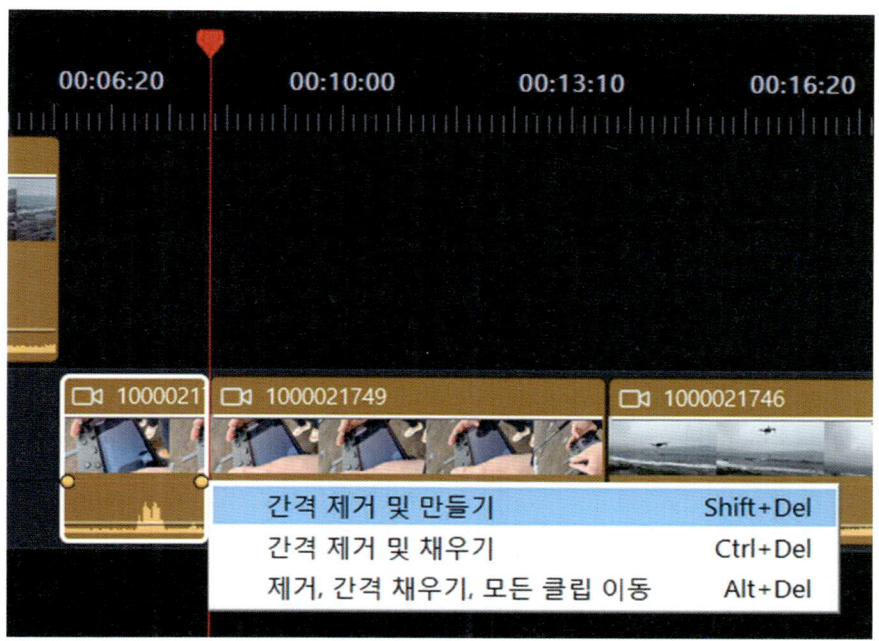

볼륨에서는 CTRL을 누른상태로 클릭하여 **키프레임을 생성**하고 드래그하여 조절 가능합니다.

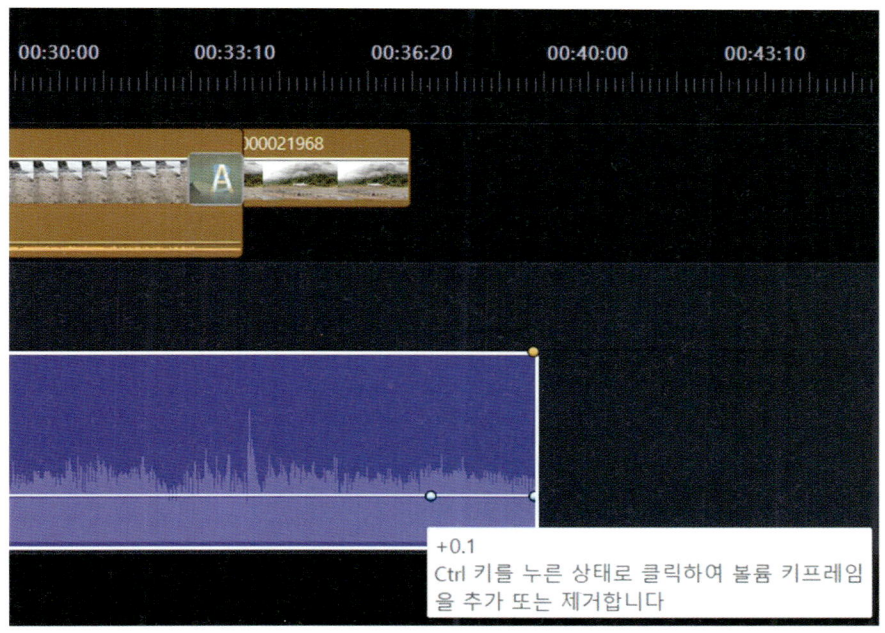

3장 ~ 소프트웨어

영상 클립을 더블클릭하거나 클릭 후 편집을 누르면 여러가지를 세부 설정할 수 있는 창이 뜹니다. 아래는 비디오 노이즈 제거를 하는 모습입니다.

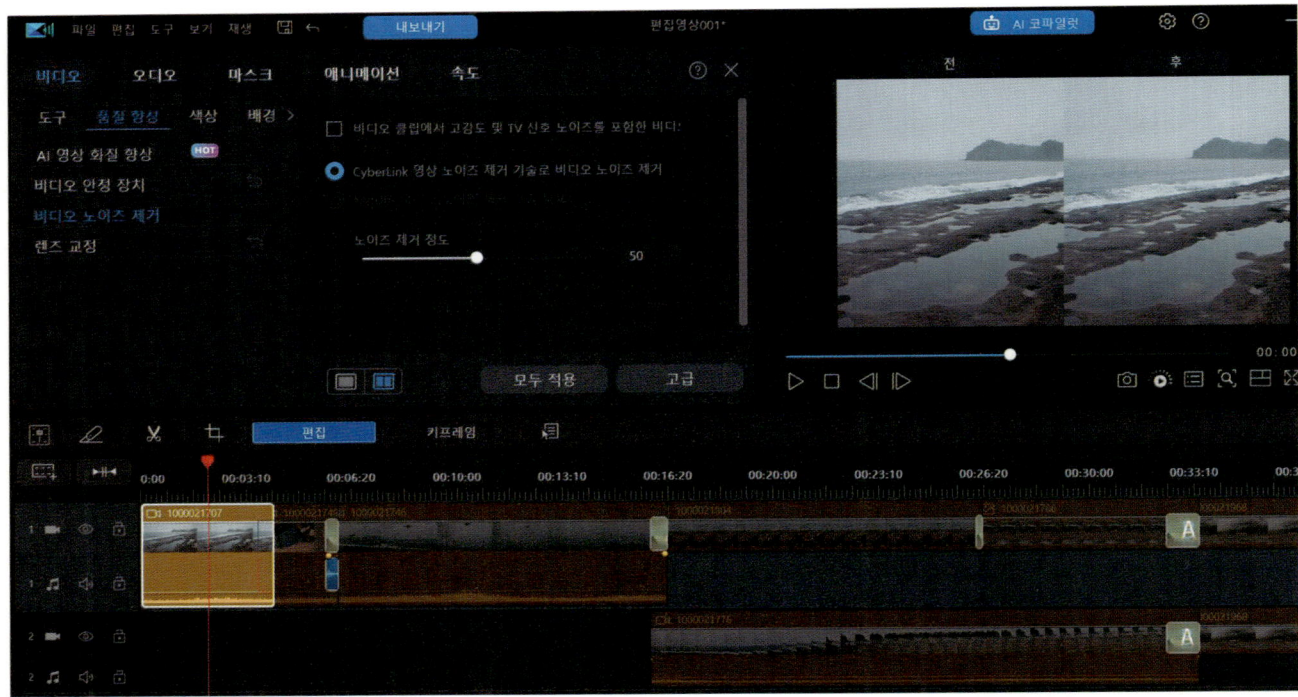

색상탭에서는 노출, 밝기, 대비, 색조, 채도 등을 조절할 수 있습니다. 아래 사진은 원본이 화질이 안좋고 색감도 별로이기 때문에 색상을 조금 조절해본 모습입니다.

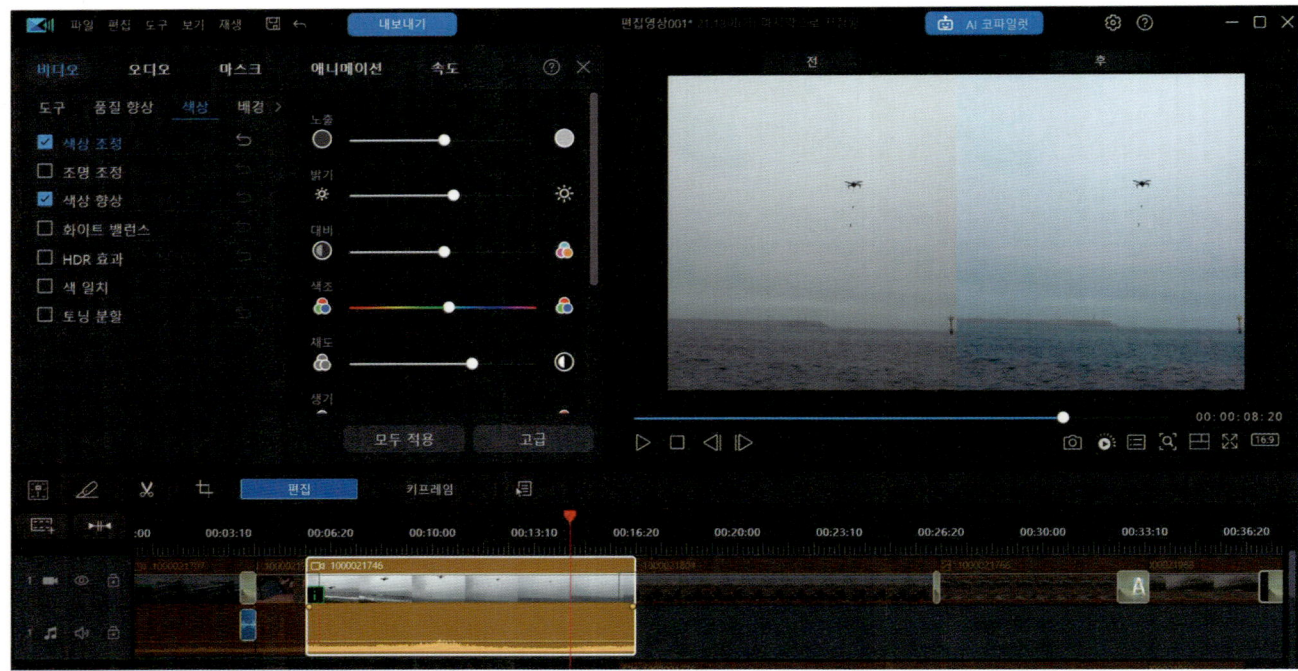

240

마지막으로 화면 상단의 **내보내기**를 누르면 편집한 영상을 파일로 만들 수 있습니다. 형식과 코덱, 해상도, 프레임속도를 정합니다. 이를 결정하기 힘들 때는 프로필 분석기를 클릭해 참고할 수 있습니다. 인코딩은 다소 시간이 소요됩니다.

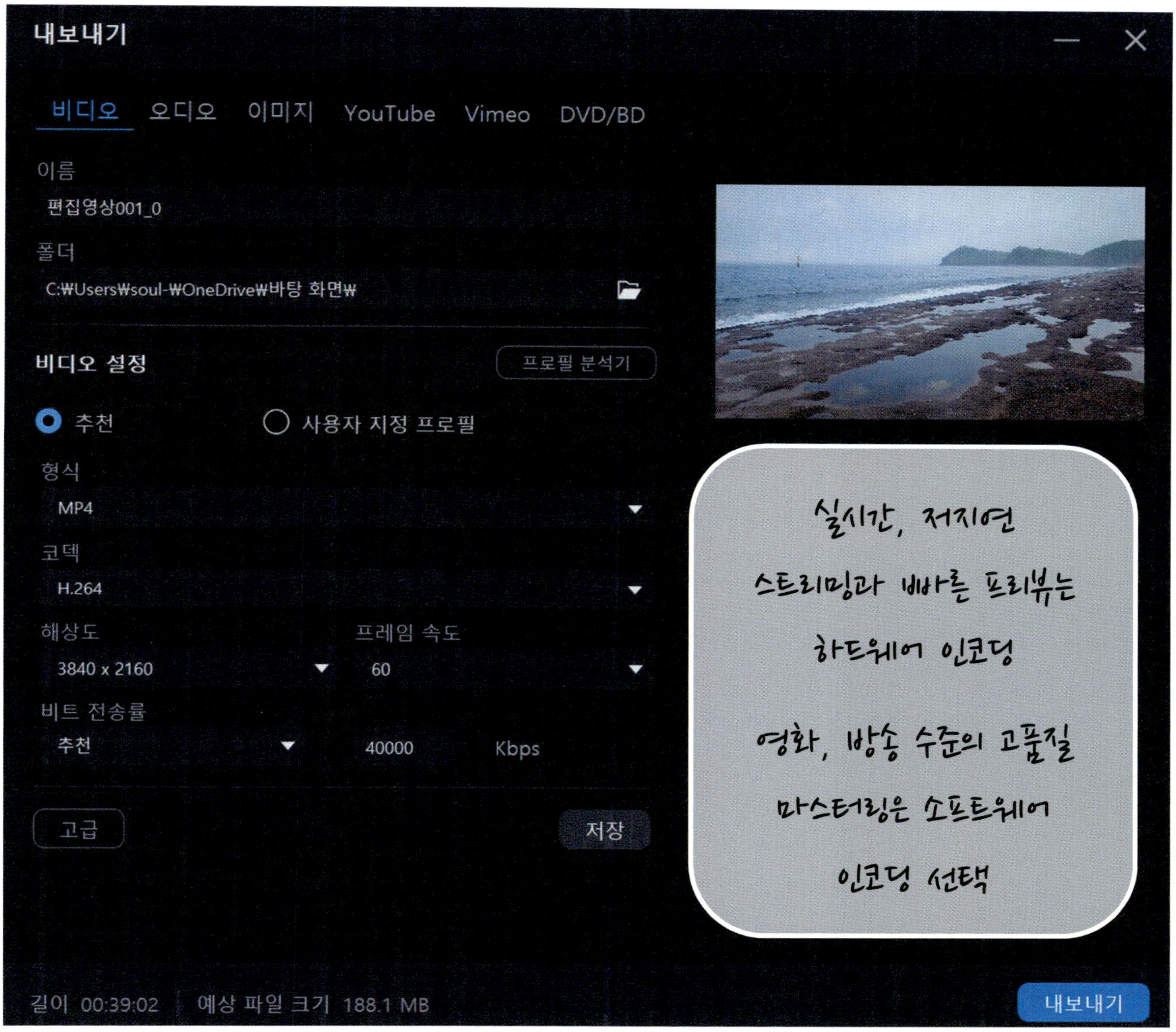

실시간, 저지연 스트리밍과 빠른 프리뷰는 하드웨어 인코딩

영화, 방송 수준의 고품질 마스터링은 소프트웨어 인코딩 선택

오른쪽 **QR 코드를 휴대폰으로 촬영**하면 나오는 **유튜브 링크** (https://youtu.be/05l0yo7a_Jl)를 클릭하여 완성된 영상을 확인해 봅시다. 해당 영상은 제주 산방산 앞의 황우치 해변에서 드론낚시를 하는 영상으로 2025년 4월 촬영하였습니다.

3 장 ~ 소프트웨어

3.7. EASYEDA

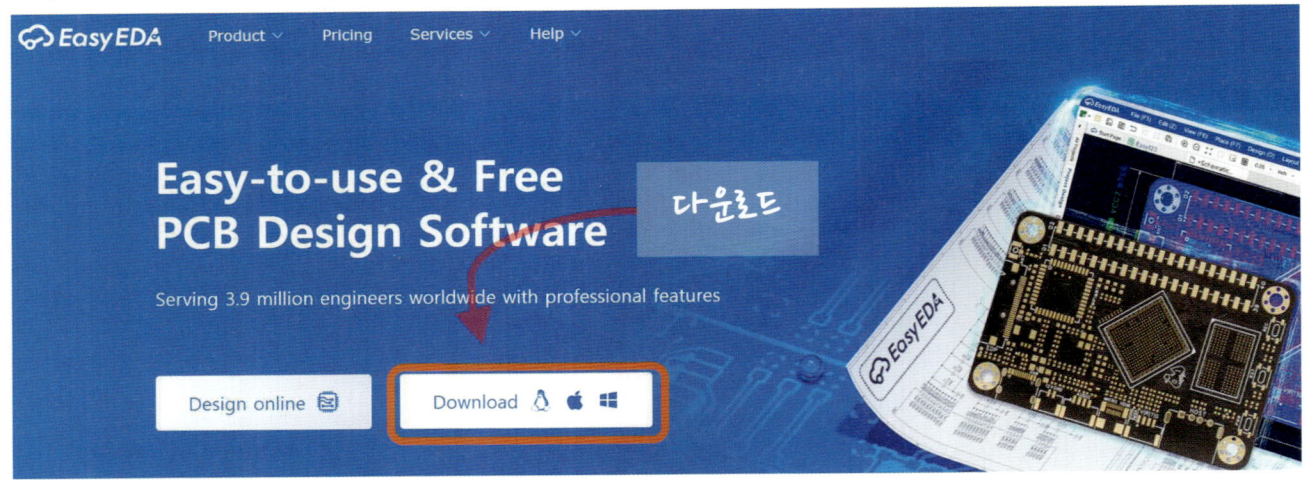

출처: https://easyeda.com/

드론은 가벼워야 하므로 **PBC(Printed Circuit Board)** 설계를 통해 부품을 집약적으로 배치하여 무게를 최소화하고 공간을 효율적으로 사용할 수 있습니다. 최적화된 PCB 설계를 적용하면 회로 간의 저항을 줄이고 전력 손을 최소화하여 드론의 배터리 사용 시간을 연장할 수 있습니다. 또한 전자파 간섭을 최소화하고 신호 품질을 향상시키는 효과도 있습니다.

PBC 설계를 위한 무료 툴로는 EasyEDA 나 KiCad 와 같은 프로그램이 있습니다. EasyEDA 프로그램을 예로 들면 위 공식홈페이지 링크에서 다운로드를 받을 수 있습니다. 프로 버전과 스탠다드 에디션이 있는데 둘 다 기본은 무료이고 인터페이스가 꽤 다릅니다. 전문가가 아닌 이상은 보다 직관적으로 쓸 수 있는 스탠다드 에디션을 추천합니다. 자신이 쓰고 있는 운영체제와 시스템 종류를 선택하여 클라이언트를 다운로드하고 설치합니다. 시스템 정보에서 시스템 종류가 x64 기반으로 나온다면 AMD64 쪽을 선택하면 됩니다.

프로그램의 수익 구조가 완전히 "공짜 프로그램"이라고 말하기엔 조금 애매한데 회로·PCB 설계-편집 자체는 누구나 무료로 쓸 수 있지만, 클라우드 서비스·스토리지·전용 지원 같은 부가 서비스는 구독제로 나뉘어 있습니다.

회로도(Schematic) 설계 후 PBC 아트웍(부품 배치, 배선 설계, 레이어 구성 등)을 하고 PCB 제작 파일을 생성(Gerber 파일)하여 발주하는 것까지 올인원으로 해결이 가능한 프로그램입니다. 거버파일을 통해 외주업체를 직접 선택할 수도 있지만 프로그램 내에서 바로 발주하기를 진행하면 JLCPBC 라는 곳으로 연결이 되며 생각보다 저렴한 가격으로 설계한 PCB 를 생산할 수 있습니다.

몇 층을 만들고 그 안에는 어떤 절연재가 채워지는지, 어떤 SMT(Surface mount technology)를 올려서 라우팅 후 어떻게 연결되는지, 솔더 마스크와 실크스크린은 어떻게 채워지는지를 살펴보는 과정은 질서정연하면서 매우 흥미로운 과정입니다.

드론을 제작할 때 취미의 영역에서 일반적으로는 PCB 제작까지 공부할 필요성이 느껴지지 않을 수도 있습니다. 대부분의 모듈은 그 자체적으로 PBC 를 내장하고 있기 때문입니다. 하지만 짐벌 카메라라던가 영상전송장치, GPS, 로봇팔, LED, 랜딩기어 등과 같은 전자 장비를 추가할수록 전압과 전류, 노이즈의 관리가 중요해지고 배선이 복잡해지기 때문에 PCB 를 잘 이용하면 이러한 것들을 통합하던가 효율적으로 배치하여 많은 이점을 가져올 수 있습니다.

유튜브에서도 좋은 강의들이 많으며 기본 지식이 있다면 수십시간 정도의 학습으로 간단한 회로를 그리고 발주할 수 있을 정도로 프로그램의 UI 설계가 잘되어 있습니다. 라이브러리도 풍부하여 기존 도안을 가져올 수 있는 것도 장점입니다.

(좌측 사진: 픽스호크 드론의 복잡한 배선)

3 장 ~ 소프트웨어

3.8. 비행 시뮬레이션

드론의 보급과 함께 비행 시뮬레이션도 현실감 있게 발전되어 왔습니다. 드론 비행 시뮬레이션 프로그램은 실제 비행 전 가상 환경에서 실제와 비슷한 조종 체험을 제공함으로써 배터리 충전과 기체 이동, 날씨 제약 없이 언제나 연습할 수 있는 접근성을 제공하며 기체 파손이나 사고의 걱정 없이 조종자의 역량을 높여 줍니다.

다양한 프로그램이 있으나 필자가 체험해 본 프로그램 중에서는 다음 4 가지를 소개하고 싶습니다. 초경량비행장치조종자격증 실습 시험을 대비하기 위해서는 리얼플라이트의 헬기 기체를 통해 호버링(제자리에서 자세 및 고도 유지)을 연습하는 것이 많은 도움이 되고 FPV 드론의 경우에는 리얼플라이트를 제외한 드론 전용 시뮬레이터를 사용하는 것을 추천합니다. 2, 3, 4 번의 시뮬레이션은 전용 조종기가 없으며 별도의 장치를 구비해 연결합니다.

구분	명칭	사진	특징
1	리얼플라이트		다양한 기체(헬기, 비행기, 드론)
			전용 조종기 판매
			높은 판매 실적 및 인지도
			다수의 교육장에서 채택
2	LIFT OFF		현실감 있는 물리 엔진
			FPV 드론 중심의 체험 제공
			멀티플레이 지원
			우수한 그래픽
3	UNCRASHED		폭 넓은 기체 편집
			물리 파라미터 설정 기능
4	FREERIDER		저렴한 가격
			다소 부족한 커스터마이징
			멀티플레이미지원
			간단한 설정

* 사진출처: STEAM(https://store.steampowered.com/)

4 장 ~ 드론의 조립

4.1. 조립 계획

이번 장에서는 앞서 살펴본 자재들을 토대로 조립하는 과정을 살펴보겠습니다. 실제로 필자가 조립한 픽스호크 기반 드론을 사례로 설명하고자 합니다.

요구 기능 및 목표 설정

① 드론에서 휴대폰을 탑재하여 영상을 촬영하고 그 영상이 실시간으로 조종기에 재생됨

② 랜딩기어를 접고 펼 수 있어야 함

③ 적재물을 투하할 수 있어야 함

④ RTK GPS 사용가능해야 함

⑤ 연막탄을 무선으로 점화시킬 수 있어야 함

적재량과 최대 이륙중량 계산

필요한 적재량을 대략적으로 계산하고 충분한 모터 추력을 가질 수 있도록 검토합니다.

(필요한 양력) 기체중량(프레임, 랜딩기어 등) + 배터리 + 적재물(투하장치, 연막 시스템 등)

= 기체 중량 2kg + 배터리 1kg + 적재물 1kg = 4kg 이므로 여유를 두어 6kg 정도를 들 수 있는 모터 사용 필요 = 모터 8 개 사용 시 각각의 모터는 750g 의 추력 필요

(배터리 중량) 보통 총중량(기체+배터리 무게)의 30%정도를 배터리 중량의 기준으로 봅니다.

TIP!

모터의 추력은 전류가 많아지고 소비전력이 커질수록 상승하는 경향을 보이며, 부하가 증가할수록 **에너지 효율**이 떨어지는 경향을 보입니다. 모터의 제원표를 살펴보고 적정 효율 구간을 생각하여 자재를 선정합니다.

4장 ~ 드론의 조립

FC 시스템 도해(다이어그램) 검토

 미리 사용할 FC를 정하고 결선도를 그려보면 도움이 됩니다. **왼쪽 QR 코드는 필자가 사용한 CubePilot CUBE ORANGE FC의 도해가 있는 주소로 연결**됩니다. FC와 주변기기들을 어떻게 연결할지 매우 상세하게 보여주고 있습니다. 같은 구성과 제품을 사용할 필요는 없습니다.

주요 자재와 필요한 이유

번호	구분	규격	필요한 이유
1	프레임	TAROT680 PRO	기체 몸체
2	브러시리스모터	6S 4108 380KV	
3	변속기(ESC)	HOBBYWING XROTOR 40A	
4	FC	CUBE ORANGE	픽스호크 기반 FC
5	수신기	HERELINK air unit	영상송신 겸용
6	컨트롤러(조종기)	HERELINK remote unit	Qgroundcontrol 앱 내장
7	프롭	1255 CARBON FIBER	
8	배터리	7,000~10,000mah 6S	전원 공급
9	카메라	갤럭시 S22 울트라	영상 취득 및 전송
10	MINI HDMI TO TYPE-C		휴대폰 영상 전송 케이블
11	스텝다운모듈		배터리 전원 전압을 낮추어 필요한 기기에 공급
12	파워 모듈		배터리 전원 입력
13	전선 커넥터	XT90	파워 커넥터
14	부저		위치 확인 등(옵션)
15	GPS	HERE3	리턴투홈 구현, 자세 제어
16	서보모터		드롭 시스템
17	릴레이스위치		연막 시스템
18	점화선		연막 시스템
19	연막탄	심지타입	연막 시스템
20	연막탄 마운트	직접 설계 제작	연막 시스템
21	카메라 마운트	직접 설계 제작	
22	GPS 마운트	직접 설계 제작	
23	안테나 마운트	직접 설계 제작	

4.2. 조립

조립 시에는 다음의 사항에 유의합니다.

- 기체 프레임에 자주 사용하는 카본 재질은 전기 전도성을 가지는 경우가 있으므로 절연처리에 유의해야 합니다.

- 고온의 기자재는 볼트너트 체결이나 케이싱, 케이블 타이 등으로 단단히 결속하는 것이 좋고 양면테입을 사용 시에는 고온용을 쓰는 것이 좋습니다.

- 진동이 심한 곳에는 볼트 탈락 방지를 위해 나사풀림 방지 본드를 발라주거나 스프링 와셔 등을 사용해 보완합니다.

- 모터가 연결된 암이 흔들리면 불필요한 진동이 발생합니다. 결속 부위 유격을 확인하고 최대한 단단히 고정합니다.

- 카메라 마운트에 있는 댐퍼는 미세한 진동을 잡아주는데 효과가 있습니다.

- 촬영용 드론의 경우에는 고성능 짐벌을 사용해야 합니다.

- 전선의 길이는 되도록 짧게 하여 무게를 줄이고 에너지 효율을 높여야 합니다.

- GPS와 영상송수신기 주변에는 전파 간섭이 없도록 배치합니다.

- 자재의 배치는 유지보수를 고려합니다.

- 다양한 선을 구별하기 위해 다른 색을 사용하거나 마킹을 합니다.

- 사용하는 전력에 적합한 케이블과 커넥터를 사용합니다.

- 납땜 시에는 주변 단자와 연결되어 쇼트(단락)가 발생하지 않도록 하며 냉납으로 인한 연결 불량이 발생하지 않도록 주의합니다.

- 극성과 정격 전압을 정확히 확인합니다.

4장 ~ 드론의 조립

- 프로펠러는 CW(시계방향)와 CCW(시계 반대방향)회전에 맞추어 올바르게 장착해야 합니다. 실수로 잘못 설치했을 때는 시동과 동시에 기체 파손의 위험이 있습니다.

- 모터의 회전 방향과 작동 여부 확인은 프롭이 장착되지 않은 상태에서 실시합니다.

- 배터리 충전 상태를 점검하고 필요 시 전압 체크를 합니다.

- 전선이나 안테나 등이 회전하는 프롭에 걸리지 않도록 정리합니다.

- 적재물을 포함하여 이륙 전 기체의 무게 중심이 중앙에 있는지 확인합니다. 무게 중심이 한 쪽으로 쏠리면 한쪽의 모터에만 과부하가 발생하여 위험을 초래합니다.

- 최대 이륙중량이 2kg 초과이면 기체 신고가 필요하므로 미리 사용하는 기자재의 종류와 구입 영수증 등 제작을 증명할 수 있는 서류를 준비해 둡니다.

- 조립에 사용하고 있는 모든 기자재에 대해서는 반드시 스펙과 사용설명서 및 주의사항을 꼼꼼하게 살핀 후에 조립 작업을 실시합니다.

4장 ~ 드론의 조립

4.3. 세팅

필자가 앞서 자재로 선정한 Herelink 조종기는 내부에 안드로이드 운영체제용 QgroundControl 지상 관제 프로그램을 탑재하고 있습니다.

이 프로그램은 MAC 과 윈도우 운영체제도 지원하고 있으며 UI 가 깔끔한 편입니다. **왼쪽 QR 코드를 스캔하면 공식홈페이지의 가이드를 볼 수 있습니다.** 지상 관제 프로그램이란 지상의 조종자가 드론에게 임무를 내리기 위한 프로그램이며 QgroundControl 에서는 기체의 종류, 모터 세팅, 비행 모드와 안전 펜스(Geo fence), 리턴투홈 설정, 조종기 설정, 파라미터 설정 및 튜닝, 데이터 분석 등을 선택하거나 설정할 수 있습니다.

조종기 모드

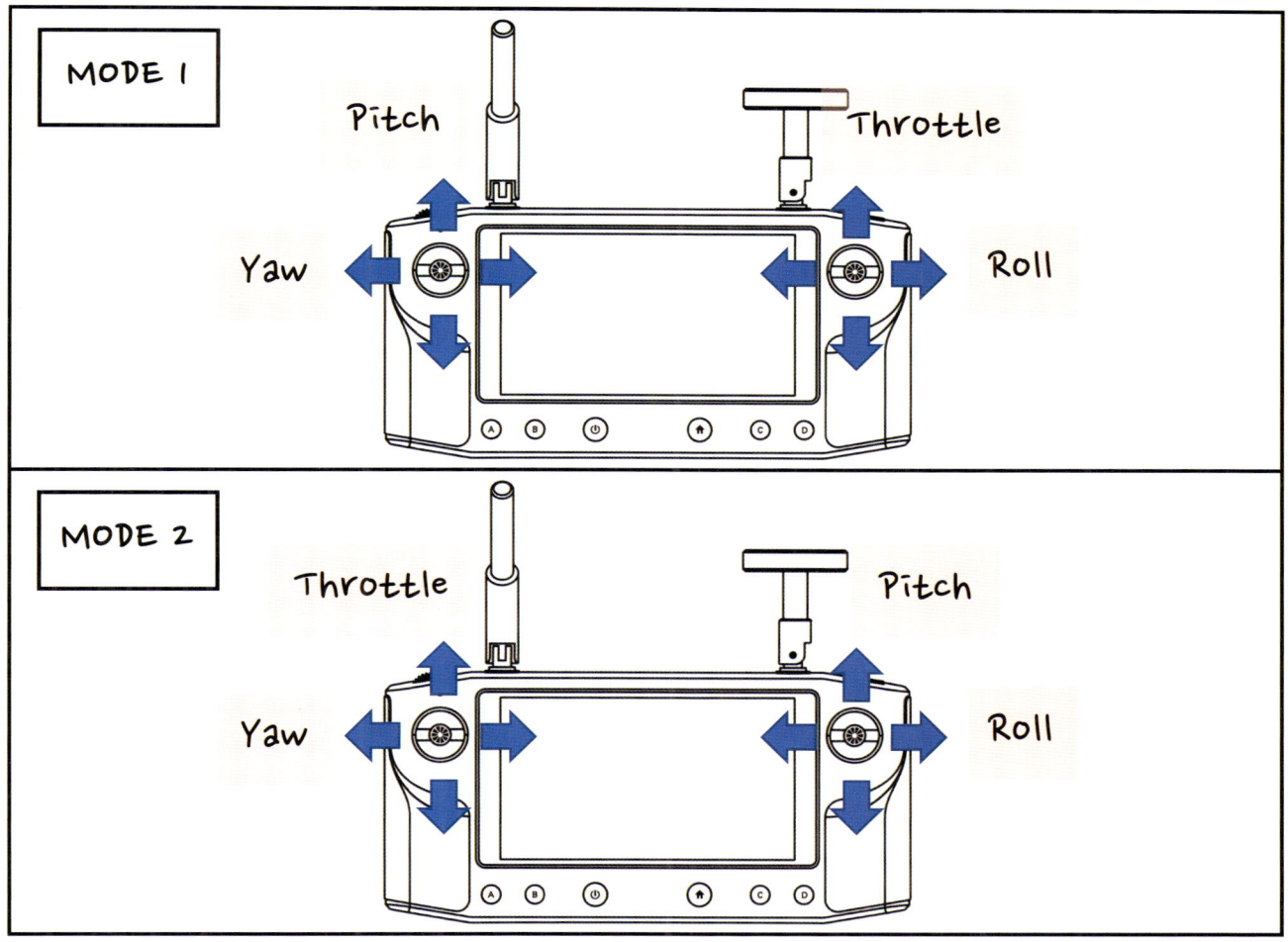

4장 ~ 드론의 조립

(모드 선택) 조종기의 모드는 1 과 2 중에 하나를 선택하는 것이 좋습니다. 모드 1 과 모드 2 는 스로틀과 피치가 바뀐 모습입니다. 대부분의 조종기는 모드 변환을 지원하고 있습니다.

(스로틀 기본값 설정) 스로틀의 경우 스틱의 스프링을 조절해서 기본값을 스틱이 중앙에 있을 때 잡을 것이냐, 스틱이 아래로 내려가 있을 때 잡을 것이냐로 나뉩니다. 예를 들어 DJI 카메라드론은 조종기에서 손을 대지 않고 있을 때 스로틀 스틱이 중심에 있습니다. 이 상태에서 드론이 비행중이라면 고도센서나 GPS 센서들을 이용해 고도를 유지하게 됩니다. 고도를 유지해야 하는 시간이 많은 안정적인 비행에 유리한 세팅입니다.

반면 FPV 드론과 같은 경우는 고도의 변화가 잦은 역동적인 비행을 주로 하게 되므로 스로틀 조작이 많습니다. 따라서 스프링 장력을 제거하여 손가락 근육의 부담을 줄여주는 한편 스로틀 기본값을 스로틀을 최대로 내린 상태에 걸어줍니다. 이렇게 함으로써 스로틀 전 범위에 걸쳐 보다 세밀한 조종이 가능해집니다.

(비슷한 개념의 용어) 드론이나 비행기, 짐벌의 움직임을 말할 때 사용하는 용어는 비슷한 개념을 다르게 부를 때가 많아 혼동스러울 때가 있습니다. 아래는 장치별로 많이 사용하는 용어와 비슷한 개념끼리 짝 지은 것입니다.

구분	드론	비행기	카메라	설명
1	Roll (롤)	Aileron (에일러론)	-	좌우로 기울이는 움직임 (y 축을 기준으로 회전)
2	Pitch (피치)	Elevator (엘리베이터)	Tilt (틸트)	앞뒤로 기울이는 움직임 (x 축을 기준으로 회전)
3	Yaw (요)	Rudder (러더)	Pan (팬)	좌우로 회전하는 동작 (z 축을 기준으로 회전)
4	Throttle (스로틀)	Throttle (스로틀)	-	프로펠러 회전 속도 또는 출력 제어(고도 상승 및 하강)

4장 ~ 드론의 조립

비행 모드

비행 모드는 조종자가 기체를 조종할 때 FC를 통해 어느 정도까지 도움을 받을 지 결정하는 단계입니다. 프로그램에 따라 다양한 비행 모드가 있으며 명칭도 다소 다를 수는 있겠으나 대표적으로 다음과 같은 4개의 모드가 많이 사용됩니다.

- **Stabilized** : 수평 유지만 보조해줌(비가시 비행 시 매우 위험)
- **Altitude** : 수평 유지 및 고도만 보조해줌(바람에 의해 위치 변동)
- **Position** : 수평 유지 및 고도, 위치(위도,경도)를 보조해줌(GPS필요)
- **Acro(manual)** : 어떠한 보정도 없이 수동으로 조종

이륙과 킬스위치(ARM & DISARM)

이륙에 별도 스위치를 할당할 수도 있지만 이는 채널의 낭비가 되므로 키 조합을 통해 이륙하는 것이 일반적입니다. PX4가이드에 따르면 다음과 같이 제어 스틱을 움직여 1초 동안 상태를 유지하면 시동을 걸거나 해제할 수 있습니다.

- **Arming** : Throttle 최소, Yaw 최대
- **Disarming** : Throttle 최소, Yaw 최소

DJI의 드론은 아래와 같은 조합을 사용하고 있으며 이 조합을 사용하여 픽스호크 기반 드론에 사용하여도 무리 없이 작동합니다. 스로틀이 최소값은 아니지만 최소값에 가깝기 때문에 작동하는 것으로 보입니다.

- **조종기 Mode 1 기준**

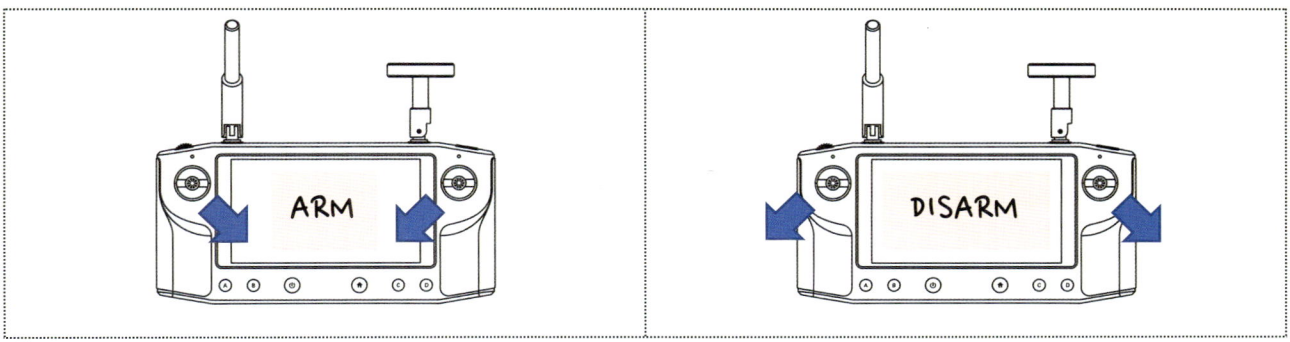

4장 ~ 드론의 조립

킬 스위치란 예기치 못한 상황에 맞닥뜨렸을 때 강제로 시동을 꺼트려 기체를 추락시키는 스위치를 말합니다. 예를 들어 줄걸림 등이 발생했을 때, 착륙했으나 기체 파손 등으로 시동이 안 꺼질 때 등이 있습니다.

[여러가지 안전장치]

리턴투홈(RTH)

리턴투홈 기능은 특정 상황이 발생하거나 조종자가 요청 시 기체가 자동으로 이륙 장소로 복귀하는 기능을 말합니다. 아래와 같은 특정 상황이 발생 할 때 리턴투홈 기능을 켤지 말지 세팅할 수 있습니다.

- **배터리 RTH** : 배터리 저전압 시 작동할 수 있으나 전압센서의 오차가 크면 신뢰성이 낮습니다.
- **페일세이프 RTH** : 조종기의 신호가 끊겼을 경우 작동합니다. 기능 활성화를 추천합니다.
- **조종자 요청** : 수동으로 리턴투홈을 작동시키고자 할 경우는 RTH버튼을 3초가량 길게 누름.

속도와 경로도 설정이 가능합니다. 장애물 회피를 위해 일정 고도 상승 후 최단거리로 복귀하는 방법이나 비행 경로를 따라 복귀하는 방법 등을 선택할 수 있습니다. 하강 속도 역시 적절한 값으로 설정해두면 안정적인 착륙을 도모할 수 있습니다.(아래는 세팅 값 예시)

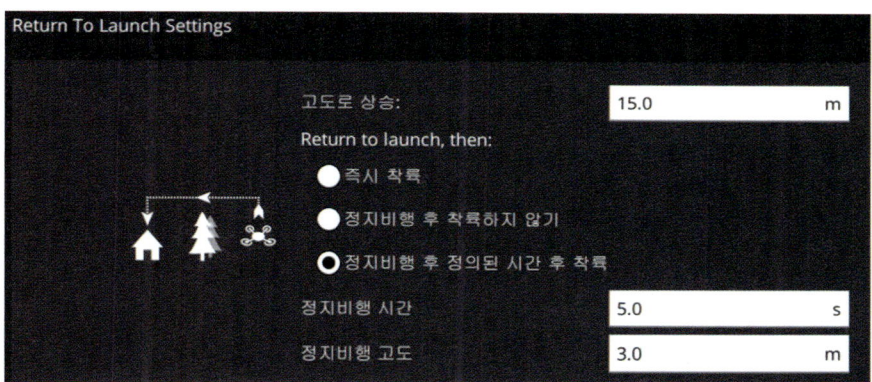

정밀 위치 고정과 착륙을 위해서는 RTK모듈이 필요합니다. 필자가 사용한 제품은 CubePilot의 Here+ Base(M8P)입니다. 컴퓨터에서 QGC을 실행한 상태에서 연결을 하여야 합니다.(휴대폰의 안드로이드 버전 QGC에서의 구현은 시도해 보았으나 성공하지 못했습니다)

아래는 호버링 시 대략적인 체감 오차입니다. 실측 오차는 아니므로 참고로만 봅니다. 변수를 적절하게 제어한다면 보다 좋은 결과가 나오리라 봅니다.

- **RTK 사용 시** 위치 정확도 : 호버링 시 약 15cm 이내(상하좌우)
- **RTK 미사용 시** 위치 정확도 : 호버링 시 약 40cm 이내(상하좌우)

RTK

RTK(Real Time Kinematic) 모듈의 사용방법을 알아보겠습니다. [CubePilot] Here+Base (M8P) 제품을 사용하겠습니다.

[CubePilot] Here+Base (M8P) 픽스호크
 센티미터 수준 GNSS 포지셔닝 RTK 모듈 ※ HERELINK 에어유닛과 함께 사용 - 연결을 위해 컴퓨터는 HERELINK와 **RTSP** (Real time streaming protocol)기능을 통해 연결이 되어 있어야 합니다. - 베이스 유닛은 컴퓨터에 USB로 연결하며 QGC 프로그램을 실행하면 자동 실행됩니다.

[Herelink 조종기와 RTSP 연결 방법]

1. 컴퓨터에서 핫스팟 기능을 켭니다.

2. 히어링크 조종기(이하 조종기)에서 와이파이를 검색해서 컴퓨터의 핫스팟에 접속합니다.

3. 조종기의 IP 어드레스를 확인하고 적어 둡니다.

4. 컴퓨터의 QGC를 실행합니다.

5. 프로그램 설정에 들어가서 일반 설정에 가면 비디오 설정이 있습니다.

   가. 소스에 RTSP 비디오스트림 선택

   나. RTSP URL에 다음과 같이 입력

   rtsp://000.000.000.00:8554/fpv_stream

   (000.000.000.00이라고 쓴 부분은 조종기 IP어드레스를 입력)

   ※ IP 어드레스는 계속 바뀌므로 할 때마다 수정을 해야 합니다.

   다. 가로세로 비율은 필요한 경우 조정합니다.

6. 설정의 통신링크 항목을 들어가서 추가를 하거나 기존 정보가 있으면 수정을 해서 IP 어드레스를 조종기 주소와 같이 수정합니다. 포트는 14552로 합니다.

7. 통신링크 항목을 만들거나 수정했으면 항목을 클릭하고 **반드시 연결을 누릅니다.**

8. 설정을 나가면 컴퓨터와 조종기가 연결된 것을 확인할 수 있습니다.

낙하물 투하

드론에서 물건을 투하하기 위한 장치는 기성품을 활용할 수 있습니다. 다만 항공안전법에 따른 조종자 준수사항에서 "인명이나 재산에 위험을 초래할 우려가 있는 낙하물을 투하(投下)하는 행위"가 금지되고 있으므로 낙하물을 투하할 때는 주변을 잘 살펴 인명이나 재산에 위험을 초래할 우려가 있는지 검토하는 것이 중요하겠습니다.

사진출처: Playing RC Store	사진출처: ALIGN

국내에서 낙하물 투하 행위는 비행승인·특별비행승인(지방항공청) 대상에서 제외되며 위반 시 300만원 이하의 과태료가 부과됩니다. 위반행위 횟수별 가중 부과되면 1차 150, 2차 225, 3차 300만원이 부과됩니다.(※ 근거: 항공안전법 제129조 제1항, 동법 시행규칙제310조 제1항 1호)

일본의 경우 물이나 농약 등 액체를 분무하는 것도 물건 투하에 해당한다고 보고 있으며 국토교통성의 승인이 필요합니다. 위반 시 50만엔 이하의 벌금에 처합니다.

(※ 근거: 일본 항공법 제132조86, 제157조의9, https://drone01.com/category7/category14/)

우리나라의 현행법을 살펴보았을 때 3가지 문제점이 있는 것으로 보입니다.

① 군·경·세관용 무인비행장치와 이에 관련된 업무에 종사하는 사람에 대하여는 항공안전법을 적용하지 않는 특례가 적용되나 국가, 지방자치단체, 공공기관은 매우 한정된 범위에서만 특례 적용

  ※ 근거법: 항공안전법 제131조의2(무인비행장치의 적용 특례)

② 무인비행장치의 적용특례가 적용되는 긴급 비행의 목적에 동물 방역이 누락되어 있어 조류인플루엔자, 아프리카돼지열병, 구제역, 럼피스킨병과 같은 동물성 방역에 대한 대응이 어려움

  ※ 근거법: 항공안전법 시행규칙 제313조의2

③ 항공안전법 상 '낙하물'의 정의가 부재

법적 정의가 모호하고 해석례도 부족하므로 군경이나 지방자치단체, 공공기관 등이 아닌 민간인의 경우는 드론에서 낙하물을 투하하는 행위에 대해 특히 주의하여야 하겠습니다.

4장 ~ 드론의 조립

랜딩기어

(좌측 QR) 랜딩기어 컨트롤 영상 링크

랜딩기어는 이착륙 시 지면에 닿는 발판을 제어하는 장치입니다. 필자의 경우는 아래 Qgroundcontrol의 기체 설정과 같이 9번 채널을 설정해 주었습니다.

랜딩기어를 고정식으로 쓰지 않고 동작시키는 주된 이유는 드론 하부에 있는 카메라 짐벌이 회전함에 따라 화각에 드론 다리와 같이 불필요한 부분이 찍혀 시야를 방해하는 것을 방지하기 위한 목적이 큽니다. 또한 고정익 비행기와 같이 속도가 빠른 비행체의 경우는 다리를 수납하여 공기역학적 특성을 좋게 만들기도 합니다.

그러나 단점으로는 제작 비용 상승과 더불어 전동장치로 인한 무게와 기기의 복잡함이 증가합니다. 그렇기 때문에 랜딩기어를 전동화 할지에 대해서는 장단점을 따져보아서 판단을 해야 합니다.

랜딩기어 조작은 이륙 후 해야 하며 이륙 전 스위치를 누르면 오류 메시지가 송출됩니다. 착륙 시 랜딩기어 고장으로 작동불능에 빠지면 드론 하부의 기기들이 파손될 가능성이 있으므로 정교하게 세팅하고 검증한 후 비행하고 만약의 경우를 대비한 비상 착륙 방법을 고민하는 것이 좋습니다.

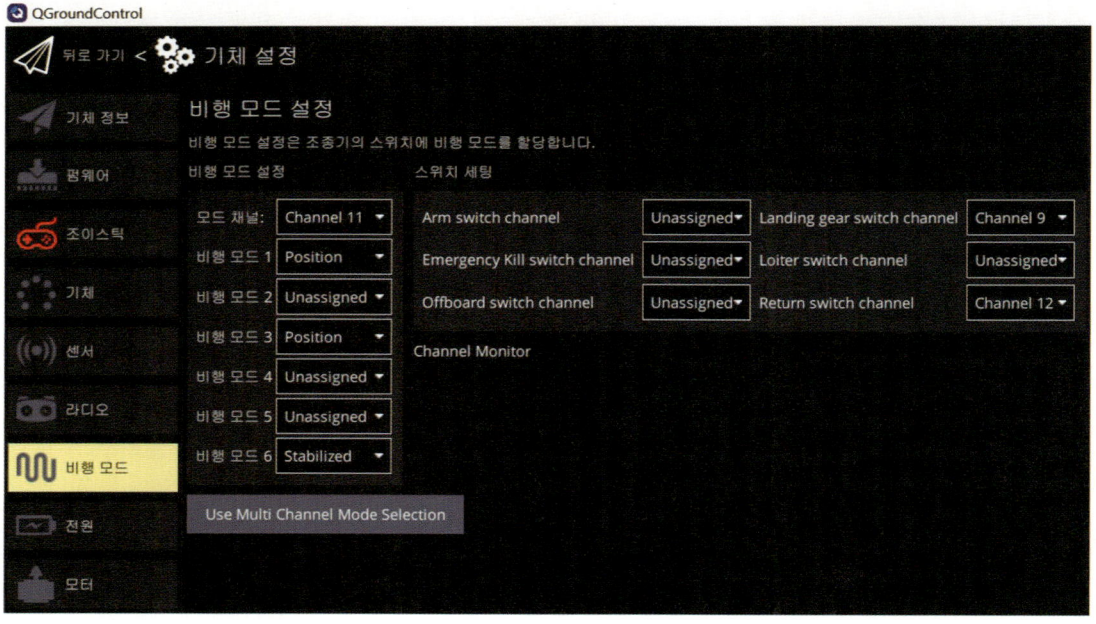

연막탄

드론에서 연막탄을 원격 점화하기 위해서는 우선 사용할 연막탄의 종류를 정해야 합니다. 현재 시중에서 구입할 수 있는 연막탄은 심지형과 고리형 2가지 종류가 주가 됩니다. **심지형**은 심지 부분에 열을 가하여 점화를 시키는 형식이며, **고리형**은 고리를 세게 잡아당겨 마찰열로 점화시키는 방법을 채택하고 있습니다.

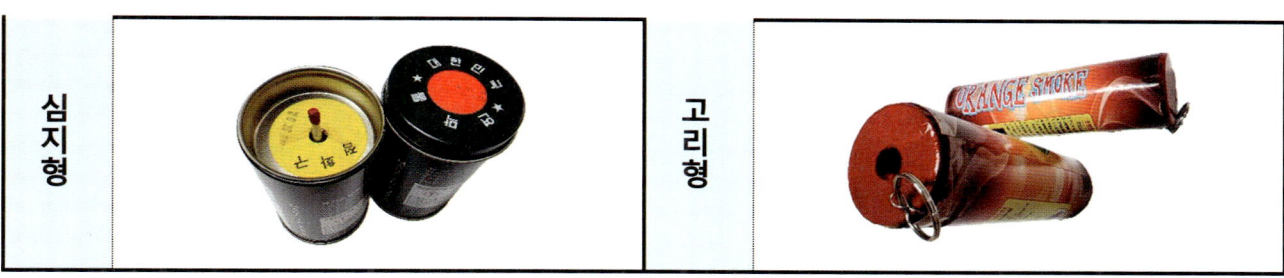

심지형은 심지를 가열시킬 수 있는 메커니즘이 필요하며 시중에서 참고할 만한 기술은 전자라이터, 플라즈마라이터, 점화선 등이 있습니다.

고리형의 점화를 위해서는 강한 힘으로 빠르게 고리를 잡아당기는 기계적 메커니즘이 필요하며 이를 위해서는 토크가 강한 서보모터와 기어비(또는 링크시스템)를 이용하여 구현하는 방법이 있겠습니다.

두번째는 연막탄을 점화시키기 위한 **스위치**를 어떤 형식으로 할 지 정해야 합니다. 필자의 경우는 릴레이스위치와 MOSFET(모스펫, 금속산화막 반도체 장효과 트랜지스터, metal-oxide-semiconductor field-effect transistor) 중 릴레이스위치를 선택하였습니다.

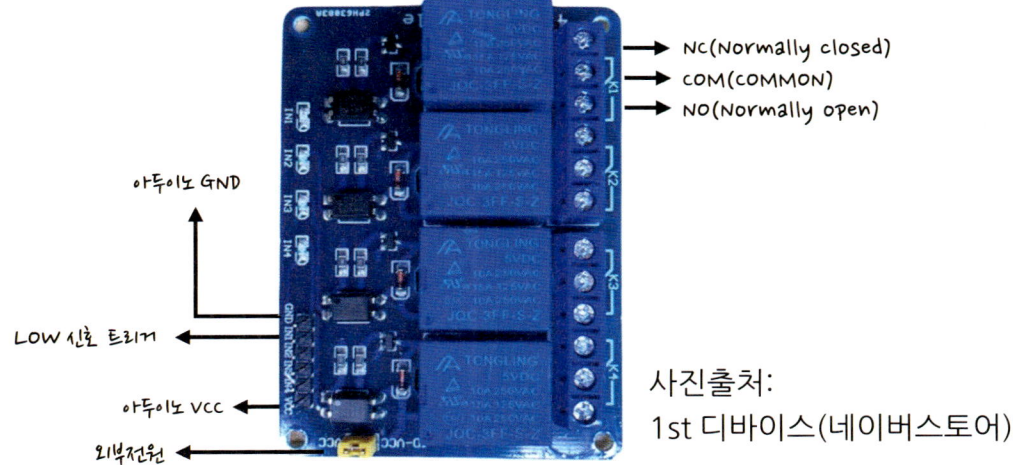

사진출처:
1st 디바이스(네이버스토어)

4장 ~ 드론의 조립

릴레이스위치는 전자석을 통한 물리 접촉을 하기 때문에 부피가 크고 온오프 시 딱딱거리는 소음이 발생하지만 발열이 적습니다. 모스펫은 소형이고 전압에 따라 전류를 조절(LED밝기나 모터 속도 조절 가능)할 수 있으나 발열이 심합니다.

여러 개의 릴레이를 운용할 때에는 아두이노에서의 전원 공급 만으로는 부족할 수 있으며 위 사진의 제품에서는 이를 위해 외부전원 핀이 존재함을 볼 수 있습니다. 외부 전원을 사용하기 위해서는 노란 점퍼핀을 제거하고 JD-VC핀에 직접 전원을 넣어줍니다.

릴레이스위치는 통상적으로 NC와 COM단자가 접촉해 있으며 아두이노의 LOW신호를 입력받으면 COM과 NO단자가 접촉하는 구조로 되어 있습니다. COM의 극성은 양극과 음극의 구분이 없습니다. 필요에 따라 결선합니다.

트리거로 작동하는 신호선은 주로 5V이하의 전압을 사용하고 NO,NC,COM단자는 250VAC까지 허용할 정도로 큰 전압을 다룰 수 있습니다. 이는 작은 전압으로 큰 전압을 다룰 수 있다고 볼 수 있습니다.

마지막으로 코딩을 위하여 원격으로 연막탄을 점화시키기 위한 절차를 검토합니다. 필자의 경우에는 아래와 같은 조건과 순서를 부여하였습니다.

① 조종기 채널이 부족하기 때문에 연막탄은 랜딩기어 작동과 연동시킨다.

② 이륙 후 랜딩기어를 접으면 릴레이스위치의 1번이 붙으면서 점화가 된다.

③ 랜딩기어가 접힌 상태를 그대로 유지하면 약 30초 후에는 2번이 붙으면서 점화가 된다.

④ 랜딩기어가 접힌 상태에서 30초가 지나기 전에 다시 다리를 내리면 2번 점화는 취소가 된다.

왼쪽 QR은 아래 연막탄의 예시 코드를 다운로드 받을 수 있는 링크로 연결됩니다. 코드는 아두이노IDE에서 작성되었으며 사용된 보드는 아두이노 프로미니 입니다.

```
const int inputPin = 15; // 입력 신호를 감지할 핀 번호(랜딩기어)
unsigned long startTime; // 시작 시간을 저장할 변수
unsigned long delayTime = 30000; // 30 초를 밀리초로 변환한 값
unsigned long currentTime;
unsigned long pulseWidth;
unsigned long trigger = 0;
int changeCount = 0; // 변경된 횟수를 저장하는 변수

unsigned long totalPulseWidth = 0; // pulseWidth 값을 누적할 변수
int numMeasurements = 10; // 측정 횟수

void setup() {
  pinMode(5, OUTPUT); // 5 번 핀을 디지털 출력으로 설정, 릴레이스위치 1 번 입력핀
  pinMode(6, OUTPUT); // 6 번 핀을 디지털 출력으로 설정, 릴레이스위치 2 번 입력핀
  pinMode(7, OUTPUT); // 7 번 핀을 디지털 출력으로 설정, 릴레이스위치 3 번 입력핀
  pinMode(4, OUTPUT); // 4 번 핀을 디지털 출력으로 설정, 릴레이스위치 4 번 입력핀
  pinMode(inputPin, INPUT);
  digitalWrite(5, HIGH); // 5 번 핀에 HIGH 출력
  digitalWrite(6, HIGH); // 6 번 핀에 HIGH 출력
  digitalWrite(7, HIGH); // 7 번 핀에 HIGH 출력
  digitalWrite(4, HIGH); // 4 번 핀에 HIGH 출력
  startTime = millis(); // 시작 시간을 현재의 밀리초로 설정
  Serial.begin(9600); // 시리얼 통신 시작
}

void loop() {
  //============= 랜딩기어 펄스 지속시간 측정=============
  totalPulseWidth = 0; // totalPulseWidth 초기화

  for (int i = 0; i < numMeasurements; i++) {
    pulseWidth = pulseIn(inputPin, HIGH); //펄스의 지속시간을 마이크로초로 측정
    totalPulseWidth += pulseWidth;
    delay(50); // 각 측정 사이에 50ms 의 딜레이를 줌
  }
  unsigned long averagePulseWidth = totalPulseWidth / numMeasurements;
  // 측정된 pulseWidth 값들의 평균 계산
  //============= 디버그용 시리얼 프린트 코드=============
  Serial.print("15pin value: ");
```

```
Serial.print(averagePulseWidth);
Serial.print("   trigger value: ");
Serial.print(trigger);
Serial.print("   changecount value: ");
Serial.println(changeCount);
//==========랜딩기어 조작 시 연막탄 점화 코드==========
if (abs(averagePulseWidth - trigger) >= 500) {
   // pulseWidth 와 trigger 의 절대값 차이가 500 이상인 경우
   trigger = averagePulseWidth; // trigger 를 새로운 값으로 업데이트
   changeCount++; // 변경된 횟수를 증가
}
  if(averagePulseWidth < 1800 or averagePulseWidth >2000) {changeCount=0;}

if (averagePulseWidth >= 1800 && averagePulseWidth <= 2000 && changeCount>=1)
{
    digitalWrite(5, LOW); // 5 번 핀에 LOW 출력
    currentTime = millis(); //현재시간을 입력

    if (currentTime - startTime >= delayTime && changeCount>=1 && averagePulseWidth >= 1800) {
       // delayTime(30 초)보다 시간이 경과한 경우 원하는 작업을 실행
       digitalWrite(6, LOW); // 6 번 핀에 LOW 출력
    }
  }
  if(averagePulseWidth < 1800) {
    startTime = currentTime;
    digitalWrite(5, HIGH); // 5 번 핀에 HIGH 출력
    digitalWrite(6, HIGH); // 6 번 핀에 HIGH 출력
    digitalWrite(7, HIGH); // 7 번 핀에 HIGH 출력
    digitalWrite(4, HIGH); // 8 번 핀에 HIGH 출력
  }
}
```

5 장 ~ 비행이론

기체의 형상은 항공역학적인 특성이나 목적을 고려하여 선택해야 합니다. 아래에서는 고정익과 회전익의 차이점을 간략하게 살펴보겠습니다.

고정익

회전익

5.1. 고정익 드론(FIXED WING DRONES)

- **설명:** 고정익 드론은 비행 중에 날개가 고정되어 있는 드론을 나타냅니다. 이러한 드론은 주로 비행 도중에 고정된 고도에서 수평 비행합니다.

- **특징:** 고정익 드론은 주로 높은 속도와 긴 비행 거리를 가지고 있으며, 장시간의 임무에 적합합니다. 전통적으로는 정찰, 감시, 사진 촬영 등과 같은 임무에 사용됩니다.

5.2. 회전익 드론(MULTIROTOR DRONES)

- **설명:** 회전익 드론은 회전하는 로터(프로펠러)를 사용하여 비행하는 드론을 의미합니다. 대표적으로 쿼드콥터(4개의 프로펠러), 헥사콥터(6개의 프로펠러), 옥타콥터(8개의 프로펠러) 등이 있습니다.

- **특징:** 회전익 드론은 수직 이착륙이 가능하며 낮은 속도와 상대적으로 짧은 비행 거리를 가지고 있습니다. 정밀한 조종이 가능하며 호버링(공중에서 제자리 정지)과 같은 특수한 동작이 필요한 임무에 사용됩니다.

5.3. 익형, 받음각, 베르누이의 원리

익형(Airfoil)이란 양력을 최대화하고 항력을 최소화하도록 만든 유선형의 날개 단면을 말하는 것으로 고정익기에서 중요한 개념입니다.

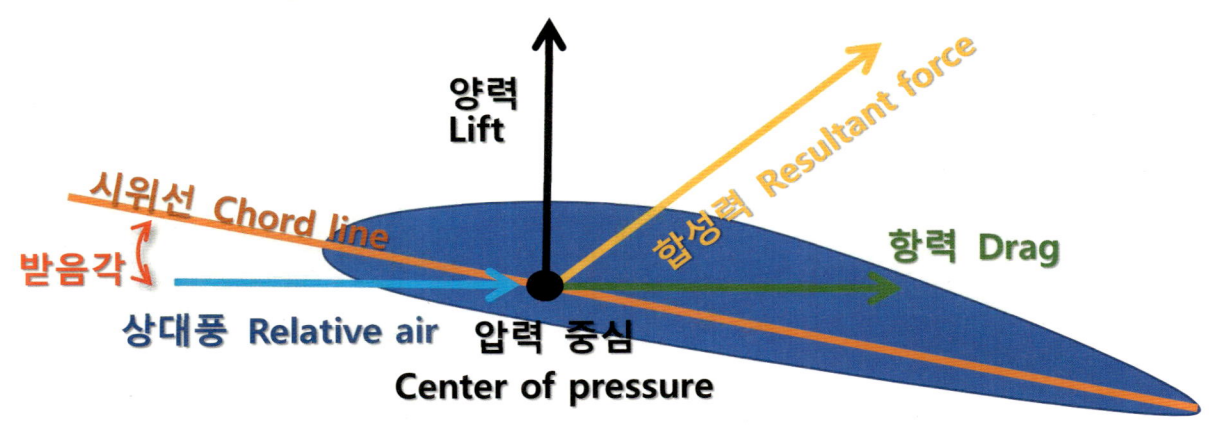

위 그림은 날개의 단면인 에어포일에 작용하는 힘을 나타냅니다. 기체가 좌측으로 진행할 때 유체(공기나 물처럼 흐를 수 있는 기체나 액체)는 우측으로 에어포일을 따라 흐릅니다. 이 때 에어포일의 형상 및 받음각에 의해 날개의 위쪽은 아래쪽보다 흐름이 빨라집니다.

베르누이의 정리에 따라 유체는 흐름이 빠르면 압력이 감소하고 흐름이 느리면 압력이 증가합니다. 바꾸어서 말하면 압력이 감소하면 흐름이 빠르고 압력이 증가하면 흐름이 느립니다. 받음각에 따라서 날개 하단의 압력이 높아지고 위쪽은 낮아지기 때문에 날개 하단은 흐름이 느리며 위로 올라가는 힘인 양력이 발생하게 됩니다. 이 때 양력의 방향은 상대풍(비행경로)의 수직방향이 됩니다.

받음각(AOA, Angle of attack)이 증가하면 양력이 증가하나 항력도 같이 증가하게 됩니다. 계속 받음각을 증가시키면 유체가 에어포일을 따라 흐르지 못하고 박리되며 난류를 발생시켜 항력을 급격히 증가시키게 됩니다. 이를 임계각이라 하며 항공기의 실속(Stall)을 유발하여 제어가 어려워지고 위험한 상황을 초래하는 원인이 됩니다.

5.4. 전산유체역학(CFD)과 공기 역학

전산유체역학(Computational Fluid Dynamics, CFD)은 컴퓨터 시뮬레이션을 통해 유체의 흐름을 분석하고 예측하는 학문입니다. 특히 공기역학 분야에서 CFD 는 공기의 흐름과 물체 간의 상호작용을 정밀하게 예측하여 설계와 분석에 활용됩니다.

공기역학(Aerodynamics)은 공기가 고체 물체 주변을 흐를 때 발생하는 힘과 그 영향을 연구하는 분야로, 항공기, 자동차, 풍력 발전기 등 다양한 분야에서 매우 중요한 역할을 합니다. 드론에 있어서 공기역학의 핵심 목표는 항력(Drag)을 줄이고 양력(Lift)을 높여 효율적이고 안정적인 설계를 만드는 것입니다.

CFD 는 공기역학적 설계를 수행할 때 **풍동 실험**의 시간과 비용을 크게 절약할 수 있으며, 실험적으로 구현하기 어려운 복잡한 조건에서도 상세한 유동 패턴과 압력 분포를 확인할 수 있습니다. 항공기 설계에서는 날개의 형상이나 위치를 최적화하고, 자동차에서는 연비 개선과 소음 저감, 안정성 향상에 기여합니다.

CFD 프로그램으로는 ANSYS Fluent, Autodesk CFD 등이 있습니다. 또한 SolidWorks 같은 3D 설계 프로그램에서도 간단한 유체역학 시뮬레이션을 수행할 수 있습니다.

최근 CFD 기술의 발전으로 계산 정확도가 높아지고 처리 속도가 빨라지면서 광범위하게 활용되고 있습니다. 하지만 CFD 의 결과는 실험적 검증을 통해 신뢰성을 확보해야 하며, 두 방법을 상호보완적으로 사용하는 것이 바람직합니다.

TIP!

풍동시험이란 실제 물리적 모형을 바람이 흐르는 시험 공간(풍동, wind tunnel)에 배치하고, 공기의 흐름 속에서 나타나는 유동 특성과 공기역학적 성능을 측정하고 분석하는 실험적 방법입니다. 풍동시험은 항공기, 자동차, 건축물 등의 설계 과정에서 공기역학적 특성을 정확히 평가하고, CFD 시뮬레이션 결과의 검증에 사용됩니다.

5장 ~ 비행이론

5.5. 프로펠러의 모양

드론 프로펠러(Propeller)는 줄여서 프롭이라고 부르기도 하는데 다양한 모양과 재질로 나오고 있습니다.

가장 많이 사용하는 재질은 **플라스틱**으로 단면이 얇으면서도 가격대비 성능이 좋습니다. **나무** 프로펠러는 수려한 미관이 필요한 일부 고정익기에서 채용하는 경우가 있습니다. 아름답지만 플라스틱에 비해 비싸고 재질의 특성 상 파손 위험이 있습니다. **카본** 프로펠러는 높은 강도로 신뢰성이 높지만 제작 난이도가 높아 프로펠러의 밸런스를 맞추기 어려운 것으로 알려져 있습니다. 또한 가격이 가장 비쌉니다.

다음으로 검토해야 할 것은 프롭의 날개수입니다. 프롭은 기본적으로 2엽의 형태를 띄고 있으나 종류에 따라서는 3엽, 4엽과 같은 것들도 있습니다. 날개수가 많을수록 빠른 반응성과 추가적인 양력을 얻을 수 있지만 무게와 공기저항의 증가로 효율이 감소되고 비행 시간을 단축시킵니다.

프롭의 크기와 피치도 중요한 고려 요소입니다. 제조사마다 다르지만 일반적으로 프롭의 규격을 표시할 때 6045 와 같이 숫자 4 자리로 표기를 하거나 6×4.5R 과 같이 곱셈을 이용하여 표기하고 있습니다.

(예시 1) 6045 의 경우 길이가 6 인치, 피치가 4.5 인치

(예시 2) 6×4.5R 의 경우 길이가 6 인치 피치가 4.5 인치 시계방향 회전(CW, Clockwise)

TIP!

피치(Pitch)는 프롭이 한바퀴 돌 때 전진하는 길이를 말합니다. 마찬가지로 나사에서는 나사를 한 바퀴 돌렸을 때에 나아가는 거리를 말하며 나사의 산과 산 사이의 거리와 같습니다.

시계방향 회전은 CW, 반시계방향은 CCW(Counter clockwise)라고 합니다.

5장 ~ 비행이론

[다양한 프로펠러와 씨네후프]

각각의 프롭은 모터에 장착하는 방법이 다르므로 제작 전 세심한 주의가 필요합니다. 홀의 직경과 크기, 재질이나 형상과 방향 등을 고려해야 합니다. 일부 프롭의 경우는 전용 어댑터가 있는 경우도 있습니다.

폴딩 프롭의 경우에는 수납 시 큰 이점을 제공하지만 가격이 비싼 편이며 모터와의 호환 가능 여부를 세밀히 검토해야 합니다.

EDF 의 경우에는 블레이드를 외부 파편이나 물체로부터 보호하고 블레이드 팁 주위로 생기는 소용돌이를 줄여 공기 역학적 손실을 줄이게 되고 팬의 전반적인 효율성을 높입니다.

그러나 실제 소형 모델에 있어서는 덕트 추가 구조로 인한 무게 증가, 복잡한 설계와 정밀도 요구 등으로 인해 효율이 상쇄되어 기대한 만큼의 효율 증가를 보기는 어려운 경우가 많습니다.

덕트 팬 구조 혹은 팬을 보호하는 프레임 구조를 가지고 시네마틱 촬영을 위해 비좁은 공간을 날기 위한 소형 드론을 **씨네후프(Cinewhoop)**라는 분류로 묶기도 합니다.

5.6. 로터의 수

회전익을 사용하는 드론과 헬리콥터는 **로터**라는 회전 날개를 가지고 있지만, 로터의 수와 작동 방식에서 차이가 있습니다. 일반적으로 헬리콥터는 큰 메인로터 하나와 테일로터 하나를 회전시켜 비행하는 반면, 드론은 작은 로터를 여러 개 사용합니다. 이 때문에 드론은 멀티콥터라고도 불립니다. 로터의 수에 따라 명칭도 달라지며, **로터가 2 개면 바이콥터, 3 개면 트라이콥터, 4 개면 쿼드콥터, 6 개면 헥사콥터, 8 개면 옥타콥터**라고 합니다.

가장 범용적으로 사용하는 드론은 **쿼드콥터**를 많이 채용하고 있습니다. 적은 모터의 수와 부품으로 인해 만들고 유지보수하기도 쉽고 효율이 좋기 때문입니다.

더 많은 로터를 가진 드론을 채용하는 이유는 주로 비행 안정성을 위한 경우가 많습니다. 쿼드콥터에서는 한 개의 모터만 고장이 나도 추락할 가능성이 크지만 헥사콥터에서는 이러한 걱정을 덜 수 있습니다.

그러나 많은 로터를 사용하기위해서는 필연적으로 배선의 증가, 변속기, 암과 같은 부품의 증가를 가져오므로 상당한 단점도 같이 발생합니다. 수납이 어려워져 공간 효율성이 떨어지고 늘어난 무게만큼 에너지 비효율성도 높아집니다. 또한 만드는 수고도 많이 들고 유지보수할 포인트도 많아집니다.

우리는 픽스호크 기반 FC 를 이용하여 드론을 제작할 예정이므로 예를 들어 쿼드콥터를 만든다고 가정하면 FC 한 개와 변속기 4 개 모터 4 개가 필요합니다.

FC(Flight controller)

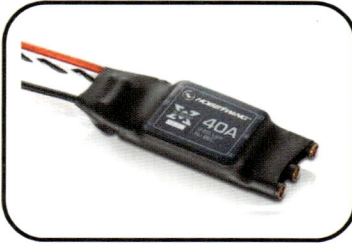
ESC(변속기)
(Electronic speed control)

Motor

6장 ~ 드론 관련법

6.1. 드론의 법적 정의와 관련 규정

일반적으로 우리가 사용하는 **쿼드콥터**는 항공안전법 시행규칙 제 5 조에서 정의하는 구분 상 **초경량비행장치**(무인비행장치-무인동력비행장치-무인멀티콥터)에 해당합니다.

무인동력 비행장치는 연료의 중량을 제외한 자체중량이 **150 킬로그램** 이하인 무인비행기, 무인헬리콥터 또는 무인멀티콥터를 말합니다.

아래 표는 항공안전법 상 분류를 표로 나타낸 것입니다.(세부 기준 생략)

6.2. 기체의 신고 의무 및 안전성 인증

항공안전법(24.1.16.시행)에서는 초경량비행장치를 소유하거나 사용할 수 있는 권리가 있는 자는 종료, 용도, 소유자의 성명 등을 국토부 장관에게 신고하여야 한다고 명시하고 있습니다.

신고를 필요로 하지 않는 초경량비행장치(항공안전법 시행령 제 24 조, 시행 23.12.12.)를 제외하고는 모두 의무적으로 신고하여야 하며 신고하지 않아도 되는 범위는 아래 표와 같습니다.

단, 항공기대여업, 항공레저스포츠사업 또는 초경량비행장치 사용사업은 반드시 신고하여야 합니다.

1. 행글라이더, 패러글라이더 등 동력을 이용하지 아니하는 비행장치
2. 기구류(사람이 탑승하는 것은 제외한다)
3. 계류식(繫留式) 무인비행장치
4. 낙하산류
5. 무인동력비행장치 중에서 최대이륙중량이 2 킬로그램 이하인 것
6. 무인비행선 중에서 연료의 무게를 제외한 자체무게가 12 킬로그램 이하이고, 길이가 7 미터 이하인 것
7. 연구기관 등이 시험·조사·연구 또는 개발을 위하여 제작한 초경량비행장치
8. 제작자 등이 판매를 목적으로 제작하였으나 판매되지 아니한 것으로서 비행에 사용되지 아니하는 초경량비행장치
9. 군사목적으로 사용되는 초경량비행장치

안전성 인증

항공안전법 제 124 조 및 동법 시행규칙 제 305 조에 따라 **최대이륙중량이 25 킬로그램을 초과하는 무인비행장치**(무인비행기, 무인헬리콥터 또는 무인멀티콥터)는 안전성 인증을 반드시 받아야 합니다.

초경량 비행장치 안전성 인증은 **항공안전기술원(KIAST)**에서 하고 있으며 초도인증, 정기인증, 수시인증, 재인증으로 구분하고 있습니다.

6.3. 조종자격 증명

항공안전법 제 125 조(시행 2024.1.16.)에 따라 초경량비행장치를 사용하여 비행하려는 사람은 조종자 증명을 받아야 합니다. 단, 무인비행기, 무인헬리콥터 또는 **무인멀티콥터 중에서 연료의 중량을 포함한 최대이륙중량이** 250 그램 **이하일 때에는 조종자 증명을 받지 않아도 됩니다.**

4 종의 경우에는 한국교통안전공단 배움터(https://edu.kotsa.or.kr/)에서 온라인 수강(6 시간)을 통해 손쉽게 취득할 수 있습니다.

1. 1 종 무인동력비행장치: 최대이륙중량이 25 킬로그램을 초과하고 연료의 중량을 제외한 자체중량이 150 킬로그램 이하(만 14 세이상)
2. 2 종 무인동력비행장치: 최대이륙중량이 7 킬로그램을 초과하고 25 킬로그램 이하(만 14 세이상)
3. 3 종 무인동력비행장치: 최대이륙중량이 2 킬로그램을 초과하고 7 킬로그램 이하(만 14 세이상)
4. 4 종 무인동력비행장치: 최대이륙중량이 250 그램을 초과하고 2 킬로그램 이하(만 10 세이상)

■ 초경량비행장치(무인멀티콥터) 조종자 자격증명 취득현황(출처 : 교통안전공단)

구분	무인멀티콥터		
	1종	2종	3종
2015	205	-	-
2016	454	-	-
2017	2,872	-	-
2018	11,291	-	-
2019	14,713	-	-
2020	13,574		
2021	19,147	2,844	4,755
2022	17,368	2,827	6,058
2023	17,416	1,916	7,284
합계	97,646	7,587	18,097

☒ 참고 : 2021 년부터 2, 3, 4 종 자격 부여(그 전까지는 중량이 12kg 미만인 기체는 자격증이 필요 없이 자유롭게 비행 가능했음)

6장 ~ 드론 관련법

6.4. 비행승인

항공안전법 제 127 조에 따라 1. **비행제한공역**에서 비행하려거나 2. **일정 고도(하단 참조) 이상**에서 비행하는 경우 3. 관제공역, 통제공역, 주의공역 중 **국토교통부령으로 정하는 구역**(하단 항공안전법 시행규칙 별표 23 에서 청서 표시 부분)에서 비행하는 경우에는 **비행승인**을 받아야 합니다.

> ⑤ 법 제 127 조제 3 항제 1 호에서 "국토교통부령으로 정하는 고도"란 다음 각 호에 따른 고도를 말한다.
> 1. 사람 또는 건축물이 밀집된 지역: 해당 초경량비행장치를 중심으로 수평거리 150 미터(500 피트) 범위 안에 있는 가장 높은 장애물의 상단에서 150 미터
> 2. 제 1 호 외의 지역: 지표면·수면 또는 물건의 상단에서 150 미터

■ **항공안전법 시행규칙 [별표 23]** 〈개정 2022. 12. 9.〉

공역의 구분(제221조제1항 관련)

1. 제공하는 항공교통업무에 따른 구분

구분		내용
관제공역	A등급 공역	모든 항공기가 계기비행을 해야 하는 공역
	B등급 공역	계기비행 및 시계비행을 하는 항공기가 비행 가능하고, 모든 항공기에 분리를 포함한 항공교통관제업무가 제공되는 공역
	C등급 공역	모든 항공기에 항공교통관제업무가 제공되나, 시계비행을 하는 항공기 간에는 교통정보만 제공되는 공역
	D등급 공역	모든 항공기에 항공교통관제업무가 제공되나, 계기비행을 하는 항공기와 시계비행을 하는 항공기 및 시계비행을 하는 항공기 간에는 교통정보만 제공되는 공역
	E등급 공역	계기비행을 하는 항공기에 항공교통관제업무가 제공되고, 시계비행을 하는 항공기에 교통정보가 제공되는 공역
비관제공역	F등급 공역	계기비행을 하는 항공기에 비행정보업무와 항공교통조언업무가 제공되고, 시계비행항공기에 비행정보업무가 제공되는 공역
	G등급 공역	모든 항공기에 비행정보업무만 제공되는 공역

2. 공역의 사용목적에 따른 구분

구 분		내 용
관제공역	관제권	「항공안전법」 제2조제25호에 따른 공역으로서 비행정보구역 내의 B, C 또는 D등급 공역 중에서 시계 및 계기비행을 하는 항공기에 대하여 항공교통관제업무를 제공하는 공역
	관제구	「항공안전법」 제2조제26호에 따른 공역(항공로 및 접근관제구역을 포함한다)으로서 비행정보구역 내의 A, B, C, D 및 E등급 공역에서 시계 및 계기비행을 하는 항공기에 대하여 항공교통관제업무를 제공하는 공역
	비행장 교통구역	「항공안전법」 제2조제25호에 따른 공역 외의 공역으로서 비행정보구역 내의 D등급에서 시계비행을 하는 항공기 간에 교통정보를 제공하는 공역
비관제공역	조언구역	항공교통조언업무가 제공되도록 지정된 비관제공역
	정보구역	비행정보업무가 제공되도록 지정된 비관제공역
통제공역	비행금지구역	안전, 국방상, 그 밖의 이유로 항공기의 비행을 금지하는 공역
	비행제한구역	항공사격·대공사격 등으로 인한 위험으로부터 항공기의 안전을 보호하거나 그 밖의 이유로 비행허가를 받지 않은 항공기의 비행을 제한하는 공역
	초경량비행장치 비행제한구역	초경량비행장치의 비행안전을 확보하기 위하여 초경량비행장치의 비행활동에 대한 제한이 필요한 공역
주의공역	훈련구역	민간항공기의 훈련공역으로서 계기비행항공기로부터 분리를 유지할 필요가 있는 공역
	군작전구역	군사작전을 위하여 설정된 공역으로서 계기비행항공기로부터 분리를 유지할 필요가 있는 공역
	위험구역	항공기의 비행시 항공기 또는 지상시설물에 대한 위험이 예상되는 공역
	경계구역	대규모 조종사의 훈련이나 비정상 형태의 항공활동이 수행되는 공역
	초경량비행장치 비행구역	초경량비행장치의 비행활동이 수행되는 공역으로 그 주변을 비행하는 자의 주의가 필요한 공역

6.5. 조종자 준수사항

항공안전법 제129조 제1항 및 동법 시행규칙 제310조에 따라 초경량비행장치 조종자는 아래 행위를 해서는 안됩니다.

1. 인명이나 재산에 위험을 초래할 우려가 있는 낙하물을 투하(投下)하는 행위
2. 주거지역, 상업지역 등 인구가 밀집된 지역이나 그 밖에 사람이 많이 모인 장소의 상공에서 인명 또는 재산에 위험을 초래할 우려가 있는 방법으로 비행하는 행위

2의2. 사람 또는 건축물이 밀집된 지역의 상공에서 건축물과 충돌할 우려가 있는 방법으로 근접하여 비행하는 행위

3. 법 제78조제1항에 따른 관제공역·통제공역·주의공역에서 비행하는 행위. 다만, 법 제127조에 따라 비행승인을 받은 경우와 다음 각 목의 행위는 제외한다.

   가. 군사목적으로 사용되는 초경량비행장치를 비행하는 행위

   나. 다음의 어느 하나에 해당하는 비행장치를 별표 23 제2호에 따른 관제권 또는 비행금지구역이 아닌 곳에서 제199조제1호나목에 따른 최저비행고도(150미터) 미만의 고도에서 비행하는 행위

   1) 무인비행기, 무인헬리콥터 또는 무인멀티콥터 중 최대이륙중량이 25킬로그램 이하인 것

   2) 무인비행선 중 연료의 무게를 제외한 자체 무게가 12킬로그램 이하이고, 길이가 7미터 이하인 것

4. 안개 등으로 인하여 지상목표물을 육안으로 식별할 수 없는 상태에서 비행하는 행위
5. 별표 24에 따른 비행시정 및 구름으로부터의 거리기준을 위반하여 비행하는 행위
6. 일몰 후부터 일출 전까지의 야간에 비행하는 행위. 다만, 제199조제1호나목에 따른 최저비행고도(150미터) 미만의 고도에서 운영하는 계류식 기구 또는 법 제124조 전단에 따른 허가를 받아 비행하는 초경량비행장치는 제외한다.
7. 「주세법」 제2조제1호에 따른 주류, 「마약류 관리에 관한 법률」 제2조제1호에 따른 마약류 또는 「화학물질관리법」 제22조제1항에 따른 환각물질 등(이하 "주류등"이라 한다)의 영향으로 조종업무를 정상적으로 수행할 수 없는 상태에서 조종하는 행위 또는 비행 중 주류등을 섭취하거나 사용하는 행위
8. 제308조제4항에 따른 조건을 위반하여 비행하는 행위

8의2. 지표면 또는 장애물과 가까운 상공에서 360도 선회하는 등 조종자의 인명에 위험을 초래할 우려가 있는 방법으로 패러글라이더를 비행하는 행위

9. 그 밖에 비정상적인 방법으로 비행하는 행위

과태료 부과기준

초경량 비행장치를 만드는데 있어 위에서 서술한 준수사항 및 절차를 지키지 않았을 경우에는 아래 표와 같이 과태료가 부과됩니다. 따라서 사전 계획 단계에서 면밀한 계획 설정이 필요합니다.

■ 항공안전법 시행령 [별표 5] 〈개정 2023. 4. 25.〉

과태료의 부과기준(제30조 관련)

위반행위	근거 법조문	과태료 금액		
		1차 위반	2차 위반	3차 이상 위반
커. 초경량비행장치소유자등이 법 제122조제5항을 위반하여 **신고번호**를 해당 초경량비행장치에 표시하지 않거나 거짓으로 표시한 경우	법 제166조 제5항제4호	50	75	100
터. 초경량비행장치소유자등이 법 제123조제4항을 위반하여 초경량비행장치의 **말소 신고**를 하지 않은 경우	법 제166조 제7항제1호	15	22.5	30
퍼. 법 제124조를 위반하여 초경량비행장치의 비행안전을 위한 기술상의 기준에 적합하다는 **안전성인증**을 받지 않고 비행한 경우(법 제161조제2항이 적용되는 경우는 제외한다)	법 제166조 제1항제10호	250	375	500
허. 법 제125조제1항을 위반하여 초경량비행장치 **조종자 증명**을 받지 않고 초경량비행장치를 사용하여 비행을 한 경우(법 제161조제2항이 적용되는 경우는 제외한다)	법 제166조 제2항	200	300	400

위반행위	근거 법조문	과태료 금액		
		1차 위반	2차 위반	3차 이상 위반
고. 법 제125조제2항부터 제4항까지의 규정을 위반한 사람으로서 다음의 어느 하나에 해당되는 경우 1) 다른 사람에게 자기의 성명을 사용하여 초경량비행장치 조종을 수행하게 하거나 초경량비행장치 조종자 증명을 빌려 준 경우 2) 다른 사람의 성명을 사용하여 초경량비행장치 조종을 수행하거나 다른 사람의 초경량비행장치 조종자 증명을 빌린 경우 3) 1) 및 2)의 행위를 알선한 경우	법 제166조 제3항제4호	150	225	300
노. 법 제127조제3항을 위반하여 국토교통부장관의 **승인을 받지 않고 초경량비행장치를 이용하여 비행**한 경우(법 제161조제4항제2호가 적용되는 경우는 제외한다)	법 제166조 제3항제5호	150	225	300
도. 법 제128조를 위반하여 국토교통부령으로 정하는 장비를 장착하거나 휴대하지 않고 초경량비행장치를 사용하여 비행을 한 경우	법 제166조 제5항제5호	50	75	100
로. 법 제129조제1항을 위반하여 국토교통부령으로 정하는 **준수사항**을 따르지 않고 초경량비행장치를 이용하여 비행한 경우	법 제166조 제3항제6호	150	225	300
모. 초경량비행장치 조종자 또는 그 초경량비행장치소유자등이 법 제129조제3항을 위반하여 초경량비행장치사고에 관한 **보고**를 하지 않거나 거짓으로 보고한 경우	법 제166조 제7항제2호	15	22.5	30

7 장 ~ 특허 출원

7.1. 특허의 필요성

이것 저것 만들다 보면 혁신적인 아이디어가 떠오를 때도 있고 특허를 통해 이득을 얻을 수도 있습니다. 다음으로는 특허의 필요성과 이득에 대해 알아보겠습니다.

- **보호 및 독점**: 특허는 자사의 제품이나 서비스를 경쟁사의 모방으로부터 보호하고, 시장에서 독점적 지위를 확보하는 데 도움을 줍니다.

- **홍보 및 마케팅**: 특허받은 제품은 품질의 우수성을 인정받은 것으로 인식되어, 홍보 및 마케팅에 유리합니다.

- **자금조달 및 판로확보**: 특허는 투자자 모집이나 정부 지원사업에 신청할 때 유리하며, 자금조달과 판로확보에 유리한 요소가 됩니다.

- **특허 자본화**: 특허는 여러가지 형태로 판매가 가능합니다. 기술의 가치를 금액으로 평가하여 자본화할 수 있는 기회를 제공합니다.

이러한 이유로, 특허는 기업이나 개인의 발명에 대한 **지식재산권(IP, Intellectual Property)**을 보호하고 경제적 이익을 얻는 데 매우 중요한 역할을 합니다.

7.2. 특허의 종류와 특징

특허는 협의적인 의미로 말할 때 특허법에서 규정하는 특허권에 대해서 말하는 경우가 많지만 특허청에서는 특허를 **4 가지(특허, 실용신안, 디자인, 상표)**로 구분하고 있습니다.

4 가지 특허에 대해서는 각각 특허법, 실용신안법, 의장법, 상표법에 의해서 규정하고 있으며 일반적으로 상표, 디자인, 실용신안, 특허 순서로 취득이 까다롭고 오래 걸립니다.

7장 ~ 특허 출원

구분	정의	대상	권리기간
특허	기술적 사상의 창작으로써 발명수준이 고도(高度)한 것	기계부품, 장치, 물건, 화학물질, 제조방법, 시공방법, 비즈니스 모델	20년 (등록일로부터, 출원일 후 20년까지)
실용신안	자연법칙을 이용한 기술적 사상의 창작으로써 물품의 형상·구조·조합에 관한 실용 있는 고안	이미 발명된 것을 개량해서 보다 편리하고 유용하게 쓸 수 있도록 한 것으로, 도면으로 표현될 수 있는 물건 (제품)의 구조 및 형상	10년 (등록일로부터, 출원일 후 20년까지)
디자인	물품의 형상, 모양, 색채 또는 이들이 결합한 것으로써 시각을 통하여 미감을 느끼게 하는 것	물품의 외관 (신발, 의류, 가구, 자동차 등의 외관)	20년 (등록일로부터, 출원일 후 20년까지)
상표	자기의 상품과 타인의 상품을 식별하기 위하여 사용하는 표장	자기의 상품이나 서비스를 타인의 상품이나 서비스와 식별되도록 사용하는 표장 (브랜드)	10년 (등록일로부터 10년) (10년마다 갱신 가능)

상품으로 판매하기 위해서는 사업자등록을 하여 상호를 확정하고 시업 로고나 상품 브랜드 등을 상표로 만들어 출원하고 필요한 경우는 디자인, 실용신안, 특허를 추가로 취득하는 절차로 진행을 합니다.

상표 등록을 할 때는 공개된 폰트를 사용할 수 있고 상품분류가 다르다면 같은 이름도 가능하지만 되도록이면 상품의 특징이 포함된 디자인을 반영하고 유사하여 혼동할 여지가 있는 부분은 피하는 것이 고객에게 어필하기 좋습니다.

특허 비용은 출원, 심사, 등록료 외에도 여러가지가 있으며 감면 대상도 다양합니다. 개인이 직접 준비한다면 도면이나 선행기술조사, 청구항 작성 등에서 어려움을 겪을 가능성이 높지만 많은 금액을 절약할 수 있습니다. 변리사를 통해서 한다면 편하지만 수백만원의 지출을 생각해야 합니다.

특허와 실용신안

[진행 절차]

- **선행 기술 조사:** 출원서류 작성에 앞서 동 발명과 동일하거나 유사한 발명의 선출원, 선등록 여부를 특허청 홈페이지(www.kipo.go.kr)나 한국특허정보원(www.kipris.or.kr)에서 진행합니다. 선행기술 조사는 의무 사항이 아니지만 특허 출원 시 배경이 되는 기술을 충분히 설명하지 않는 경우는 특허 출원이 거절될 수 있습니다.

- **사용자 등록(특허고객번호 부여 신청):** 특허청에서 처음으로 특허 출원 절차를 밟고자 하는 사람은 특허로 홈페이지를 통해 특허고객번호부여신청을 하고 번호를 부여받아야 합니다. 특허고객번호는 특허 관리나 변리사에게 특허 등록에 관한 사무를 위임할 때도 쓰입니다.

- **명세서 작성:** 출원서류를 작성할 때는 지정 서식에 따라 특허 출원서, 명세서, 요약서 및 도면 등을 작성 제출하여야 합니다. 특허로 사이트(www.patent.go.kr)에서는 서식 및 작성 예시를 상세하게 안내해 주고 있습니다.

- **제출 서류 준비:** 출원서와 수수료 감면대상인 경우 해당 증명서류를 준비합니다.

- **접수 및 출원번호 통지서 수령:** 온라인으로 접수할 수 있습니다.

- **수수료 납부:** 특허로 사이트를 통해 고지금액 확인 및 납부 방법을 선택하여 납부를 합니다.

- **출원공개:** 출원된 서류는 출원일로부터 18개월 경과 후 자동으로 공개됩니다.

- **심사청구 및 심사:** 특허 및 실용신안의 출원에 대한 심사청구기간은 출원일로부터 3년입니다. 보통 1년 이상 소요되며 요건에 해당하는 경우는 추가적인 비용을 지불하여 빠른 심사를 받을 수 있습니다.

- **등록료 납부:** 심사 수수료 외에 등록이 결정되었다면 등록료를 추가로 납부하여야 하며 기간 연장시마다 내야 합니다.

7장 ~ 특허 출원

디자인

[진행 절차]

- **선행 디자인 조사**
- **사용자 등록(특허고객번호 부여 신청)**
- **출원서 작성:** 디자인등록을 받을 수 있는 디자인은 새롭고 창작적이며 공업상 이용할 수 있는 것이어야 합니다.
- **제출 서류 준비**
- **접수 및 출원번호 통지서 수령**
- **수수료 납부**
- **디자인 심사 및 일부심사:** 출원일로부터 약 6개월 전후로 심사 착수
  - 디자인 일부심사 등록출원은 형식적 요건과 일부 실체적 요건만을 심사하여 신속하게 등록시키는 제도로서 등록시까지 약 2개월이 소요됩니다.
  - 일부심사 대상물품: 의류 및 패션잡화용품, 섬유제품, 인조 및 천연섬유 시트직물지, 문방구, 사무용품, 미술재료, 교재 등
- **등록료 납부**

상표

[진행 절차]

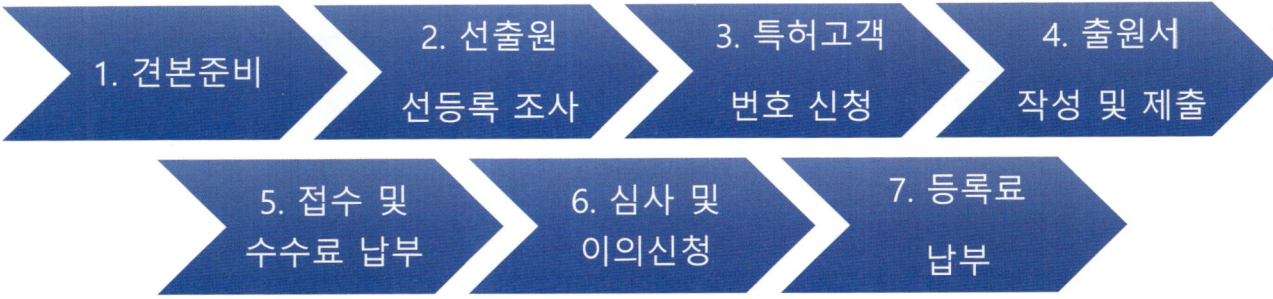

상표등록출원을 하려는 자는 상품류의 구분에 따라 1상품류 이상의 상품을 지정하여 상표마다 출원하여야 하고 업무표장은 지정업무를 정하여 출원하여야 합니다.

7.3. 특허의 비용

실질적인 특허 비용은 특허의 종류, 분류, 감면대상의 여부, 재심사나 우선심사, 등록 기간, 변리사 수수료 등에 따라 상당히 복잡한 산출을 하게 됩니다.

심사에 필요한 노동력과 행정력도 많이 들어가는 편이고 비용도 상당히 비싼 편이기 때문에 최소 수백만원 이상의 이득을 볼 것으로 예상되거나 지원받는 경우가 아니라면 특허 취득을 기피하기도 합니다.

특히 특허의 연차 등록료는 기간이 경과함에 따라 가산되어 상승하므로 부담이 됩니다. 그렇기 때문에 국가에서는 기술 발전을 장려하기 위해 각종 특허 취득 지원 사업을 제공하는 경우가 많습니다. 주로 매년 상반기에 지원 사업 모집이 빈번히 이루어지며 벤처기업, 수출기업과 같은 경우는 이러한 지원도 고려해볼만 합니다.

아래의 요금 자료는 조건에 따라 달라질 수 있으므로 참고하시기 바랍니다.

■ **특허 출원료** 2023.08.01 기준 (★표는면제·감면대상 수수료입니다.)

구분/권리		특허★	실용신안★	디자인★ 심사	디자인★ 일부 심사	상표
전자출원	기본료	국 어 46,000원 외국어 73,000원	국 어 20,000원 외국어 32,000원	1디자인마다 94,000원	1디자인마다 45,000원	1상품류구분마다 52,000원 + 지정상품 가산금 ※ 특허청에서 고시하는 상품명칭만을 사용하여 출원하는 경우 1상품류구분마다 46,000원 + 지정상품 가산금
서면출원	기본료	국 어 66,000원 외국어 93,000원	국 어 30,000원 외국어 42,000원	1디자인마다 104,000원	1디자인마다 55,000원	1상품류구분마다 62,000원 + 지정상품 가산금 ※ 특허청에서 고시하는 상품명칭만을 사용하여 출원하는 경우 1상품류마다 56,000원 + 지정상품 가산금
서면출원	가산료	명세서·도면·요약서의 합이 20면을 초과하는 1면마다 1,000원 가산	명세서·도면·요약서의 합이 20면을 초과하는 1면마다 1,000원 가산	없음	없음	없음

7장 ~ 특허 출원

■ 우선권주장 신청료, 우선권주장 추가료, 심사청구료, 우선심사신청료, 재심사청구료

구분/권리		특허	실용신안	디자인 심사	디자인 일부심사	상표
우선권주장	신청료 (전자)	18,000원 (1우선권주장마다)	18,000원 (1우선권주장마다)	18,000원 (1우선권주장마다)	18,000원 (1우선권주장마다)	18,000원 (1상품류 구분마다)
우선권주장	신청료 (서면)	20,000원 (1우선권주장마다)	20,000원 (1우선권주장마다)	20,000원 (1우선권주장마다)	20,000원 (1우선권주장마다)	20,000원 (1상품류 구분마다)
우선권주장	추가료 (전자)	18,000원 (1우선권주장마다)	18,000원 (1우선권주장마다)	없음	없음	없음
우선권주장	추가료 (서면)	20,000원 (1우선권주장마다)	20,000원 (1우선권주장마다)	없음	없음	없음
심사청구료 ★	기본료	166,000원	71,000원	없음	없음	없음
심사청구료 ★	가산료	51,000원 가산 (청구범위 1항마다)	19,000원 가산 (청구범위 1항마다)	없음	없음	없음
재심사청구료	기본료	100,000원	50,000원	하단 참조표시	하단 참조표시	(재심사의 청구 대상이 되는 1상품류 구분마다) (전자문서) 20,000원 (서면) 30,000원 * 재심사 청구는 2023.2.4.일 이후 출원하는 건부터 적용
재심사청구료	가산료	10,000원 가산 (청구범위 1항마다)	5,000원 가산 (청구범위 1항마다)	하단 참조표시	하단 참조표시	가산료 부과 기준은 하단 안내 참조 * 재심사 청구는 2023.8.1.일 이후 청구하는 건부터 적용
우선심사 신청료		200,000원	100,000원	1디자인마다 70,000원	1디자인마다 70,000원	1상품류 구분마다 160,000원

※ **재심사청구료** - 상표 (전자문서/서면)
 - 가산료: 보정 후의 상품류 구분이 보정 전의 상품류 구분을 초과하는 경우에 초과하는 상품류 구분마다 (52,000원/62,000원). 보정후 1 상품류 구분의 지정상품이 10개를 초과하는 경우에 초과하는 지정상품마다 2,000원. 다만, 지정상품의 가산금 부과대상인 출원에 대한 보정인 경우에는 보정 후 지정상품 가산금 상품이 보정 전보다 증가된 상품마다 2,000원

■ 특허 등록료

권리		설정등록료 (1~3년분)	연차등록료				추가납부기간	납부시 가산료
			4~6년	7~9년	10~12년	13~25년 (하단 안내 참조)		
특허 (기본료+ 가산료)	기본료	매년 13,000원	매년 36,000원	매년 90,000원	매년 216,000원	매년 324,000원	1개월 까지	등록료의 3%
	가산료 (청구범위 1항마다)	매년 12,000원	매년 20,000원	매년 34,000원	매년 49,000원	매년 49,000원	2개월 까지	등록료의 6%
실용신안 (기본료+ 가산료)	기본료	매년 12,000원	매년 25,000원	매년 60,000원	매년 160,000원	(13~15년) 매년 240,000원	3개월 까지	등록료의 9%
	가산료 (청구범위 1항마다)	매년 4,000원	매년 9,000원	매년 14,000원	매년 20,000원	(13~15년) 매년 20,000원	4개월 까지	등록료의 12%
디자인	심사	매년 1디자인마다 25,000원	매년 35,000원	매년 70,000원	매년 140,000원	(13~20년) 매년 210,000원	5개월 까지	등록료의 15%
	일부심사	매년 1디자인마다 25,000원	매년 34,000원	매년 34,000원	매년 34,000원	(13~20년) 매년 34,000원	6개월 까지	등록료의 18%

- **설정등록료**

  - 정상납부 기간: 특허결정, 등록결정 또는 등록심결의 등본을 받은 날부터 3개월 이내
  - 추가납부 기간: 정상납부 기간이 지난 날부터 6개월이내

  ※ 6개월의 추가납부 기간까지도 납부하지 않을 경우 등록포기로 간주

- **연차등록료**

  - 추가납부 기간 : 정상납부 기간이 지난 날부터 6개월이내
  - 권리회복: 추가납부 기간(또는 보전기간)의 만료일부터 3개월 이내, 연차등록료 2배 상당액 납부

  ※ 특허권 존속기간 만료일: 출원일 후 20년이 되는날까지, 다만 제한된 사유(등록지연, 실시를 위해 법령에 따른 허가 등이 필요한 발명)에 해당되는 경우 존속기간연장등록출원을 통해 존속기간연장 가능

  ※ 실용신안권 존속기간 만료일: 출원일 후 10년이 되는날까지, 다만 제한된 사유(등록지연)에 해당되는 경우 존속기간연장등록출원을 통해 존속기간연장 가능

7 장 ~ 특허 출원

7.4. 특허의 실제 사례

실제 사례를 토대로 조금 더 살펴보겠습니다. 특허 관련 **특허 고객번호 신청**과 **온라인 출원서 제출**은 특허청 특허로 사이트(https://www.patent.go.kr/)를 통해 처리합니다. 아래는 첫화면입니다.

우선 나의 할일을 살펴 보면 통지서 마감기한 **1 건**이 들어와 있습니다. 이는 심사 진행중인 특허 1 건에 대해 **의견제출통지서**가 등기로 왔기 때문입니다. **2 개월**의 기간을 주고 있습니다.(연장가능)

TIP!

PCT(Patent Cooperation Treaty, 특허협력조약) 국제출원: 특허독립(속지주의)의 원칙상 각국의 특허는 서로 독립적으로 반드시 특허권 등을 획득하고자 하는 나라에 출원을 하여 그 나라의 특허권 등을 취득하여야만 해당국에서 독점 배타적 권리를 확보할 수 있습니다. 따라서 한국에서 특허권 등의 권리를 취득하였더라도 다른 나라에서 권리를 취득하지 못하면 그 나라에서는 독점 배타적인 권리를 행사할 수가 없습니다. 이러한 1 국 1 특허의 원칙 때문에 해외에서의 특허권 획득을 위해서는 별도의 해외출원이 필요하며, 해외출원을 하는 방법에는 전통적인 출원방법과 PCT 국제출원방법으로 구분됩니다.

출원현황 화면은 각 특허 고객번호 별 특허 상황을 일목요연하게 보여주므로 매우 편리합니다.

하단 **특허현황 - 출원/심사 4 건**은 특허 2 건(진행중), 실용신안 1 건(취하), 상표(등록) 1 건을 포함하고 있습니다. 진행중이나 취하 건, 등록 완료된 건을 모두 세고 있습니다. 항목을 클릭해 보면 상세 정보를 알 수 있습니다.

아래 표는 예시를 보여줍니다. 2024 년 5 월 6 일 현재 자료이며 첫번째 줄의 '22 년 출원신청한 특허는 의견제출 요청이 온 상태, 두번째 줄의 '23 년 출원한 특허는 여전히 진행중이며 심사를 기다리고 있는 상태입니다. 특히 두번째 줄의 진행중인 특허는 대리인(변리사)을 통해 진행 중인 것을 알 수 있습니다.

세번째 줄의 실용신안은 취하를 했으며 같은 명칭으로 특허로 신청했음을 유추할 수 있습니다. 네번째 줄의 상표는 2 개 분류로 신청하여 2024 년 3 월 24 일 등록이 완료되었음을 알 수 있습니다.

권리	출원번호	출원일자	상태	명칭	출원인	대리인	등록번호 (등록일자)
특허	10-2022-0000000	2022.08.03	진행중	OOO 체결구조를 가지며 OOO 이 가능한 OOO	강 OO		
특허	10-2023-0000000	2023.09.07	진행중	OO 봉인 장치	강 OO	김 OO	
실용	20-2022-0000000	2022.07.24	취하 (등록결정전 취하서제출)	OOO 체결구조를 가지며 OOO 이 가능한 OOO	강 OO		
상표	40-2022-0000000	2022.07.05	등록	제 [40] 류를 포함한 [2]개류	강 OO		1234567890000 20240324

실용신안이라고 특허대비 신청이 쉬운 것은 아니며 권리기간이 특허(20 년)에 비해 절반(10 년) 밖에 안되기 때문에 가능하면 특허로 신청하는 것이 이득으로 보입니다.

상표등록출원서는 도안만 있다면 작성이 간단하여 굳이 변리사를 통하지 않더라도 어렵지 않게 할 수 있는 수준입니다. 하지만 해당 상표를 사용할 상품류가 늘어날수록 지불해야 할 비용이 비례하여 증가하며 상표권 역시 출원 후 등록시까지 1 년 이상의 긴 시간이 소요됩니다.

8장 ~ 전장의 드론

8장 ~ 전장의 드론

8.1. 현대전에서 드론의 역할

현대전에서 드론 기술은 공격과 방어 양측에 전술적으로 많은 영향을 미치고 있으며, 안티 드론 기술도 끊임없이 발전하고 있습니다. 아래에서는 대표적인 공격형 드론과, 이에 대응하는 방어 기술을 공격자와 수비자의 관점에서 비교하였습니다.

1. 광섬유 드론

- **공격자 관점**
  - 장점: 전자기 재밍에 완전 내성으로 어떤 전자전 장비로도 교란이 불가하여 기존 드론 대비 통신 안전성이 뛰어납니다. 실시간 고품질 영상 전송과 저지연 조종으로 정밀 타격이 가능합니다. 짧은 거리에서는 케이블을 통해 전력 공급까지 가능합니다.
  - 단점: 드론 기체에 케이블과 스풀 무게 부담으로 기동성이 저하됩니다. 케이블 길이 이내로만 작전이 가능합니다. 복잡한 지형에서 케이블 엉킴이나 절단 위험이 있어 여러대를 동시 운용하는 것은 어려움이 따릅니다.
- **수비자 관점**
  - 전파 교란 등 기존 수단이 소용없어 전통적 방공/전자전 수단이 무력화됩니다.
  - 광섬유 드론은 소리가 들릴 때까지 식별이 어렵고, 발견 시점엔 이미 공격이 임박해 있어 총기 격추 외 마땅한 대응책이 없습니다.
  - 심리적으로 병사들을 지속 위축시키며 은폐·소모전 위주의 전술을 강제합니다.

2. 폭탄 투하 드론

상업용 쿼드콥터 드론을 개조하여 소형 폭탄(수류탄 등)을 투하하는 드론이 우크라이나 전장에서 광범위하게 활용되고 있습니다. 이 폭탄 투하 드론은 적 진지 상공에서 정밀하게 폭발물을 떨어뜨려 참호 속 병력까지 타격하며, 조작도 쉬워 포탄 부족 시 대안 무기로 활용되었습니다.

- **공격자 관점**
  - 장점: 원격 투하로 드론 본체를 잃지 않고 여러 표적을 공격 가능합니다. 1대의 드론이 여러 탄약을 순차 투하해 다중 목표물 제압이 가능합니다.
  - 단점: 소형 드론은 적은 중량만 탑재 가능하여 살상반경이 제한됩니다. 폭탄 투하 시 호버링하며 목표를 겨냥해야 하므로 그 순간 대공 사격에 노출됩니다. 또 GPS/조종 신호가 재밍당하면 추락 위험이 있습니다. 악천후나 강풍 시 투하 정확도가 저하됩니다.
- **수비자 관점**
  - 소형 폭탄은 위력이 제한적이므로 견고한 진지나 장갑으로 피해 경감이 가능합니다. 참호 위에 방호망이나 덮개를 설치해 수류탄 투하를 방지할 수 있습니다. 드론 탐지 기술 (열상, 청음 센서 등)을 활용해 접근 조기경보를 사용하기도 합니다.
  - 상공에서 떨어지는 폭탄은 은밀하여 감지가 어렵습니다. 좁은 참호나 차량 해치를 통해 정확히 투하되면 치명적 피해를 입을 수 있습니다.
  - 기존 대공포나 미사일로 소형 드론을 대응하는 것은 비경제적입니다.

3. 자폭 드론

자폭 드론은 일회용 공격 무인기로 목표에 돌진하여 스스로 폭발하는 무기입니다. 이란제 Shahed-136 같은 자폭 드론들은 러시아가 대량 투입하여 도시 기반시설 공격 등에 활용하였고, 우크라이나도 자체 저가형 자폭 드론을 개발해 대응했습니다.

- **공격자 관점**
  - 장점: 가격 대비 효과가 우수합니다. 충분히 많은 저가 드론을 동시에 투입하면 방공망을 압도하여 방어 측의 요격 능력을 마비시킬 수 있습니다. 고정익 자폭 드론의 경우에는 장거리 비행 능력으로 후방 전략목표를 타격 가능합니다. 유인기가 아니므로 조종사 위험이 없습니다. AI 등을 활용하여 자동 표적 설정 및 타격도 가능해졌습니다.
  - 단점: 대부분은 단발 무기로 한 번 공격하면 소실되어 재사용이 불가합니다. 고정익 자폭 드론의 경우 개별 정확도와 파괴력은 미사일보다 떨어져 주로 지대공 미사일 소모

8장 ~ 전장의 드론

유도나 심리전 역할이 큽니다. 느리고 시끄러워 발견 시 요격당할 확률 높습니다. FPV 드론을 사용한 소형 회전익 드론의 경우에는 고정익기보다 작전 반경이 짧아집니다. 통신위성/GPS 등에 의존하므로 교란 시 표류할 가능성이 있습니다.

- **수비자 관점**
  - 방어자 입장에서는 요격에 실패한 일부 드론만으로도 발전소 파괴, 정전사태 등 사회 혼란이 발생할 위험이 있습니다. 방공자산을 자폭 드론에 소모하면서 순항미사일에 취약점 노출할 가능성이 있습니다. 민간인의 심리적 공황이 발생하고 생활 리듬이 교란됩니다. FPV 자폭 드론의 경우는 폭탄 투하형보다 빠르고 정밀하게 접근하므로 발견 후 대응이 쉽지 않습니다.

4. 재밍건

재밍건 또는 재머(Jammer)는 대드론 전자전 무기로, 마이크로파 신호를 쏘아 드론의 조종·GPS 주파수를 교란함으로써 드론을 무력화합니다. 비접촉 방식으로 드론을 추락시키거나 강제 착륙시키는 소프트 킬 방식입니다. 가시거리 약 수백 미터 범위에서 효과적입니다. 드론 테러에 효과적인 장비이지만 국내에서는 민간 사용이 제한됩니다.

재밍의 원리는 GPS 나 조종신호의 사용 주파수대에 노이즈를 끼워 넣어 해독할 수 없게(수신이 안되는 것과 같은 상황) 만드는 것에 가깝기 때문에 드론의 입장에서는 신호 상실 또는 조종자의 의도와 다른 조작 신호로 받아들이게 됩니다. 결과적으로 드론은 사전 입력된 신호 상실 시 작동 시퀀스에 따라 지상에서 호버링을 유지하던가 제자리 착륙 또는 불안정한 기체 움직임을 보이게 됩니다.

- **공격자 관점**
  - 드론 운용자는 재밍 신호를 회피하기 위해 자율비행 모드나 주파수 호핑 기술 적용을 시도할 수 있습니다. GPS 교란 시 관성 항법 등 보조항법으로 전환하는 방법을 사용하거나 중계 드론을 활용할 수 있습니다. 또한 광섬유 드론 등 유선 조종 드론을 활용하면 재밍건을 무력화할 수 있습니다.

● **수비자 관점**
  - 장점: 물리적 피해 없이 드론을 무력화하는 안전한 방어수단입니다. 탄약 없이 반복 사용이 가능해 경제적입니다. 드론을 강제 착륙시켜 기체 회수 및 정보 획득도 가능합니다. 고출력 재밍 장비는 거치형이 많으나 재밍건 타입은 소형·휴대형 장비로 보병, 경찰 등이 현장에서 즉각 운용 가능합니다.
  - 단점: 유효 사거리가 제한적이며 사거리를 늘리려면 같은 출력이라는 가정 하에 방해 전파의 범위를 줄일 수 밖에 없습니다. 다수 드론의 동시 공격에는 한계가 있으며 강력한 전파 발사로 아군의 통신도 간섭 우려가 있습니다. 또한 완전 자율드론(사전 경로입력)이나 광섬유 드론에는 재밍 효과가 없습니다.

(좌측 QR: ㈜두타기술 대드론 장비 소개)

TIP!

주파수 호핑(FHSS: Frequency-Hopping Spread Spectrum): 스펙트럼(주파수 대역) 확산 방식 중 하나로, 송수신기 간 약속된 호핑 시퀀스(주파수 변경 순서)에 따라 수십~수백 개의 좁은 대역을 빠르게 넘나들며 통신하는 방식을 말합니다. DJI OcuSync 나 Autel SkyLink 같은 상용 드론 시스템에서도 사용하고 있습니다.

스푸핑(Spoofing): 정상 신호처럼 위장하여 수신기를 속이는 공격

광대역 전파방해(Barrage jamming): 상용 드론 FHSS 대역(2.4 GHz 또는 5.8 GHz)은 대역폭이 좁아 광대역 전파방해 장비로도 상대적으로 작은 전력으로 커버가 가능하며, 드론은 재밍건의 출력 한계를 넘기 어렵습니다. 드론 조종자의 전파 신호는 더 강력한 신호(재밍 전파)에 의해 덮어씌워지기 때문에 신호 상실과 유사한 효과를 보여줍니다.

8장 ~ 전장의 드론

5. 그물망 포획

드론을 물리적으로 포획하는 고전적 방어수단으로, 그물망을 활용한 대응도 많이 사용되고 있습니다. 다양한 방법이 시도되고 있는데 지상에서 그물을 발사하여 드론을 붙잡거나, 포획 드론이 공중에서 그물망을 펼쳐 상대 드론을 붙잡는 방식이 있습니다. 또한 주요 시설 상공에 방어용 그물망을 고정 설치하여 드론의 돌입이나 폭탄 투하를 막는 경우도 있습니다. 그물망 방어는 적 드론의 프로펠러를 물리적으로 얽어 추락시키거나, 투하 폭발물의 폭발력을 저감시키는 효과가 있습니다.

- **공격자 관점**
  - 그물망은 고정된 장애물이므로 선회하여 그물망을 피한 뒤 목표에 돌입을 시도하던가 여러 대를 동시 돌입하면 수비측 그물로 모두 막기 어렵습니다.

- **수비자 관점**
  - 장점: 그물망은 은폐를 제공함과 동시에 저렴한 비용으로 단순하고 확실한 물리적 대응을 할 수 있습니다. 전파간섭의 우려가 없으며 경우에 따라서는 그물에 걸린 드론을 온전한 상태로 회수 해 적 기종의 분석이나 정보를 획득할 수 있습니다.
  - 단점: 그물 한 장으로 커버 가능한 공간은 협소하여, 드론이 다른 방향·고도로 접근하면 무용지물이 됩니다. 고속으로 돌입하는 미사일형 드론(자폭드론 등)에는 그물망의 효과가 미미할 수 있습니다.

6. 가짜 표적(Decoy Targets)

가짜 표적은 적의 정찰 및 유도무기를 기만하기 위한 모형 장비나 허위 신호원을 의미합니다. 우크라이나군은 나무판자와 하수관 등을 이용해 모형 대포나 가짜 다연장로켓(HIMARS) 등을 제작, 러시아군이 이를 진짜로 오인해 미사일을 낭비하도록 유도했습니다. 또한 가짜 열원(더미 차량의 엔진열, 모형 레이더 전파)으로 적 센서를 교란하는 방법도 동원됩니다. 가짜 표적의 장점은 아군 주력 자산을 보호하고, 적의 화력을 분산시킨다는 것이며, 단점은 제작·설치 노력이 들고 반드시 적을 속인다는 보장이 없다는 점입니다.

7. 테르밋 드론 (Thermite Incendiary UAV)

테르밋 드론은 드론에 테르밋 화합물을 탑재하여, 목표 상공에서 용융된 금속 불꽃을 투하함으로써 장비를 파괴하거나 화재를 유발하는 공격 수단입니다. 테르밋은 금속 분말(예: 알루미늄 분말)과 금속 산화제(예: 산화철) 혼합물로, 점화 시 섭씨 2,200 도 이상의 고온을 발생시켜 금속도 녹일 정도의 강력한 화염을 만들어냅니다.

(좌측 QR: 채널 A 뉴스, 우크라 '드래곤 드론' 전장 투입)

우크라이나는 2024 년 들어 테르밋을 사용한 이른바 "드래곤 드론"을 투입, 야간에 러시아 진지 머리 위에서 불덩이를 뿌려 숲을 태우고 장비를 무력화하는 영상을 공개했습니다. 테르밋은 산화제가 산소를 공급하기 때문에 물속에서도 불이 꺼지지 않습니다.

8.2. 드론전과 위성통신의 중요성

드론을 전장에서 효율적으로 운용하기 위새서는 위성통신이 필수적입니다. 특히 수백 km 이상 떨어진 표적을 타격하거나, 적 전파교란 하에서 안정적 조종을 위해서는 위성 중계를 통한 지속적인 통신 링크가 요구됩니다. 이는 우크라이나군이 일론 머스크의 스타링크(저궤도 통신위성망)를 사용한 사례를 봐도 알 수 있습니다. 위성인터넷은 지휘통제부터 드론 조종, 영상 송신, GPS 항법에 이르기까지 드론전의 신경망 역할을 담당합니다.

교란에 강한 군사용 신호를 확보하거나, 자체 위성항법체계를 보유하면 드론이 적군의 재밍 하에서도 임무를 이어갈 확률이 높아집니다. 요컨대 통신위성과 위성 항법은 현대 드론전 운용의 쌍벽이라 할 수 있습니다. 이를 통해 드론 부대는 전국 어디서나 실시간 연결되어 장거리 작전이 가능해지며 정보전의 이점을 극대화 할 수 있습니다.

대한민국도 민간과 군 분야에서 위성 통신 역량 강화에 힘쓰고 있습니다. 군사용 위성으로는 2020 년 첫 군 전용 통신위성 아나시스-II(ANASIS-II)를 궤도에 올려, 한반도 및 인근 지역에서 군 부대가 위성망을 통해 통신이 가능하도록 했습니다.

맺음말

이 책을 완성하기까지 약 1 년에 가까운 시간 동안 여러 어려움이 있었으나, 묵묵히 세 자녀를 돌보며 저를 지지해 준 사랑하는 아내에게 진심으로 감사하며, 동시에 미안한 마음을 전합니다. 또한, 우리나라의 자랑스러운 인간문화재(총모자장)로서 한평생을 바치시고 영면하신 존경하는 할머니와 늘 저의 든든한 버팀목이 되어 주신 부모님께 이 책의 영광을 바칩니다.

이 책은 드론 제작과 운용에 필요한 전반적인 기술과 지식을 저의 경험을 바탕으로 최대한 폭넓게 담아내어 제작되었습니다. 많은 부분에서 제가 직접 사용해 본 기자재를 토대로 설명하였으며, 이론적인 내용은 인터넷의 다양한 자료들을 비교 분석하여 정리하였습니다. 그럼에도 불구하고 미처 발견하지 못한 오류나 오·탈자가 있을 수 있으며, 이해를 돕기 위해 자체 제작 QR 주소 뿐만 아니라 외부 QR 링크를 많이 삽입하였습니다. 외부 QR 링크는 직접 관리하는 자료가 아니므로 예기치 못한 사정으로 링크가 폐쇄되더라도 너그러이 양해해 주시기를 바랍니다. 추후 수정 보완할 기회가 있기를 희망합니다.

과학의 발전은 우리가 마주하는 세계를 더욱 경이롭고 아름답게 빚어내면서도, 동시에 겸손함을 일깨워줍니다. AI 가 발달하며 정보 획득은 그 어느 때보다 빠르고 쉬워졌지만, 저에게 있어서는 질문을 거듭할수록 오히려 궁금증이 커져만 갔습니다.

아들의 변신 로봇 장난감을 보며 "어떻게 이런 설계가 가능할까?", 양궁의 화살을 보며 "어떻게 저토록 정확한 비행을 이뤄낼까?" 같은 질문들이 끝없이 쏟아졌습니다. 드론에 대해서 생각해보면 굉장히 많은 연관 산업이 있기 때문에 제작자의 입장에서는 넓은 사고와 지식이 더 큰 가능성을 열어줄 수 있을 것입니다.

드론이 하늘 높이 올라 더 넓은 세상을 보여주듯, 폭 넓은 지식은 우리의 목적지를 향한 큰 지도를 제공해 줄 것입니다. 이 책이 여러분의 앞길에 작은 한 조각의 지도가 되어 드리길 진심으로 바랍니다. 끝까지 함께해 주신 여러분께 다시 한 번 깊은 감사의 인사를 전합니다.

지은이 강동혁(E-mail: soul-reaver@hanmail.net)

제주특별자치도청 소속 기계직 공무원으로

2018년 제주시청 드론동호회 창설

2021년 제주도청 드론동호회 창설

2021년 제주도청 안전정책과 드론테러 컨설팅

2021년 국토교통부 주최 공공분야 드론 경진대회 환경감시분야 3위

2022년 제주지방경찰청장배 치안드론대회 공공분야 3위

2023년 국토교통부 주최 공공분야 드론 경진대회 환경감시 분야 3위

2023년 충무훈련, 을지훈련 드론 비행 지원

2024년 미래항공팀 소속으로 UAM 업무 수행 및 드론 실종자 수색 지원

2025년 (제주) 세계환경의 날 및 APEC 개최 대비 유관기관 합동 대테러 훈련 등

 - 자체 제작 연막 드론 운용(원격 점화, 최대 4발 연막 탑재, 드롭시스템)

[QR]연막드론 시연 영상

이 자료는 대한민국 **저작권법의 보호**를 받습니다.

작성된 모든 내용의 권리는 작성자에게 있으며, 작성 자의 동의 없는 사용이 금지됩니다.

본 자료의 일부 혹은 전체 내용을 무단으로 복제/배포하거나 2차적 저작물로 재편집하는 경우,

5년 이하의 징역 또는 5천만 원 이하의 벌금과 민사상 손해배상을 청구합니다.

드론 제작과 운용

2025. 발행

저자 강동혁

드론 제작과 운용

인쇄일 2025 년 7 월 25 일
발행일 2025 년 8 월 01 일

저자 강동혁

인쇄처 도서출판 열림문화
　　　 제주특별자치도 제주시 청귤로 15
　　　 Tel : (064)755-4856
　　　 E-mail : sunjin8075@hanmail.net

저작권자 © 2025, 강동혁

값 30,000 원

ISBN 979-11-92003-64-1